消防行业特有工种职业技能与鉴定辅导用书

消防设施操作员中级操作技能题库

消防行业特有工种职业技能与鉴定辅导用书编写委员会　组编

邓艳丽　谭志光　主审

机械工业出版社

本书包含五个培训模块，分别为：设施监控，设施操作，设施保养，设施维修，设施检测。在所有的模块中，培训模块一的整个模块均为笔试和实操考试的重点内容。培训模块二中的整个模块均为笔试重点内容，同时也是难点内容，需要在系统学习的基础上，利用本书进行知识点的训练，才能取得事半功倍的效果；培训模块二中的培训项目 1 和培训项目 2 为实操考试的重点内容。培训模块三中的培训项目 1 为笔试的重点内容。培训模块四中各个系统的组件更换和各个系统的检查方法为笔试的重点内容。培训模块五中的培训项目 1 和培训项目 2 为重点内容。

本书适合消防设施操作员学习备考使用，也可作为消防相关从业人员的参考书。

图书在版编目（CIP）数据

消防设施操作员中级操作技能题库／消防行业特有工种职业技能与鉴定辅导用书编写委员会组编 . —北京：机械工业出版社，2020.9（2024.4 重印）

消防行业特有工种职业技能与鉴定辅导用书

ISBN 978-7-111-66536-6

Ⅰ.①消…　Ⅱ.①消…　Ⅲ.①建筑物-消防-职业技能-鉴定-习题集
Ⅳ.①TU998.1-44

中国版本图书馆 CIP 数据核字（2020）第 176278 号

机械工业出版社（北京市百万庄大街 22 号　邮政编码 100037）
策划编辑：汤　攀　责任编辑：汤　攀　关正美
责任校对：刘时光　封面设计：张　静
责任印制：单爱军
北京虎彩文化传播有限公司印刷
2024 年 4 月第 1 版第 4 次印刷
169mm×239mm · 17.25 印张 · 314 千字
标准书号：ISBN 978-7-111-66536-6
定价：45.00 元

电话服务　　　　　　　网络服务
客服电话：010-88361066　机　工　官　网：www.cmpbook.com
　　　　　010-88379833　机　工　官　博：weibo.com/cmp1952
　　　　　010-68326294　金　书　网：www.golden-book.com
封底无防伪标均为盗版　机工教育服务网：www.cmpedu.com

前言

FOREWORD

　　消防设施操作员职业共设五个等级，分别为：初级消防设施操作员（国家职业资格五级）、中级消防设施操作员（国家职业资格四级）、高级消防设施操作员（国家职业资格三级）、消防设施操作技师（国家职业资格二级）、消防设施操作高级技师（国家职业资格一级）。

　　消防设施操作员考试分为理论知识考试和技能操作考核。理论知识考试采用闭卷笔试方式，技能操作考核采用建筑消防设施实际操作、功能测试等方式。理论知识考试和技能操作考核均实行百分制。

　　消防设施操作员相关证书属于国家职业资格证书之一，证书是表明劳动者具备消防学识和技能的证明，是求职、任职、开业的资格凭证，是用人单位招聘、录用劳动者的主要依据。应急管理部《消防技术服务机构从业条件》、应急管理部消防救援局《关于认真贯彻消防技术服务机构从业条件的通知》（应急消〔2019〕214号）规定，消防技术服务机构至少配备6名消防设施操作员，应急管理部发布的《高层建筑消防安全管理规定（草案征求意见稿）》中还明确规定有些建筑必须配备中级消防设施操作员岗位，保证了消防设施操作员的硬性需求。

　　本书编委会根据新版国家职业技能标准《消防设施操作员》，结合消防设施操作员考试范围广、重难点分散、考生基础弱和应试技巧欠缺等特点编写了本书，在针对理论知识考试的同时，也兼顾了部分技能操作考核的内容。

　　1. 消防培训行业领军机构精心设计，专业教研师资倾力打造

　　编者从教学前沿的角度把控内容和结构，将优秀教师对考试大纲的深入理解、对消防设施操作员考试命题规律和趋势的精准把握体现得淋漓尽致，使考生更容易把控考试情况。

　　2. 全面的内容，扫除知识盲点

　　以考试大纲为基础，兼顾习题质量，帮助考生扫除知识盲点。

本书包含五个培训模块，分别为：设施监控，设施操作，设施保养，设施维修，设施检测。在所有的模块中，培训模块一的整个模块均为笔试和实操考试的重点内容。培训模块二中的整个模块均为笔试重点内容，同时也是难点内容，需要在系统学习的基础上，利用本书进行知识点的训练，才能取得事半功倍的效果；培训模块二中的培训项目1和培训项目2为实操考试的重点内容。培训模块三中的培训项目1为笔试的重点内容。培训模块四中各个系统的组件更换和各个系统的检查方法为笔试的重点内容。培训模块五中的培训项目1和培训项目2为重点内容。

3. 模拟习题在手，考试通关显身手

通过习题练习，能让考生进一步了解考试概况，培养做题感觉，巩固所学知识，进一步理解消防设施操作员的考试要求。

知识点与习题的全面、合理覆盖，使得本书成为一本体系合理、编排完整、覆盖全面的考试辅导用书，能为广大参加消防设施操作员考试的考生保驾护航。

由于编者水平有限、时间仓促，书中难免有疏漏之处，恳请广大读者批评指正。

在此，预祝各位考生备考全面，顺利通关！

编　者

目录
CONTENTS

培训模块一　设施监控

培训项目1　设施巡检

培训单元1　判断火灾自动报警系统工作状态

一、单项选择题

1. 火灾自动报警系统的工作状态不可以通过（　　）方式显示出来。
   A. 面板指示灯
   B. 图形
   C. 提示音
   D. 文字

2. 下列关于系统电源工作状态的描述中，错误的是（　　）。
   A. 主电源正常状态下，主电源工作指示灯（绿色）点亮
   B. 主电源故障状态下，主电源工作指示灯熄灭，控制器主电源故障指示灯（黄色）点亮
   C. 主电源正常状态下，备用电源工作指示灯（绿色）点亮
   D. 备用电源出现故障时，备用电源工作指示灯熄灭，控制器备用电源故障指示灯（黄色）点亮

3. 下列关于集中火灾报警控制器主要功能的描述中，错误的是（　　）。
   A. 控制器应能直接或间接地接收来自火灾探测器及其他火灾报警触发器件的火灾报警信号
   B. 当控制器内部、控制器与其连接的部件间发生故障时，控制器应能显示故障部位、故障类型等所有故障信息
   C. 控制器的电源部分应具有主电源和备用电源转换装置
   D. 控制器应能检查设备本身的火灾报警功能，且在自检期间，受其控制的外接设备和输出接点均应动作

4. 下列关于消防联动控制器主要功能的描述中，错误的是（　　　）。

    A. 当发生故障时，消防联动控制器应发出与火灾报警信号相同的故障声、光信号

    B. 消防联动控制器应能按设定的逻辑直接或间接控制其连接的各类受控消防设备

    C. 消防联动控制器应能检查本机的功能，在执行自检功能期间，其受控设备均不应动作

    D. 消防联动控制器可以采用数字和/或字母（字符）显示相关信息

5. 下列关于消防控制室图形显示装置主要功能的描述中，错误的是（　　　）。

    A. 当有火灾报警信号、联动信号输入时，消防控制室图形显示装置应能显示报警部位对应的建筑位置、建筑平面图

    B. 消防控制室图形显示装置应能接收控制器及其他消防设备（设施）发出的故障信号，并显示故障状态信息

    C. 消防控制室图形显示装置在与控制器及其他消防设备（设施）之间不能正常通信时，应发出与火灾报警信号有明显区别的故障声、光信号

    D. 消防控制室图形显示装置应能显示建筑总平面布局图、每个保护对象的建筑立面图、系统图等

6. 火灾自动报警系统肩负着探测火灾早期特征、发出火灾报警信号，为人员疏散、防止火灾蔓延和启动自动灭火设备提供控制与指示的消防任务。系统中的集中火灾警控制器、消防联动控制器、（　　　）一般应设置在消防控制室内或有人值班的房间和场所。

    A. 图形显示装置   B. 手动火灾报警按钮

    C. 模块   D. 探测器

7. 集中火灾报警控制器是火灾自动报警系统中用于接收、显示和传递火灾报警信号，发出（　　　），并具有其他辅助功能的控制指示设备。

    A. 控制信号   B. 触发信号   C. 联动信号   D. 反馈信号

8. 控制器在（　　　）下应有火灾声和/或光警报器控制输出，还可设置其他控制输出。

    A. 监管状态   B. 火灾报警状态

    C. 故障状态   D. 屏蔽状态

9. 下列关于集中火灾报警控制器的自检功能，描述正确的是（　　　）。

    A. 检查建筑物内的各种探头是否处于正常工作状态

B. 检查建筑物内的各种消防设备是否处于正常工作状态

C. 检查建筑物内的消防管线是否处于正常工作状态

D. 检查火灾报警控制器本身性能是否处于正常工作状态

10. 集中火灾报警控制器的自检功能中,控制器应能检查设备本身的火灾报警功能,且在自检期间,受其控制的外接设备和输出接点(　　　)。自检功能也不能影响非自检部位、探测区和控制器本身的火灾报警功能。

　　A. 均动作　　　　B. 均不动作　　　　C. 均报警　　　　D. 均不报警

11. 集中火灾报警控制器的信息显示与查询功能中,控制器信息显示按(　　　)及其他状态顺序由高至低排列信息显示等级。

　　A. 故障报警、屏蔽　　　　　　　　B. 故障报警、监管报警

　　C. 报警控制、启动　　　　　　　　D. 火灾报警、监管报警

12. 当控制器内部、控制器与其连接的部件间发生故障时,控制器应能显示故障部位、故障类型等所有故障信息。这反映了集中火灾报警控制器的(　　　)功能。

　　A. 故障报警　　B. 火灾报警　　C. 火灾报警控制　　D. 软件控制

13. 控制器应能直接或间接地接收来自火灾探测器及其他火灾报警触发器件的火灾报警信号,发出火灾报警声、光信号,指示火灾发生部位,记录火灾报警时间。这反映了集中火灾报警控制器的(　　　)功能。

　　A. 故障报警　　B. 火灾报警　　C. 火灾报警控制　　D. 软件控制

14. 区域控制器和集中控制器之间应能相互收、发相关信息和/或指令。这反映了集中火灾报警控制器的(　　　)功能。

　　A. 信息显示与查询　　　　　　　　B. 火灾报警

　　C. 系统兼容　　　　　　　　　　　D. 软件控制

15. (　　　)是消防联动控制系统的核心组件。它通过接收火灾报警控制器发出的火灾报警信息,按预设逻辑对建筑中设置的自动消防系统(设施)进行联动控制。

　　A. 消防联动控制器　　　　　　　　B. 火灾报警控制器

　　C. 火灾显示盘　　　　　　　　　　D. 图形显示装置

16. 消防联动控制器的电源部分应具有主电源和备用电源转换装置。当主电源断电时,能(　　　)转换到备用电源;当主电源恢复时,能(　　　)转换到主电源。

　　A. 自动;手动　　　　　　　　　　B. 手动;自动

C. 自动；自动　　　　　　　　　D. 手动；手动

17. 消防联动控制器可以采用数字和/或字母（字符）显示相关信息，这反映了消防联动控制器的（　　）功能。

　　A. 信息显示与查询　　　　　　B. 控制

　　C. 自检　　　　　　　　　　　D. 电源

18. 消防控制室图形显示装置用于传输、接收、显示和记录保护区域内的火灾探测报警与各相关控制系统，以及系统中的各类消防设备（设施）运行的动态信息和消防管理信息。其主要由硬件和（　　）两部分组成。

　　A. 硬盘　　　　B. 液晶显示屏　　C. 喇叭　　　　D. 软件

19. 当有火灾报警信号、联动信号输入时，消防控制室图形显示装置应能显示报警部位对应的建筑位置、建筑平面图，在建筑平面图上指示报警部位的物理位置，记录报警时间、报警部位等信息。这反映了图形显示装置的（　　）功能。

　　A. 图形显示　　　　　　　　　B. 火灾报警和联动状态显示

　　C. 信息记录　　　　　　　　　D. 火灾报警

20. 火灾自动报警系统的工作状态，可以通过面板指示灯、提示音和（　　）等方式显示出来。

　　A. 文字　　　　B. 显示屏　　　　C. 喇叭　　　　D. 警报装置

21. 在火灾报警控制器上，（　　）灯亮，表示探测到外接探测器处于火警状态。

　　A. 火警　　　　B. 启动　　　　C. 反馈　　　　D. 监管

22. 在火灾报警控制器上，（　　）灯亮，表示总线上有设备处于隔离状态。

　　A. 火警　　　　B. 启动　　　　C. 反馈　　　　D. 屏蔽

23. 在火灾报警控制器上，（　　）灯亮，表示系统程序处于故障状态。

　　A. 火警　　　　B. 启动　　　　C. 反馈　　　　D. 系统故障

24. 在火灾报警控制器上，（　　）灯亮，表示当前控制器主电源发生故障。

　　A. 火警　　　　B. 主电源故障　　C. 系统故障　　D. 屏蔽

25. 在火灾报警控制器上，（　　）灯亮，表示当前控制器备用电源故障。

　　A. 火警　　　　B. 主电源故障　　C. 备用电源故障　D. 屏蔽

26. 在火灾报警控制器上，（　　）灯亮，表示控制器已经发出控制模块启动命令。

　　A. 火警　　　　B. 主电源工作　　C. 备用电源工作　D. 启动

27. 在火灾报警控制器上，（　　）灯亮，表示控制器控制模块收到联动设备反馈信号。

　　A. 反馈　　　　　　B. 启动　　　　　　C. 主电源工作　　　D. 备用电源工作

28. 在火灾报警控制器上，（　　）灯亮，表示检测到外部设备的监管报警信号。

　　A. 火警　　　　　　B. 启动　　　　　　C. 反馈　　　　　　D. 监管

29. 在火灾报警控制器上，（　　）灯亮，表示当前控制器由主电源供电。

　　A. 火警　　　　　　B. 主电源工作　　　C. 反馈　　　　　　D. 屏蔽

30. 在火灾报警控制器上，（　　）灯亮，表示当前控制器由备用电源供电。

　　A. 火警　　　　　　B. 主电源工作　　　C. 备用电源工作　　D. 屏蔽

31. 在火灾报警控制器上，（　　）灯亮，表示控制模块处于启动延时中。

　　A. 反馈　　　　　　B. 启动　　　　　　C. 主电源工作　　　D. 延时

32. 在火灾报警控制器上，（　　）灯亮，表示控制器处于消声状态。

　　A. 反馈　　　　　　B. 启动　　　　　　C. 消声指示　　　　D. 备用电源工作

33. 在火灾报警控制器上，（　　）灯亮，表示控制器收到气体喷洒反馈信号。

　　A. 反馈　　　　　　B. 启动　　　　　　C. 气体喷洒　　　　D. 备用电源工作

34. 在火灾报警控制器上，（　　）灯亮，表示控制器所有控制模块处于"手动"启动方式。

　　A. 全局自动　　　　B. 全局手动　　　　C. 主电源工作　　　D. 备用电源工作

35. 在火灾报警控制器上，（　　）灯亮，表示控制器所有控制模块处于"自动"启动方式。

　　A. 全局自动　　　　B. 全局手动　　　　C. 消声　　　　　　D. 备用电源工作

36. 在火灾报警控制器上，（　　）灯亮，表示控制器所有控制模块处于禁止输出状态。

　　A. 输出禁止　　　　B. 系统故障　　　　C. 消声　　　　　　D. 备用电源工作

37. 有漏电设备报警时，（　　）指示灯亮。

　　A. 漏电报警　　　　B. 漏电断电　　　　C. 消声　　　　　　D. 故障

38. 在火灾报警控制器上，（　　）灯亮，表示主控部分与多功能板或节点设备发生通信故障。

　　A. 备用电源故障　　B. 系统故障　　　　C. 通信故障　　　　D. 公共故障

39. 控制器联网本机有信号发送时，（　　）指示灯闪亮。

　　A. 本机发送　　　　B. 通信故障　　　　C. 本机接收　　　　D. 反馈

40. 控制器联网本机接收到其他控制器发送的信号时，（　　）指示灯闪亮。
    A. 本机发送　　B. 通信故障　　C. 本机接收　　D. 反馈

41. 有漏电设备断电时，（　　）指示灯亮。
    A. 漏电报警　　B. 漏电断电　　C. 消声　　D. 故障

42. 在火灾报警控制器上，（　　）灯亮，表示控制器任何一部分发生故障。
    A. 备用电源故障　B. 系统故障　　C. 通信工作　　D. 公共故障

43. 火灾自动报警系统中，当主电源工作指示灯（绿色）点亮时，表示控制器由（　　）电源供电工作。
    A. AC 380V　　B. 蓄电池　　C. 发电机　　D. AC 220V

44. 当火灾报警控制器主电源故障时，下列叙述不正确的是（　　）。
    A. 主电源故障灯点亮　　　　B. 主电源工作灯点亮
    C. 屏幕上显示主电源故障　　D. 控制器发出故障声

45. 当主电源工作指示灯熄灭，控制器主电源故障指示灯（黄色）点亮，还有（　　）指示灯（黄色）点亮。
    A. 系统故障　　B. 公共故障　　C. 备用电源　　D. 主电源

46. 当备用电源工作指示灯熄灭，控制器备用电源故障指示灯（黄色）点亮，还有（　　）指示灯（黄色）点亮。
    A. 系统故障　　B. 主电源故障　　C. 主电源　　D. 公共故障

47. 火灾自动报警系统的工作状态主要包括主/备用电源工作状态，（　　）、设备反馈指示状态、设备启动指示状态、消声状态、屏蔽状态、系统故障状态、主/备用电源故障状态、通信故障状态等。
    A. 缺电状态　　B. 火警指示状态　C. 电话响应状态　D. 远程控制状态

二、多项选择题

1. 集中火灾报警控制器主要由（　　）等组件组成。
    A. 指示灯　　　　　　　　B. 主板
    C. 电源　　　　　　　　　D. 防火卷帘控制器
    E. 探测器

2. 集中火灾报警控制器的功能包括（　　）。
    A. 自检功能　　　　　　　B. 火灾报警功能
    C. 火灾报警控制功能　　　D. 信息显示与查询功能
    E. 探测功能

3. 下列关于消防联动控制器的功能描述正确的是（　　）。

A. 消防联动控制器应能按设定的逻辑直接或间接控制其连接的各类受控消防设备

B. 当发生故障时，消防联动控制器应发出与火灾报警信号有明显区别的故障声、光信号

C. 消防联动控制器应能检查本机的功能，在执行自检功能期间，其受控设备均不应动作

D. 联动控制器可以采用数字和/或字母（字符）显示相关信息

E. 消防联动控制器应能检查本机的功能，在执行自检功能期间，其受控设备均应动作

4. 下列关于火灾自动报警系统控制器电源的工作状态描述正确的是（　　）。

A. 主电源正常工作时，主电源工作指示灯点亮，控制器由 AC 220V 电源供电

B. 主电源故障时，主电源工作指示灯熄灭，主电源故障指示灯点亮

C. 主电源正常工作时，备用电源不工作，备用电源工作指示灯点亮

D. 火灾自动报警系统的控制器可以长时间处于备用电源工作状态，不会导致蓄电池因亏电损坏

E. 主电源故障时，主电源工作指示灯点亮

5. 火灾自动报警系统的工作状态可以通过（　　）等方式进行判断。

A. 面板指示灯
B. 控制器报警时的提示音

C. 控制器上显示屏上的文字提示
D. 动画

E. 振动

6. 下列功能集中火灾报警控制器具备而消防联动控制器不具备的是（　　）。

A. 电源功能
B. 火灾报警功能

C. 系统兼容功能
D. 软件控制功能

E. 故障报警功能

7. 消防控制室图形显示装置的主要功能不包括（　　）。

A. 信息显示与查询功能
B. 信息记录功能

C. 显示屏故障报警功能
D. 故障状态显示

E. 火灾报警和联动状态显示功能

三、判断题

1. 火灾自动报警系统肩负着探测火灾早期特征、发出火灾报警信号，为人员疏散、防止火灾蔓延和启动自动灭火设备提供控制与指示的消防任务。（　　）

2. 集中火灾报警控制器应能直接或间接地接收来自火灾探测器及其他火灾报警触发器件的火灾报警信号，发出火灾报警声、光信号，指示火灾发生部位，记录火灾报警时间。　　　　　　　　　　　　　　　　　　　　　　　　（　　）

3. 控制器在火灾报警状态下应有火灾声和/或光警报器控制输出，还可设置其他控制输出。　　　　　　　　　　　　　　　　　　　　　　　　　　　（　　）

4. 当控制器内部、控制器与其连接的部件间发生故障时，控制器应能显示故障部位、故障类型等所有故障信息。　　　　　　　　　　　　　　　　　（　　）

5. 控制器应能检查设备本身的火灾报警功能，且在自检期间，受其控制的外接设备和输出接点均不应动作。自检功能影响非自检部位、探测区和控制器本身的火灾报警功能。　　　　　　　　　　　　　　　　　　　　　　　（　　）

6. 控制器信息显示按火灾报警、监管报警及其他状态顺序由高至低排列信息显示等级，高等级状态信息应优先显示，低等级状态信息显示不应影响高等级状态信息显示，显示的信息应与对应的状态一致且易于辨识。　　　　　　　（　　）

7. 集中火灾报警控制器的电源部分应具有主电源和备用电源转换装置。（　　）

8. 消防联动控制器可以采用数字和/或字母（字符）显示相关信息。（　　）

9. 消防控制室图形显示装置用于传输、接收、显示和记录保护区域内的火灾探测报警与各相关控制系统，以及系统中的各类消防设备（设施）运行的动态信息和消防管理信息。　　　　　　　　　　　　　　　　　　　　　　（　　）

10. 消防控制室图形显示装置应能显示建筑总平面布局图，但不能显示每个保护对象的建筑平面图、系统图等。　　　　　　　　　　　　　　　　（　　）

11. 火灾自动报警系统的工作状态主要包括主/备用电源工作状态、火警指示状态、设备反馈指示状态、设备启动指示状态、消声状态、屏蔽状态、系统故障状态、主/备用电源故障状态、通信故障状态等。　　　　　　　　　（　　）

12. 火灾自动报警系统控制器的电源工作状态分为主电源工作状态和备用电源工作状态。一般来讲，火灾自动报警系统控制器的主、备用电源开关位于火灾自动报警系统控制器的背面，打开控制器背板，就可以看到主电源开关和备用电源开关。　　　　　　　　　　　　　　　　　　　　　　　　　　　（　　）

13. 当备用电源出现故障时，备用电源工作指示灯熄灭，控制器备用电源故障指示灯（黄色）、公共故障指示灯（绿色）点亮。　　　　　　　　　（　　）

14. 火灾自动报警系统控制器不可长时间处于备用电源工作状态，否则将导致蓄电池亏电。　　　　　　　　　　　　　　　　　　　　　　　　　　（　　）

15. 火灾探测器发生火警后，火灾报警控制器显示面板上指示灯亮黄色。（　　）

16. 火灾报警控制器主电源工作指示灯（绿色）点亮，说明控制器由 AC 220V 电源供电。　　　　　　　　　　　　　　　　　　　　　　　　　（　　）

17. 火灾自动报警系统控制器的电源工作状态分为主电源工作状态、备用电源工作状态以及主、备用电源共同工作状态三种。　　　　　　　　　　　　（　　）

18. 系统中的集中火灾报警控制器、消防联动控制器、消防控制室图形显示装置一般应设置在消防控制室内或有人值班的房间和场所。　　　　　　　（　　）

19. 消防联动控制器通过接收火灾报警控制器发出的火灾报警信息，按自编逻辑对建筑中设置的自动消防系统（设施）进行联动控制。　　　　　　（　　）

培训单元 2　判断自动喷水灭火系统工作状态

一、单项选择题

1. 自动喷水灭火系统，按安装的（　　）开闭形式不同分为闭式系统和开式系统两大类。
   A. 报警阀组　　　B. 洒水喷头　　　C. 水流指示器　　　D. 消防水箱

2. 采用闭式洒水喷头的自动喷水灭火系统称为（　　）。
   A. 闭式系统　　　B. 雨淋系统　　　C. 水幕系统　　　D. 开式系统

3. 采用开式洒水喷头的自动喷水灭火系统称为（　　）。
   A. 闭式系统　　　B. 雨淋系统　　　C. 水幕系统　　　D. 开式系统

4. 下列不属于自动喷水灭火系统的闭式系统是（　　）。
   A. 雨淋系统　　　B. 湿式系统　　　C. 干式系统　　　D. 预作用系统

5. 下列不属于自动喷水灭火系统的闭式系统是（　　）。
   A. 干式系统　　　　　　　　　　B. 湿式系统
   C. 水幕系统　　　　　　　　　　D. 重复启闭预作用系统

6. 下列属于自动喷水灭火系统的开式系统是（　　）。
   A. 雨淋系统　　　B. 湿式系统　　　C. 干式系统　　　D. 预作用系统

7. 下列不属于自动喷水灭火系统的闭式系统是（　　）。
   A. 干式系统　　　B. 水幕系统　　　C. 湿式系统　　　D. 预作用系统

8. 准工作状态时管道内充满用于启动系统的有压水的自动喷水灭火系统是（　　）。
   A. 干式系统　　　B. 湿式系统　　　C. 预作用系统　　　D. 水幕系统

9. 准工作状态时配水管道内充满用于启动系统的有压气体的自动喷水灭火系

统是（　　）。

    A. 干式系统　　　　B. 湿式系统　　　　C. 预作用系统　　　D. 雨淋系统

10. 准工作状态时配水管道内不充水，由火灾自动报警系统、充气管道上的压力开关联锁控制预作用装置和启动消防水泵，向配水管道供水的自动喷水灭火系统是（　　）。

    A. 干式系统　　　　B. 湿式系统　　　　C. 预作用系统　　　D. 雨淋系统

11. 由火灾自动报警系统或传动管控制，自动开启雨淋阀和启动消防水泵后，向开式洒水喷头供水的自动喷水灭火系统是（　　）。

    A. 雨淋系统　　　　B. 水幕系统　　　　C. 预作用系统　　　D. 喷水灭火系统

12. 在不采暖的寒冷场所可以安装的闭式系统是（　　）。

    A. 干式系统　　　　B. 湿式系统　　　　C. 水喷雾系统　　　D. 雨淋系统

13. 在高温的场所可以安装的闭式系统是（　　）。

    A. 雨淋系统　　　　B. 湿式系统　　　　C. 干式系统　　　　D. 水喷雾系统

14. 能起到防火分隔作用的自动喷水灭火系统是（　　）。

    A. 湿式系统　　　　B. 水幕系统　　　　C. 干式系统　　　　D. 预作用系统

15. 火灾的水平蔓延速度快、闭式喷头的开放不能及时使喷水有效覆盖着火区域的场所应采用的自动喷水灭火系统是（　　）。

    A. 干式系统　　　　B. 雨淋系统　　　　C. 水幕系统　　　　D. 湿式系统

16. 关于自动喷水灭火系统的选型，适用于替代干式系统的场所应采用（　　）。

    A. 湿式系统　　　　B. 水幕系统　　　　C. 干式系统　　　　D. 预作用系统

17. 关于自动喷水灭火系统的选型，系统处于准工作状态时，严禁系统误喷的场所应采用（　　）。

    A. 湿式系统　　　　B. 水幕系统　　　　C. 干式系统　　　　D. 预作用系统

18. 室内净空高度超过闭式系统最大允许净空高度，且必须迅速扑救初期火灾的场所应采用（　　）。

    A. 湿式系统　　　　　　　　　　　B. 自动喷水—泡沫联用系统

    C. 预作用系统　　　　　　　　　　D. 雨淋系统

19. 不能用防火墙分隔的开口部位，宜设置（　　）。

    A. 干式系统　　　　B. 雨淋系统　　　　C. 水幕系统　　　　D. 湿式系统

20. 密集喷洒形成水墙或水帘的水幕称为（　　）。

    A. 湿式系统　　　　B. 雨淋系统　　　　C. 防火分隔水幕　　D. 防护冷却水幕

21. （　　）自动喷水系统不具备直接灭火能力。

A. 湿式　　　　B. 干式　　　　C. 预作用　　　　D. 水幕

22. 湿式报警阀组由湿式报警阀、延迟器、水力警铃、控制阀、（　　）等组成。

A. 电磁阀　　　B. 流量计　　　C. 压力开关　　　D. 平衡阀

23. 水力警铃是一种靠（　　）驱动的机械警铃，安装在报警阀组的报警管道上。

A. 电力　　　　B. 火力　　　　C. 水力　　　　D. 重力

24. 压力开关是一种（　　）传感器，安装在延迟器出口后的报警管道上。

A. 电力　　　　B. 火力　　　　C. 压力　　　　D. 重力

25. 延迟器是一个罐式容器，安装在（　　）报警阀后的报警管道上，是可最大限度减少因水源压力波动或冲击而造成误报警的一种容积式装置。

A. 干式　　　　B. 湿式　　　　C. 雨淋　　　　D. 预作用

26. 水力警铃启动时，警铃声强度在3m远处应不小于（　　）dB。

A. 60　　　　B. 70　　　　C. 80　　　　D. 85

27. 下列不属于消防供水设施的是（　　）。

A. 消防水源　　　　　　　　B. 高位消防水箱
C. 消防水泵　　　　　　　　D. 气压维持装置

28. 干式系统应采用（　　）报警阀组。

A. 干式　　　　B. 湿式　　　　C. 雨淋　　　　D. 预作用

29. 湿式系统应采用（　　）报警阀组。

A. 干式　　　　B. 湿式　　　　C. 雨淋　　　　D. 预作用

30. 末端试水装置由试水阀、压力表、（　　）等组成。

A. 压力开关　　　B. 警铃　　　C. 水流指示器　　　D. 试水接头

31. 下列关于湿式报警阀组上相关控制阀门的启闭状态，描述错误的是（　　）。

A. 泄水阀平时常闭，测试时打开
B. 报警管路上的控制阀平时常开
C. 警铃试验阀平时常闭，测试时打开
D. 水源侧管路控制阀常闭

32. 在进行消防供水设施的工作状态检查时，下列不是应检查项目的是（　　）。

A. 检查消防供水设施组件的齐全性、外观完整性、系统和组件标识
B. 检查各管路及气压罐压力表指示，进、出水等管路阀门的启闭状态和锁定情况

    C. 检查工作环境和排水设施设置情况

    D. 测试消防泵组手动启停功能和稳压泵自动启停功能

33. 下列不是检查判断末端试水装置工作状态的检测项目的是（　　　）。

    A. 检查末端试水装置组件的齐全性和外观完整性

    B. 检查工作环境和排水设施设置情况

    C. 测试末端试水装置功能

    D. 检查分区管路控制阀开启状态

34. 湿式自动喷水灭火系统中，（　　　）担负着探测火灾的任务。

    A. 闭式喷头　　　　　　　　　　　B. 感烟探测器

    C. 感温探测器　　　　　　　　　　D. 压力开关

35. 报警阀组上的组件可以减少误报警的是（　　　）。

    A. 压力开关　　　B. 延迟器　　　C. 水力警铃　　　D. 报警阀

二、多项选择题

1. 湿式自动喷水系统中，下列阀门中平时应处于开启状态的是（　　　）。

    A. 水源侧管路控制阀　　　　　　　B. 报警阀的泄水阀

    C. 报警管路控制阀　　　　　　　　D. 警铃试验阀

    E. 系统侧管路控制阀

2. 根据所安装的喷头结构形式不同，自动喷水系统可以分为（　　　）。

    A. 开式系统　　　B. 闭式系统　　　C. 半开式系统　　　D. 半闭式系统

    E. 半开半闭式系统

3. 下列属于开式系统的是（　　　）。

    A. 雨淋系统　　　B. 水幕系统　　　C. 湿式系统　　　D. 干式系统

    E. 重复启闭预作用系统

4. 下列需要安装预作用系统的场所有（　　　）。

    A. 常年环境温度是20℃

    B. 系统处于准工作时严禁误喷的场所

    C. 系统处于准工作状态时严禁管道充水的场所

    D. 用于替代干式系统的场所

    E. 火灾的水平蔓延速度快、闭式洒水喷头的开放不能及时使喷水有效覆盖
      着火区域的场所

5. 下列属于闭式系统的场所有（　　　）。

    A. 雨淋系统　　　　B. 预作用系统　　　C. 湿式系统　　　D. 干式系统

E. 重复启闭预作用系统

6. 湿式自动喷水灭火系统由（　　）等组件组成。

  A. 闭式喷头　　　　　　　　　B. 开式喷头

  C. 湿式报警阀组　　　　　　　D. 水流报警装置

  E. 供水设施

7. 末端试水装置的作用有（　　）。

  A. 检验自动喷水灭火系统的可靠性

  B. 测试系统能否在开放一只喷头的最不利条件下可靠报警并正常启动

  C. 测试水流指示器、报警阀、压力开关、水力警铃的动作是否正常

  D. 配水管道是否畅通以及系统最不利点处的工作压力

  E. 检测干式系统和预作用系统的充水时间

8. 下列属于自动喷水灭火系统的工作状态的是（　　）。

  A. 正常工作状态　　　　　　　B. 准工作状态

  C. 日常待命时的状态　　　　　D. 伺应状态

  E. 故障状态

9. 下列属于湿式自动喷水灭火系统中的组件的是（　　）。

  A. 报警阀组　　B. 水流指示器　　C. 供水设施　　D. 开式喷头

  E. 管道

10. 下列关于自动喷水灭火系统中组件作用的描述中，正确的是（　　）。

  A. 压力开关是一种压力传感器，其作用是将系统中的电信号转换为压力信号

  B. 水力警铃是一种能发出声响的电力驱动报警装置，安装在报警阀组的报警管路上，是报警阀组的主要组件之一

  C. 延迟器安装在湿式报警阀后的报警管路上，是可最大限度减少因水源压力波动或冲击而造成误报警的一种容积式装置

  D. 湿式报警阀是只允许水流入湿式灭火系统并在规定压力、流量下驱动配套部件报警的一种单向阀

  E. 在自动喷水灭火系统中，水流指示器是将电信号转换成水流信号的一种水流报警装置

三、判断题

1. 自动喷水灭火系统是以水为灭火剂，在火灾发生时，可不依赖于人工干预，自动完成火灾探测、报警、启动系统和喷水控（灭）火的系统，是应用范围最广、

用量最多且造价低廉的自动灭火系统之一。 　　　　　　　　　　　　　（　　）

2. 湿式、干式自动喷水灭火系统主要由闭式喷头、报警阀组、水流报警装置（水流指示器或压力开关）等组件，以及管道和供水设施等组成。　　　　（　　）

3. 湿式自动喷水灭火系统应采用湿式报警阀组，准工作状态时配接的配水管道内充满了用于启动系统的有压气体。　　　　　　　　　　　　　　　（　　）

4. 干式自动喷水灭火系统应采用干式报警阀组，准工作状态时配接的配水管道内充满了用于启动系统的有压水。　　　　　　　　　　　　　　　　（　　）

5. 湿式报警阀是只允许水流入湿式灭火系统并在规定压力、流量下驱动配套部件报警的一种单向阀，是湿式报警阀组的核心组件。　　　　　　　（　　）

6. 报警阀组是使水能够自动单方向流入喷水系统配水管道同时进行报警的阀组。　　　　　　　　　　　　　　　　　　　　　　　　　　　　　（　　）

7. 干式报警阀是在其出口侧充入压缩气体，当气压高于某一定值时能使水自动流入配水管道并进行报警的单向阀，是干式报警阀组的核心组件。　（　　）

8. 水力警铃是一种能发出声响的水力驱动报警装置，安装在报警阀组的报警管路上，是报警阀组的主要组件之一。　　　　　　　　　　　　　（　　）

9. 延迟器安装在湿式报警阀后的报警管路上，是可最大限度减少因水源压力波动或冲击而造成误报警的一种容积式装置。　　　　　　　　　　（　　）

10. 压力开关是一种压力传感器，其作用是将系统中的水压信号转换为电信号。
　　　　　　　　　　　　　　　　　　　　　　　　　　　　　　　（　　）

11. 消防供水设施通常包括消防水源、高位消防水箱、增（稳）压设施、消防水泵和消防水泵接合器，主要用于为自动喷水灭火系统提供水量和水压保证，是自动喷水灭火系统的重要组成部分。　　　　　　　　　　　　　　　　（　　）

12. 水流指示器在水流作用下动作，并通过信号模块向火灾自动报警系统发出报警信号，通报位置分区。　　　　　　　　　　　　　　　　　　（　　）

13. 系统准工作状态是指火灾发生时洒水喷头动作喷水以及日常开展各种功能检查和测试等工作时的状态。　　　　　　　　　　　　　　　　　（　　）

14. 发生火灾时，受高温烟气作用喷头动作喷水，且出水压力不高于 0.05MPa。
　　　　　　　　　　　　　　　　　　　　　　　　　　　　　　　（　　）

15. 发生火灾后，水力警铃动作并发出声报警信号，该声响在 3m 远处声强不低于 70dB；压力开关动作，联锁启动消防水泵，并向火灾自动报警系统发出压力开关动作信号。　　　　　　　　　　　　　　　　　　　　　　（　　）

16. 在湿式和干式自动喷水灭火系统中，闭式喷头担负着探测火灾、启动系统

和喷水灭火的任务,其喷水口平时由热敏感元件组成的释放机构封闭,火灾发生时受热开启。（　　）

17. 根据所安装喷头的结构形式不同,自动喷水灭火系统可分为湿式系统、干式系统、预作用系统、重复启闭预作用系统、雨淋系统、水幕系统等。（　　）

18. 水流指示器是将水压信号转换为电信号的一种报警装置,一般安装在自动喷水灭火系统的分区配水管上,其作用是监测和指示开启喷头所在的位置分区,产生动作信号。（　　）

培训单元3　判断防烟排烟系统工作状态

一、单项选择题

1. 防烟系统可分为自然通风系统和机械加压送风系统。建筑高度大于（　　）m的公共建筑、工业建筑,其防烟楼梯间、独立前室、共用前室、合用前室及消防电梯前室应采用机械加压送风系统。

　　A. 100　　　　　B. 50　　　　　C. 75　　　　　D. 200

2. 防烟系统可分为自然通风系统和机械加压送风系统。建筑高度大于（　　）m的住宅建筑,其防烟楼梯间、独立前室、共用前室、合用前室及消防电梯前室应采用机械加压送风系统。

　　A. 100　　　　　B. 50　　　　　C. 75　　　　　D. 200

3. 机械加压送风系统主要由送风机、风道、（　　）以及电气控制柜等组成。

　　A. 送风口　　　B. 挡烟垂壁　　　C. 排烟口　　　D. 排烟阀

4. 机械排烟系统主要是由挡烟壁、（　　）、排烟防火阀、排烟道、排烟风机、排烟出口及防排烟控制器等组成。

　　A. 排烟口　　　B. 防火阀　　　C. 补风机　　　D. 送风口

5. 某超过100m的酒店,发生火灾时可以不用开启防烟系统的是（　　）。

　　A. 楼梯间　　　B. 避难层　　　C. 合用前室　　　D. 走道

6. 建筑高度超过（　　）m的公共建筑,其排烟系统应竖向分段独立设置,每段高度不应超过（　　）m。

　　A. 100,50　　　B. 50,50　　　C. 100,100　　　D. 50,100

7. 建筑高度超过（　　）m的住宅,其排烟系统应竖向分段独立设置,每段高度不应超过（　　）m。

　　A. 100,50　　　B. 50,50　　　C. 100,100　　　D. 50,100

8. 排烟系统是通过采用自然排烟或机械排烟的方式，将房间、走道等空间的火灾烟气排至建筑物外的系统，由挡烟设施、排烟口、排烟风机等设施组成。下列不属于挡烟设施的是（　　）。
    A. 挡烟垂壁　　　B. 挡烟隔墙　　　C. 挡烟梁　　　D. 防火卷帘

9. 排烟防火阀是安装在机械排烟系统的管道上，平时呈开启状态，火灾时当排烟管道内烟气温度达到（　　）℃时关闭，并在一定时间内能满足漏烟量和耐火完整性要求，起隔烟阻火作用的阀门。
    A. 150　　　　B. 70　　　　C. 280　　　　D. 220

10. 在防排烟系统中，实施主/备用电源切换时，双电源开关应处于（　　）控制状态，测试完成后，恢复自动控制。
    A. 手动　　　　　　　　　B. 自动
    C. 自动、手动都可以　　　D. 以上都不正确

11. 建筑高度大于（　　）m 的公共建筑、工业建筑和建筑高度大于（　　）m 的住宅建筑，其防烟楼梯间、独立前室、共用前室、合用前室及消防电梯前室应采用机械加压送风系统。
    A. 100；50　　　B. 50；100　　　C. 24；27　　　D. 50；50

12. （　　）无须设置防烟系统。
    A. 楼梯间　　　B. 前室　　　C. 房间　　　D. 避难层

13. 机械加压送风系统不应采用（　　）。
    A. 中压离心风机　B. 低压离心风机　C. 轴流风机　　D. 混流风机

14. 下列关于机械排烟系统组件的描述中，错误的是（　　）。
    A. 排烟防火阀安装在机械排烟系统的管道上，平时呈关闭状态
    B. 挡烟垂壁按安装方式不同，可分为固定式挡烟垂壁和活动式挡烟垂壁
    C. 挡烟垂壁按挡烟部件的刚度性能不同，可分为柔性挡烟垂壁和刚性挡烟垂壁
    D. 排烟阀安装在机械排烟系统各支管端部（烟气吸入口）处，平时呈关闭状态并满足漏风量要求

15. 下列关于排烟防火阀关闭和复位操作正确的是（　　）。
    A. 排烟防火阀关闭—向开启方向推动手柄—拉动拉环—排烟防火阀复位
    B. 拉动拉环—排烟防火阀关闭—向开启方向推动手柄—排烟防火阀复位
    C. 排烟防火阀关闭—拉动拉环—向开启方向推动手柄—排烟防火阀复位
    D. 拉动拉环—向开启方向推动手柄—排烟防火阀关闭—排烟防火阀复位

16. 下列组件不属于排烟阀组成部件的是（　　）。

  A. 阀体   B. 叶片   C. 温控装置 D. 执行机构

17. 自垂百叶式送风口平时靠百叶重力自行关闭，加压时自行开启，常用于（　　）。

  A. 前室   B. 合用前室 C. 走道   D. 防烟楼梯间

二、多项选择题

1. 下列属于挡烟设施的是（　　）。

  A. 挡烟垂壁 B. 挡烟隔墙 C. 挡烟梁   D. 防火卷帘

  E. 防火门

2. 机械防烟排烟系统的工作状态由构成系统的各组件工作状态决定，结合各组件在整个系统中的地位与作用、对系统整体功能的影响程度等因素，可通过开展组件外观检查、功能测试，综合利用（　　）等方法，做出检查判断结论。

  A. 直观判断 B. 分析判断 C. 技术比对 D. 主观判断

  E. 现场模拟

3. 检查判断排烟防火阀的工作状态时应（　　）。

  A. 检查排烟防火阀组件的齐全性和外观完整性

  B. 检查排烟防火阀的产品标识和安装方向

  C. 检查排烟防火阀的当前启闭状态

  D. 测试排烟防火阀的现场关闭功能和复位功能

  E. 模拟火灾，检查排烟防火阀是否自动关闭

4. 检查判断送风（排烟）口工作状态时应（　　）。

  A. 检查送风（排烟）口组件的齐全性和外观完整性

  B. 测试送风（排烟）口的安装质量

  C. 检查板式排烟口远程控制执行器（也称远距离控制执行器）的设置情况

  D. 检查执行器的手动操控性能和信号反馈情况

  E. 模拟火灾，看其能否自动关闭

5. 机械加压送风系统送风口的形式有（　　）。

  A. 常开式 B. 常闭式   C. 自垂百叶式 D. 电动式

  E. 手动式

6. 下列组件中不是机械排烟系统组件的是（　　）。

  A. 排烟防火阀 B. 送风口 C. 挡烟壁   D. 送风机

  E. 排烟道

三、判断题

1. 防烟系统是指采用机械排烟方式，防止建筑物发生火灾时烟气进入疏散通道和避难场所的系统。（　　）

2. 排烟系统是指采用机械排烟方式或自然通风方式，将烟气排至建筑物外，控制建筑内的有烟区域保持一定能见度的系统。（　　）

3. 机械排烟系统主要由挡烟构件、防火排烟阀门、排烟出口及防排烟控制器组成。（　　）

4. 机械加压送风系统主要由送风口、送风管道、送风机和电气控制柜等组成。（　　）

5. 排烟阀是安装在机械排烟系统各支管端部（烟气吸入口）处，平时呈开启状态并满足漏风量要求，火灾时可手动和电动启闭，起排烟作用的阀门。（　　）

6. 排烟防火阀是安装在机械排烟系统的管道上，平时呈关闭状态，火灾时当排烟管道内烟气温度达到280℃时关闭，并在一定时间内能满足漏烟量和耐火完整性要求，起隔烟阻火作用的阀门。（　　）

7. 防烟系统是通过采用自然通风方式或通过采用机械加压送风方式，防止火灾烟气在房间、走道等空间内积聚。（　　）

8. 排烟系统是通过采用自然排烟或机械排烟的方式，将房间、走道等空间的火灾烟气排至建筑物外的系统。（　　）

9. 排烟防火阀安装在机械排烟系统的管道上，平时呈开启状态，火灾时当排烟管道内烟气温度达到70℃时关闭。（　　）

10. 排烟阀是安装在机械排烟系统各支管端部（烟气吸入口）处，平时呈开启状态并满足漏风量要求，火灾时可手动和电动启闭，起排烟作用的阀门，一般由阀体、叶片、执行机构等部件组成。（　　）

11. 挡烟垂壁是用难燃材料制成，垂直安装在建筑顶棚、梁或吊顶下，能在火灾时形成一定蓄烟空间的挡烟分隔设施。（　　）

培训单元4　判断其他消防设施工作状态

一、单项选择题

1. 电气火灾监控系统由（　　）、剩余电流式电气火灾监控探测器、测温式电气火灾监控探测器、故障电弧探测器、图形显示装置等组成。

　　A. 火灾报警控制器　　　　　　　　B. 可燃气体控制器

C. 电气火灾监控设备　　　　　　　D. 消防联动控制器

2. （　　）满足我国现行标准《电气火灾监控系统　第一部分：电气火灾监控设备》GB 14287.1，是电气火灾监控系统的核心控制单元，能为连接的电气火灾监控探测器供电。

A. 电气火灾监控设备　　　　　　　B. 消防联动控制器

C. 剩余电流式电气火灾监控探测器　D. 火灾报警控制器

3. 可燃气体探测报警系统由可燃气体报警控制器、（　　）、图形显示装置和火灾声光警报器等组成，当保护区域内可燃气体发生泄漏时能够发出报警信号，从而预防因燃气泄漏而引发的火灾和爆炸事故的发生。

A. 火灾报警控制器　　　　　　　　B. 可燃气体探测器

C. 电气火灾监控器　　　　　　　　D. 消防联动控制器

4. （　　）是可燃气体探测报警系统的核心控制单元，能为所连接的可燃气体探测器供电、显示可燃气体浓度及接收可燃气体探测器发出的报警信号，并经过转换和处理发出声光报警信号，同时监测可燃气体探测器的状态、电源供电情况、连接线路情况，而且还是与监管人员进行人机交互的重要设备之一。

A. 图形显示装置　　　　　　　　　B. 火灾声光警报器

C. 可燃气体报警控制器　　　　　　D. 消防联动控制器

5. （　　）是检测低压配电线路中剩余电流的电气火灾监控探测器，以设置在低压配电系统首端为基本原则，宜设置在第一级配电柜（箱）的出线端。

A. 剩余电流式电气火灾监控探测器　B. 测温式电气火灾监控探测器

C. 故障电弧探测器　　　　　　　　D. 独立式电气火灾探测报警器

6. 当电气火灾监控设备与电气火灾监控探测器之间的连接线断路、短路时，电气火灾监控设备应能在（　　）s内发出与监控报警信号有明显区别的声、光故障信号，显示故障部位。

A. 60　　　　　　B. 45　　　　　　C. 100　　　　　　D. 120

7. 电气火灾监控设备应能接收来自电气火灾监控探测器的监控报警信号，并在（　　）s内发出声、光报警信号，指示报警部位，显示报警时间。

A. 10　　　　　　B. 20　　　　　　C. 30　　　　　　D. 100

8. 当被监视部位温度达到报警设定值时，测温式电气火灾监控探测器应能在（　　）s内发出报警信号，点亮报警指示灯，向电气火灾监控设备发送报警信号。

A. 10　　　　　　B. 20　　　　　　C. 30　　　　　　D. 40

9. 当被探测线路在1s内发生（　　）个及以上半周期的故障电弧时，故障电弧探测器应能在30s内发出报警信号，点亮报警指示灯，向电气火灾监控设备发送报警信号。

A. 12　　　　　　B. 14　　　　　　C. 15　　　　　　D. 20

10. 当有故障发生时，可燃气体报警控制器面板上相应的（　　）故障灯长亮，蜂鸣器同步报出故障声（长鸣）。

A. 红色　　　　　B. 绿色　　　　　C. 黄色　　　　　D. 蓝色

11. 在检查判断设备末端配电装置的工作状态时，下列关于注意事项的描述中错误的是（　　）。

A. 开机前先闭合备用电源开关再闭合主电源空气开关

B. 关机前先断开备用电源开关再断开主电源空气开关

C. 每次操作完成后，应恢复到正常工作状态

D. 操作人员应具备用电源工作业证，或在专业电工的指导下操作

12. ①打开可燃气体报警控制器备用电源，关闭可燃气体报警控制器主电源，可燃气体报警控制器报有主电源故障事件，同时主电源故障灯点亮、备用电源工作灯点亮。通过指示灯、文字等信息能够判断出可燃气体报警控制器处于备用电源工作、主电源故障状态。

②使独立式可燃气体报警控制器或可燃气体探测器发出报警信号，可燃气体报警控制器应有报警事件发生，并有具体发生时间、具体发生位置。通过指示灯、文字等信息能够判断出可燃气体报警控制器处于报警指示状态。

③主机开机正常运行时，指示灯面板的主电源工作指示灯应为绿灯常亮。通过指示灯、文字等信息能够判断出可燃气体报警控制器处于主电源工作状态。

④断开可燃气体报警控制器和点型可燃气体探测器之间的连接线，可燃气体报警控制器应有故障事件发生，并有具体发生时间、具体发生位置。通过指示灯、文字等信息能够判断出可燃气体报警控制器处于系统故障、通信故障状态等。

⑤打开可燃气体报警控制器主电源，关闭可燃气体报警控制器备用电源，可燃气体报警控制器报有备用电源故障事件，同时备用电源故障灯点亮、主电源工作灯点亮。通过指示灯、文字等信息能够判断出可燃气体报警控制器处于主电源工作状态、备用电源故障状态。

⑥填写《建筑消防设施巡查记录表》。

在判断可燃气体探测报警系统的工作状态时，下列操作顺序正确的是（　　）。

A. ③⑤②①④⑥ B. ③①⑤②④⑥ C. ③②④①⑤⑥ D. ③①②⑤④⑥

二、多项选择题

1. 消防设备末端配电装置由配电箱、（　　）等器件组成。

A. 按钮　　　　　　B. 指示灯　　　　　C. 转换开关　　　　D. 断路器

E. 压力开关

2. 电气火灾监控设备的功能有（　　）。

A. 监控报警　　　　　　　　　B. 故障报警

C. 自检　　　　　　　　　　　D. 信息显示与查询

E. 火灾报警

3. 电气火灾监控系统由（　　）等组成。

A. 测温式电气火灾监控探测器　　B. 电气火灾监控设备

C. 图形显示装置　　　　　　　　D. 火灾报警控制器

E. 消防联动控制器

4. 可燃气体探测报警系统由（　　）等组成。

A. 图形显示装置　　　　　　　　B. 火灾声光警报器

C. 可燃气体报警控制器　　　　　D. 可燃气体探测器

E. 火灾报警控制器

三、判断题

1. 电气火灾监控设备能集中处理并显示各传感器监测到的各种状态、报警信息、故障报警，指示报警部位及类型，储存历史数据、状态与事件等内容，上传给图形显示装置，同时具有对电气火灾监控探测器的状态、电源供电情况、连接线路情况进行监测的功能，而且还是与监管人员进行人机交互的重要设备之一。　　　（　　）

2. 剩余电流式电气火灾监控探测器在供电线路泄漏电流大于500mA时，宜设置在第一级配电柜（箱）的出线端。　　　（　　）

3. 保护对象为1000V及以下的配电线路，测温式电气火灾监控探测器应采用接触式布置。　　　（　　）

4. 故障电弧探测器应满足我国现行标准《电气火灾监控系统　第四部分：故障电弧探测器》GB 14287.4，是能够区分低压配电线路中操作正常电弧和故障电弧，消除电气火灾隐患的电气火灾监控探测器。　　　（　　）

5. 当电气火灾监控设备与电气火灾监控探测器之间的连接线断路、短路时，电气火灾监控设备应能在 120s 内发出与监控报警信号有明显区别的声、光故障信号，显示故障部位。　　　　　　　　　　　　　　　　　　　　　　（　　）

6. 当独立式可燃气体探测报警器探测到可燃气体泄漏或内部故障时，根据泄漏程度报警状态指示灯闪烁，同时发出声音报警信号。　　　　　　　　　　（　　）

7. 消防设备电源末端切换就是消防设备的两个电源相互切换，互为备用电源的一种供电形式。　　　　　　　　　　　　　　　　　　　　　　　　　（　　）

8. 在对消防末端配电装置进行操作时，操作人员应具备电工作业证，或在专业电工的指导下操作。　　　　　　　　　　　　　　　　　　　　　　　（　　）

9. 剩余电流式电气火灾监控探测器以设置在低压配电系统首端为基本原则，宜设置在第一级配电柜（箱）的出线端；在供电线路泄漏电流大于 500mA 时，宜设置在其上一级配电柜（箱）。　　　　　　　　　　　　　　　　　（　　）

10. 保护对象为 1000V 及以下的配电线路，测温式电气火灾监控探测器应采用接触式布置；保护对象为 1000V 以上的供电线路，测温式电气火灾监控探测器宜选择光栅光纤测温式或红外测温式电气火灾监控探测器。　　　　　　　（　　）

11. 采用可燃气体传感器检测可燃气体的泄漏浓度，将气体浓度转换成相应的电流信号，当环境中可燃气体浓度升高达到报警设定值时，点型可燃气体探测器向可燃气体报警控制器发出报警信号，自身红色指示灯长亮。　　　　　（　　）

12. 判断消防设备末端配电装置的工作状态时，应由持《消防设施操作员》证书的人员进行操作。　　　　　　　　　　　　　　　　　　　　　　　（　　）

培训项目 2　报警信息处置

培训单元 1　区分集中火灾报警控制器的信号类型

一、单项选择题

1. 集中火灾报警系统由火灾探测器、手动火灾报警按钮、火灾声光警报器、消防应急广播、消防专用电话、消防控制室图形显示装置、集中火灾报警控制器、（　　）等组成。

　　A. 电动阀门　　　　　　　　　　B. 选择阀

　　C. 消防联动控制器　　　　　　　D. 高位消防水箱

2. 集中火灾报警控制器能直接或间接地接收来自火灾探测器及其他火灾报警触发器件的火灾报警信号，发出火灾报警声、光信号，指示火灾发生部位，记录火灾报警时间，并予以保持，火警指示灯（　　）复位。

　　A. 自动　　　　　B. 手动　　　　　C. 自动或手动　　D. 以上都不正确

3. 集中火灾报警控制器在接收到火灾报警信号后，根据预定的控制逻辑向相关消防联动控制装置发出（　　），控制各类消防设备实现人员疏散、限制火势蔓延和自动灭火等消防保护功能。

　　A. 触发信号　　B. 反馈信号　　　C. 火警信号　　　D. 控制信号

4. 由消防联动控制器发出的用于控制消防设备（设施）工作的信号，称为（　　）。

　　A. 联动控制信号　　　　　　　　B. 联动反馈信号

　　C. 联动触发信号　　　　　　　　D. 联动火警信号

5. 集中火灾报警控制器发出联动控制信号，控制相关设备动作，各相关受控设备不能实现的保护功能有（　　）。

　　A. 实现人员疏散　　　　　　　　B. 限制火势蔓延

　　C. 自动灭火　　　　　　　　　　D. 救助伤员

6. 下列不能传递监管信号的是（　　）。

　　A. 压力开关　　B. 水流指示器　　C. 信号蝶阀　　　D. 喷头

7. 火灾报警控制器火警信息的光指示信号不能自动清除时，只能通过手动（　　）操作进行清除。

　　A. 自检　　　　　B. 屏蔽　　　　　C. 消声　　　　　D. 复位

8. 集中火灾报警控制器对火灾探测器等设备可以进行（　　）操作，操作后该设备的功能丧失。

　　A. 屏蔽　　　　　B. 解除屏蔽　　　C. 控制　　　　　D. 复位

9. 当集中火灾报警控制器内部、控制器与其连接的部件间发生故障时，控制器能在（　　）s 内发出与火灾报警信号有明显区别的故障声、光信号，指示系统故障。

　　A. 120　　　　　B. 60　　　　　　C. 100　　　　　D. 45

10. 触发火灾报警触发器件能发出（　　）信号，使集中火灾报警控制器处于火警状态。

　　A. 联动控制　　B. 联动反馈　　　C. 火灾报警　　　D. 联动触发

11. 下列不属于常用的触发设备的是（　　）。

    A. 感温火灾探测器　　　　　　　　　B. 感烟火灾探测器

    C. 手动火灾报警按钮　　　　　　　　D. 声光警报器

12. 下列不属于火灾联动设备的是（　　　）。

    A. 风机　　　　　B. 水泵　　　　　C. 卷帘门　　　　　D. 探测器

13. 在通过集中火灾报警控制器对火灾探测器等设备进行屏蔽操作时，无法进行（　　　）操作。

    A. 取消屏蔽　　　B. 释放　　　　　C. 区域屏蔽　　　　D. 单独屏蔽

14. 集中火灾报警控制器在接收到火灾探测器或其他火灾报警触发器件发出的火灾报警信号后，根据预定的控制逻辑向相关消防联动控制装置发出控制信号，无法实现（　　　）功能。

    A. 限制火势蔓延　　　　　　　　　　B. 向城市消防控制中心报告火警

    C. 实现人员疏散　　　　　　　　　　D. 自动灭火

15. 接通电源后，集中火灾报警控制器根据系统状况可以发出的信号中不包括（　　　）。

    A. 指挥信号　　　B. 火警信号　　　C. 屏蔽信号　　　　D. 故障信号

16. 下列关于各类信号的描述中，错误的是（　　　）。

    A. 集中火灾报警控制器在接收到火灾探测器或其他火灾报警触发器件发出的火灾报警信号后，根据预定的控制逻辑向相关消防联动控制装置发出控制信号

    B. 火灾探测器及其他火灾报警触发器件触发后，集中火灾报警控制器能直接或间接地接收来自火灾探测器及其他火灾报警触发器件的火灾报警信号

    C. 对于联动型火灾报警控制器，压力开关传递的信号可设为监管信号

    D. 当集中火灾报警控制器内部、控制器与其连接的部件间发生故障时，控制器能在30s内发出与火灾报警信号有明显区别的故障声、光信号，指示系统故障

二、多项选择题

1. 下列属于火灾联动设备的有（　　　）。

    A. 风机　　　　　B. 水泵　　　　　C. 卷帘门　　　　　D. 探测器

    E. 切电模块

2. 下列属于常用的触发设备的是（　　　）。

    A. 感温火灾探测器　　　　　　　　　B. 感烟火灾探测器

C. 手动火灾报警按钮   D. 声光警报器

E. 红外火焰探测器

3. 常用的火灾监管设备有（   ）。

A. 压力开关   B. 水流指示器   C. 信号蝶阀   D. 喷头

E. 警铃

4. 集中火灾报警系统由火灾探测器、（   ）等组成。

A. 手动火灾报警按钮   B. 火灾声光警报器

C. 消防应急广播   D. 集中火灾报警控制器

E. 消防联动控制器

5. 接通电源后，集中火灾报警控制器根据系统状况可以发出（   ）等信号。

A. 火警   B. 联动   C. 监管   D. 屏蔽

E. 故障报警

6. 集中火灾报警控制器在接收到火灾探测器或其他火灾报警触发器件发出的火灾报警信号后，根据预定的控制逻辑向相关消防联动控制装置发出控制信号，控制各类消防设备实现（   ）等消防保护功能。

A. 人员疏散   B. 限制火势蔓延   C. 自动灭火   D. 救助伤员

E. 拨打 119 电话

7. 下列信号中可被设为监管信号的有（   ）。

A. 压力开关信号   B. 感烟探测器信号

C. 水流指示器信号   D. 信号蝶阀信号

E. 手动火灾报警按钮信号

8. 测试过程中会触发双信号，使集中火灾报警控制器根据预定的控制逻辑向相关消防联动控制装置发出控制信号。常用的火灾联动设备有（   ）。

A. 声光警报器   B. 排烟系统   C. 切电模块   D. 风机

E. 办公电梯

三、判断题

1. 火灾探测器及其他火灾报警触发器件被触发后，集中火灾报警控制器能直接或间接地接收来自火灾探测器及其他火灾报警触发器件的火灾报警信号，发出火灾报警声、光信号，指示火灾发生部位，记录火灾报警时间，并予以保持，直至手动复位。   （   ）

2. 集中火灾报警控制器在接收到火灾探测器或其他火灾报警触发器件发出的

火灾报警信号后，根据预定的控制逻辑向相关消防联动控制装置发出触发信号。
（　　）

3. 集中火灾报警控制器能直接或间接地接收来自除火灾报警、故障信号之外的其他输入信号，发出与火灾报警信号有明显区别的监管报警声、光信号。（　　）

4. 集中火灾报警控制器对火灾探测器等设备可以进行单独屏蔽、解除屏蔽（取消屏蔽、释放）操作。当屏蔽后，控制器可以不指示屏蔽部位。（　　）

5. 当集中火灾报警控制器内部、控制器与其连接的部件间发生故障时，控制器能在 60 s 内发出与火灾报警信号有明显区别的故障声、光信号，指示系统故障。
（　　）

6. 触发火灾监管设备向集中火灾报警控制器发出监管信号。常用火灾监管设备有压力开关、水流指示器、信号蝶阀等。（　　）

7. 常用火灾报警触发设备有感烟感温探测器、手动火灾报警按钮、红外火焰探测器、火灾显示盘等。（　　）

8. 集中火灾报警控制器只能接收火灾报警信号和故障信号。（　　）

9. 火灾探测器及其他火灾报警触发器件触发后，集中火灾报警控制器能直接或间接地接收来自火灾探测器及其他火灾报警触发器件的火灾报警信号，发出火灾报警声、光信号，指示火灾发生部位，记录火灾报警时间，并予以保持，直至自动复位。（　　）

10. 集中火灾报警控制器在接收到火灾探测器或其他火灾报警触发器件发出的火灾报警信号后，根据预定的控制逻辑向相关消防联动控制装置发出控制信号，控制各类消防设备实现人员疏散、限制火势蔓延和自动灭火等消防保护功能。（　　）

培训单元2　报警信息处置方法

一、单项选择题

1. 通过信息显示列表查看报警信息时，列表中无法查看的信息为（　　）。
    A. 报警设备类型
    B. 火警信息
    C. 编号
    D. 报警地点名称

2. 通过"火警监管"查看火警信息时，点击"火警监管"图标，显示出火警监管信息，点击显示屏第一栏"火警监管"后面的（　　）。
    A. "点此切换"图标
    B. "火警监管"图标
    C. "所有火警"图标
    D. "火警信息"图标

3. 通过消防控制室图形显示装置查看报警信息和确定报警部位时，右侧为（　　）。

    A. 平面图信息列表　　　　　　　　B. 设备信息列表

    C. 楼层信息列表　　　　　　　　　D. 楼号信息列表

4. 当火警发生时，图形显示装置上第一个信息标识"火警"就会显示（　　）。

    A. 黄色　　　　　B. 绿色　　　　　C. 蓝色　　　　　D. 红色

5. 在图形显示装置的平面图下方显示有各种状态信息，其中不包括（　　）。

    A. 监控　　　　　B. 火警　　　　　C. 反馈　　　　　D. 故障

6. 下列通过集中火灾报警控制器和消防控制室图形显示装置查看报警信息确定报警部位的操作中，关于程序步骤描述不正确的是（　　）。

    A. 在集中火灾报警控制器控制面板的显示屏上找到"火警监管"图标，并点击图标，显示火警监管信息

    B. 在集中火灾报警控制器控制面板显示屏右侧的信息显示列表上查看火警信息，可以同时看到报警编号和报警设施类型

    C. 点击显示屏第一栏"火警监管"后面的［点此切换］，查看所有的火警信息和报警部位

    D. 最后一步需要记录检查情况

7. ①记录检查情况。

    ②找到消防控制室图形显示装置，查看楼层平面图下方的火警状态信息。看"火警"信息标识是否显示红色，信息栏中有没有显示报警详细信息。

    ③点击显示屏第一栏"火警监管"后面的［点此切换］，查看所有的火警信息和报警部位。

    ④在集中火灾报警控制器控制面板显示屏右侧的信息显示列表上查看火警信息，可以同时看到报警编号和位置名称。

    ⑤在楼层平面图中找到报警位置和编号。

    ⑥在集中火灾报警控制器控制面板的显示屏上找到"火警监管"图标，并点击图标，显示火警监管信息。

    通过集中火灾报警控制器和消防控制室图形显示装置查看报警信息确定报警部位时，下列操作程序顺序正确的是（　　）。

    A. ②⑤①④⑥③　　　　　　　　　B. ④⑥③②⑤①

    C. ③②⑤④⑥①　　　　　　　　　D. ⑥③②④⑤①

8. 在图形显示装置的显示屏上一般都有各楼层的平面示意图，上面标明的各

信息中不包括消防设施的（　　　　）。

    A. 名称   B. 类型   C. 位置   D. 信息参数

9. 在集中火灾报警控制器上，除了通过信息显示列表可以查看报警信息和确定报警部位，还可以通过（　　　　）查看报警信息和确定报警部位。

    A. 火警监管   B. 联动信息   C. 故障信息   D. 历史记录

二、多项选择题

1. 通过集中火灾报警控制器查看报警信息和确定报警部位的操作方法包括（　　　　）。

    A. 通过信息显示列表查看   B. 通过"设备查看"查看

    C. 通过"火警监管"查看   D. 通过楼层显示盘查看

    E. 通过消防专用电话得知

2. 通过消防控制室图形显示装置查看各楼层平面示意图时，可显示（　　　　）等信息。

    A. 消防设施的厂家   B. 消防设施的名称

    C. 消防设施的类型   D. 消防设施的所在位置

    E. 消防设施的外观质量

三、判断题

1. 在图形显示装置的平面图下方显示有各种状态信息，包括火警、监管、反馈、联动、屏蔽、故障、信息传输、主电源、备用电源等信息。某种状态发生时，相应的信息标识会根据异常信息类型用相同的颜色显示，并同时显示定位信息。

                          （　　　　）

2. 当火警发生时，第一个信息标识"火警"就会显示黄色，同时报警详细信息会在上方信息栏以文字形式显示出来，在平面图中可以看到报警位置和编号。

                          （　　　　）

3. 在集中火灾报警控制器控制面板显示屏右侧的信息显示列表上查看火警信息，可以同时看到报警编号和位置名称。   （　　　　）

4. 在消防控制室图形显示装置上，显示屏上一般都有各楼层平面示意图，上面标明了各消防设施的名称、类型、所在位置等信息。   （　　　　）

5. 在集中火灾报警控制器的控制面板显示屏上，可以看到火警信息，同时可以看到编号和报警地点名称。   （　　　　）

培训模块二　设施操作

培训项目1　火灾自动报警系统操作

培训单元1　切换集中火灾报警控制器和
消防联动控制器工作状态

一、单项选择题

1. 当集中火灾报警控制器、消防联动控制器收到火灾报警信息时，会在屏幕上显示火灾发生的位置信息、点亮火警指示灯、发出火警报警声，但不会联动启动声光报警、消防广播及所控制的现场消防设备，说明控制器处于（　　）状态。

　　A. 自动　　　　　B. 手动　　　　　C. 全部禁止　　　D. 以上都不对

2. 当控制器处于手动状态时，（　　）指示灯会点亮。

　　A. 全局手动　　　B. 全局自动　　　C. 消声指示　　　D. 屏蔽指示

3. 当控制器处于手动状态时，全局手动指示灯（　　）点亮。

　　A. 黄色　　　　　B. 红色　　　　　C. 绿色　　　　　D. 灰色

4. 某集中火灾报警控制器、消防联动控制器处于手动状态时，控制器显示屏的状态会显示（　　）。

　　A. 手动　　　　　B. 自动　　　　　C. 半自动　　　　D. 禁止

5. 当集中火灾报警控制器、消防联动控制器收到火灾报警信息时，不但会在屏幕上显示火灾发生的位置信息、点亮火警指示灯、发出火警报警声，还会按照预设的逻辑关系联动启动声光报警、消防广播及所控制的现场消防设备；这说明控制器处于（　　）状态。

　　A. 自动　　　　　B. 手动　　　　　C. 全部禁止　　　D. 以上都不对

6. 当控制器处于自动状态时，（　　）指示灯会点亮。

　　A. 全局手动　　　B. 全局自动　　　C. 消声指示　　　D. 屏蔽指示

7. 当控制器处于自动状态时，全局自动指示灯（　　）点亮。

    A. 黄色　　　　　　B. 红色　　　　　　C. 绿色　　　　　　D. 灰色

8. 某集中火灾报警控制器、消防联动控制器处于自动状态时，控制器显示屏的状态会显示（　　）。

    A. 手动　　　　　　B. 自动　　　　　　C. 禁止　　　　　　D. 以上都不对

9. 当控制器处于（　　）状态时，直接按下键盘上的手动/自动切换键，输入系统操作密码后按确认键，控制器将从手动状态切换为自动状态。

    A. 火警　　　　　　B. 监控　　　　　　C. 故障　　　　　　D. 自检

10. 当控制器处于（　　）状态时，确认现场发生火灾后，直接按下键盘上的火警确认键，输入系统操作密码后按确认键，控制器将直接从手动状态切换为自动状态。

    A. 火警　　　　　　B. 监控　　　　　　C. 故障　　　　　　D. 自检

11. 下列关于控制器手动状态切换为自动状态的方法中，描述错误的是（　　）。

    A. 当控制器处于监控状态时，直接按下键盘上的手动/自动切换键，输入系统操作密码后按确认键，控制器将从手动状态切换为自动状态

    B. 当控制器处于监控状态时，在系统菜单的操作页面下，按上、下键移动光标选中手动/自动切换选项，或者直接按下手动/自动切换选项对应的快捷数字键，输入系统操作密码后按确认键，控制器将从手动状态切换为自动状态

    C. 当控制器处于火警状态时，确认现场发生火灾后，直接按下键盘上的火警确认键，输入系统操作密码后按确认键，控制器将直接从手动状态切换为自动状态

    D. 当控制器处于火警状态时，确认现场发生火灾后，直接按下键盘上的火警确认键，控制器将直接从手动状态切换为自动状态

12. 当控制器处于（　　）状态时，在系统菜单的操作页面下，按上、下键移动光标选中手动/自动切换选项，或者直接按下手动/自动切换选项对应的快捷数字键，输入系统操作密码后按确认键，控制器将从手动状态切换为自动状态。

    A. 火警　　　　　　B. 监控　　　　　　C. 故障　　　　　　D. 自检

13. 当控制器处于（　　）状态时，直接按下键盘上的手动/自动切换键，输入系统操作密码后按确认键，控制器将从自动状态切换为手动状态。

    A. 火警　　　　　　B. 监控　　　　　　C. 故障　　　　　　D. 自检

14. 当控制器处于（　　）状态时，在系统菜单的操作页面下，按上、下键移动

光标选中手动/自动切换选项，或者直接按下手动/自动切换选项对应的快捷数字键，输入系统操作密码后按确认键，控制器将从自动状态切换为手动状态。

A. 火警   B. 监控   C. 故障   D. 自检

15. 当控制器处于（   ）状态时，确认现场发生火灾后，不允许将控制器从自动状态切换为手动状态。

     A. 火警   B. 监控   C. 故障   D. 自检

16. 下列关于控制器从自动状态切换到手动状态，描述错误的是（   ）。

     A. 当控制器处于监控状态时，直接按下键盘上的手动/自动切换键，输入系统操作密码后按确认键，控制器将从自动状态切换为手动状态

     B. 当控制器处于监控状态时，在系统菜单的操作页面下，按上、下键移动光标选中手动/自动切换选项，或者直接按下手动/自动切换选项对应的快捷数字键，输入系统操作密码后按确认键，控制器将从自动状态切换为手动状态

     C. 当控制器处于火警状态时，确认现场发生火灾后，不允许将控制器从自动状态切换为手动状态

     D. 当控制器处于火警状态时，确认现场发生火灾后，可以将控制器从自动状态切换为手动状态

17. 当集中火灾报警控制器、消防联动控制器处于手动状态，此时收到火灾报警信息不能够动作的是（   ）。

     A. 联动启动声光报警   B. 在屏幕上显示火灾发生的位置信息

     C. 点亮火警指示灯   D. 发出火警报警声

18. 当控制器处于监控状态时，（   ），控制器无法从手动状态切换为自动状态。

     A. 直接按下键盘上的手动/自动切换键，输入系统操作密码后按确认键

     B. 直接按下键盘上的火警确认键，输入系统操作密码后按确认键

     C. 在系统菜单的操作页面下，按上、下键移动光标选中手动/自动切换选项，输入系统操作密码后按确认键

     D. 直接按下手动/自动切换选项对应的快捷数字键，输入系统操作密码后按确认键

19. 当控制器处于火警状态时，（   ），控制器将从手动状态切换为自动状态。

     A. 直接按下键盘上的手动/自动切换键，输入系统操作密码后按确认键

     B. 直接按下键盘上的火警确认键，输入系统操作密码后按确认键

     C. 在系统菜单的操作页面下，按上、下键移动光标选中手动/自动切换选

项，输入系统操作密码后按确认键

    D. 直接按下手动/自动切换选项对应的快捷数字键，输入系统操作密码后按确认键

20. 当控制器处于监控状态时，（　　），控制器无法从自动状态切换为手动状态。

    A. 直接按下键盘上的手动/自动切换键，输入系统操作密码后按确认键

    B. 直接按下键盘上的火警确认键，输入系统操作密码后按确认键

    C. 在系统菜单的操作页面下，按上、下键移动光标选中手动/自动切换选项，输入系统操作密码后按确认键

    D. 直接按下手动/自动切换选项对应的快捷数字键，输入系统操作密码后按确认键

21. 下列关于集中火灾报警控制器、消防联动控制器的手动/自动切换操作程序，说法错误的是（　　）。

    A. 切换控制器的工作状态（手动转自动、自动转手动），并指出对应的特征变化（显示屏、指示灯特征）

    B. 操作试验后，将系统恢复到正常工作状态

    C. 在自动状态下，通过按下手动火灾报警按钮或触发烟感报警产生火警信号，将控制器切换为手动状态并指出对应的特征变化（显示屏、指示灯特征）

    D. 最后填写"建筑消防设施巡查记录表"

22. 当集中火灾报警控制器、消防联动控制器处于手动状态时，下列说法错误的是（　　）。

    A. 显示屏显示"手动"　　　　　　B. "手动"指示灯点亮

    C. "自动"指示灯熄灭　　　　　　D. 显示屏显示"自动"

二、多项选择题

1. 当集中火灾报警控制器、消防联动控制器处于自动状态，此时收到火灾报警信息能够动作的是（　　）。

    A. 联动启动声光报警　　　　　　B. 在屏幕上显示火灾发生的位置信息

    C. 点亮火警指示灯　　　　　　　D. 发出火警报警声

    E. 防火门开启

2. 当控制器处于监控状态时，（　　），控制器将从自动状态切换为手动状态。

    A. 直接按下键盘上的手动/自动切换键，输入系统操作密码后按确认键

    B. 直接按下键盘上的火警确认键，输入系统操作密码后按确认键

C. 在系统菜单的操作页面下，按上、下键移动光标选中手动/自动切换选项，输入系统操作密码后按确认键

D. 直接按下手动/自动切换选项对应的快捷数字键，输入系统操作密码后按确认键

E. 直接按下手动/自动切换选项对应的快捷数字键，不用输入系统操作密码

三、判断题

1. 控制器在自动状态下，当集中火灾报警控制器、消防联动控制器收到火灾报警信息时，会在屏幕上显示火灾发生的位置信息、点亮火警指示灯、发出火警报警声，但不会联动启动声光报警、消防广播及所控制的现场消防设备。 （　　）

2. 控制器在手动状态下，当集中火灾报警控制器、消防联动控制器收到火灾报警信息时，会在屏幕上显示火灾发生的位置信息、点亮火警指示灯、发出火警报警声，但不会联动启动声光报警、消防广播及所控制的现场消防设备。 （　　）

3. 控制器在自动状态下，当集中火灾报警控制器、消防联动控制器收到火灾报警信息时，会在屏幕上显示火灾发生的位置信息、点亮火警指示灯、发出火警报警声，不会按照预设的逻辑关系联动启动声光报警、消防广播及所控制的现场消防设备。 （　　）

4. 当集中火灾报警控制器、消防联动控制器收到火灾报警信息时，不但会在屏幕上显示火灾发生的位置信息、点亮火警指示灯、发出火警报警声，还会按照预设的逻辑关系联动启动声光报警、消防广播及所控制的现场消防设备。 （　　）

5. 当控制器的显示屏状态显示"自动"，且自动指示灯点亮，说明控制器处于自动状态。 （　　）

6. 当控制器的显示屏状态显示"手动"，且手动指示灯点亮，说明控制器处于自动状态。 （　　）

7. 当控制器处于火警状态时，确认现场发生火灾后，直接按下键盘上的火警确认键，输入系统操作密码后按确认键，控制器将直接从手动状态切换为自动状态。 （　　）

8. 当控制器处于火警状态时，确认现场发生火灾后，直接按下键盘上的火警确认键，可以不用输入系统操作密码，控制器就可以直接从手动状态切换为自动状态。 （　　）

9. 当控制器处于火警状态时，直接按下键盘上的手动/自动切换键，输入系统操作密码后按确认键，控制器将从手动状态切换为自动状态。 （　　）

10. 当控制器处于监控状态时，直接按下键盘上的手动/自动切换键，输入系

统操作密码后按确认键,控制器将从自动状态切换为手动状态。　　　（　　）

11. 当控制器处于监控状态时,在系统菜单的操作页面下,按上、下键移动光标选中手动/自动切换选项,或者直接按下手动/自动切换选项对应的快捷数字键,输入系统操作密码后按确认键,控制器将从自动状态切换为手动状态。　（　　）

12. 当控制器处于监控状态时,确认现场发生火灾后,可以将控制器从自动状态切换为手动状态。　　　　　　　　　　　　　　　　　　　　　（　　）

13. 当控制器处于火警状态时,确认现场发生火灾后,可以将控制器从自动状态切换为手动状态。　　　　　　　　　　　　　　　　　　　　　（　　）

14. 当控制器处于监控状态时,只有按下键盘上的手动/自动切换键,输入系统操作密码后按确认键,控制器才可以从手动状态切换为自动状态。　（　　）

15. 当控制器处于火警状态时,确认现场发生火灾后,应立即将控制器从自动状态切换为手动状态。　　　　　　　　　　　　　　　　　　　（　　）

16. 当控制器处于监控状态时,直接按下键盘上的手动/自动切换键,输入系统操作密码后按确认键,控制器将从自动状态切换为手动状态。　（　　）

17. 当控制器处于监控状态时,直接按下键盘上的手动/自动切换键,输入系统操作密码后按确认键,控制器将从手动状态切换为自动状态。　（　　）

18. 手动状态下当集中火灾报警控制器、消防联动控制器收到火灾报警信息时,不但会在屏幕上显示火灾发生的位置信息、点亮火警指示灯、发出火警报警声,还会按照预设的逻辑关系联动启动声光报警、消防广播及所控制的现场消防设备。（　　）

培训单元2　判别现场消防设备工作状态

一、单项选择题

1. 根据现场消防设备功能的不同,下列不属于消防设备的工作状态的是（　　）。

    A. 正常　　　　　B. 火警　　　　　C. 故障　　　　　D. 监控

2. 下列不属于现场消防设备工作状态的查看方法的是（　　）。

    A. 设备查看　　B. 分类查看　　C. 分区查看　　D. 分片查看

3. 在 L000：064 001 中, 000 表示（　　）。

    A. 回路号　　　　　　　　　B. 配置的设备数

    C. 发生事件的设备数　　　　D. 以上都不正确

4. 在 L000：064 001 中, 001 表示（　　）。

    A. 回路号   B. 配置的设备数

    C. 发生事件的设备数   D. 以上都不正确

5. 在 L000：064 001 中，064 表示（   ）。

    A. 回路号   B. 配置的设备数

    C. 发生事件的设备数   D. 以上都不正确

6. 位图节点状态背景颜色对应屏幕右侧条目栏信息事件，下列描述错误的是
（   ）。

    A. 红色代表火警状态   B. 绿色代表启动状态

    C. 蓝色代表请求状态   D. 灰色代表正常状态

7. 操作集中火灾报警控制器、消防联动控制器，设备信息查看分为三种方式，
其中不包括（   ）。

    A. 设备查看   B. 供电查看

    C. 分类查看   D. 分区查看

8. 操作集中火灾报警控制器、消防联动控制器，查看现场消防设备，在运行
主界面下，点击"设备查看"，进入"设备查看"界面，如下图所示。查看
系统中配置的所有设备，第一排圆圈中黑色的条目为（   ）。

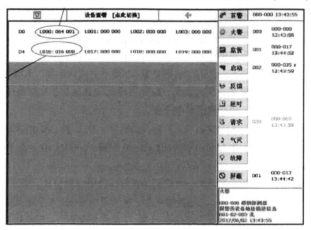

    A. 故障的设备   B. 可以联动的设备

    C. 本机所带设备   D. 网络所带设备

9. 操作集中火灾报警控制器、消防联动控制器，根据现场消防设备功能的不
同，工作状态可分为正常、火警、屏蔽、反馈、故障、（   ）等。

    A. 联动   B. 接收   C. 启动   D. 监管

10. 操作集中火灾报警控制器、消防联动控制器，下图界面根据设备类型的不同显示信息和按键功能有所不同。下列说法错误的是（　　　）。

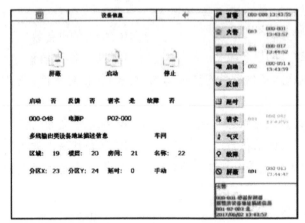

A. 在位图显示下，点击模块，控制器界面显示如上图所示

B. 无论是在位图显示还是列表显示下，点击相应的节点设备都会显示设备的详细信息

C. 在列表显示下，点击相应的节点设备不会显示设备的详细信息

D. 点击相应的节点设备会显示上图这样设备的详细信息

11. 通过集中火灾报警控制器、消防联动控制器判别现场消防设备的工作状态，先接通控制器的电源，检查确认集中火灾报警控制器、消防联动控制器处于正常工作（监视）状态，各设备及功能应正常，其中不包括的是（　　　）。

A. 闭式喷头　　　B. 指示灯　　　　C. 系统工作状态　D. 复位

12. 通过集中火灾报警控制器、消防联动控制器判别现场消防设备的工作状态，下列操作程序所列步骤顺序正确的选项是（　　　）。

①接通集中火灾报警控制器、消防联动控制器的电源，检查确认集中火灾报警控制器、消防联动控制器处于正常工作（监视）状态。

②进入"设备查看"页面，根据现场消防设备类型、回路号、地址号进行筛选。

③确认需要查看工作状态的现场消防设备所在回路号和地址号。

④辨识并指出现场消防设备的工作状态。

⑤记录检查试验情况。

⑥操作试验后，恢复系统到正常工作状态。

A. ③②①⑥④⑤　　　　　　　　B. ②①④③⑥⑤

C. ①②④③⑤⑥　　　　　　　　D. ①③②④⑥⑤

二、多项选择题

1. 根据现场消防设备功能的不同，其工作状态可分为（　　　）、反馈等。

   A. 正常　　　　　B. 火警　　　　　C. 故障　　　　　D. 启动

   E. 屏蔽

2. 位图节点状态背景颜色对应屏幕右侧条目栏信息事件，下列描述正确的是（　　　）。

   A. 红色代表火警状态　　　　　　B. 绿色代表启动状态

   C. 蓝色代表请求状态　　　　　　D. 灰色代表屏蔽状态

   E. 黄色代表启动状态

3. 操作集中火灾报警控制器、消防联动控制器，查看现场消防设备工作状态，下图所示为对应的多线类型。位图节点状态背景颜色对应条目栏信息事件，下列说法正确的是（　　　）。

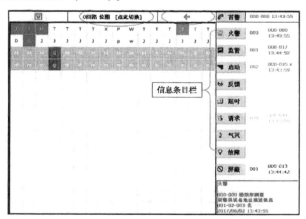

   A. 红色代表火警状态　　　　　　B. 绿色代表启动状态

   C. 蓝色代表屏蔽状态　　　　　　D. 灰色代表请求状态

   E. 黄色代表反馈状态

4. 操作集中火灾报警控制器、消防联动控制器，查看现场消防设备工作状态，点击一个有负载的回路，在位图显示方式下，下列说法正确的是（　　　）。

   A. B 为报警类型　　　　　　　　B. H 为手动按钮

   C. S 为水流指示器　　　　　　　D. D 为楼层显示器

   E. Q 为气体灭火

三、判断题

1. 现场消防设备的工作状态仅有火警状态、故障状态、正常状态。　　（　　）

2. L000：064 001 表示 0 回路，一共有 64 个配接设备，有 1 个设备发生事件。

　　（　　）

3. 位图节点状态背景颜色对应屏幕右侧条目栏信息事件，如红色代表火警状态，绿色代表启动状态，蓝色代表请求状态，灰色代表屏蔽状态等。　　（　　）

4. 无论是在位图显示还是列表显示下，点击相应的节点设备会显示设备的详细信息。　　（　　）

5. 操作集中火灾报警控制器、消防联动控制器，查看现场消防设备工作状态，在主机上点击一个有负载的回路，在位图显示方式下，J 为监管类型，P 为监管压力开关，S 为监管水流指示器，M 为模块类型，Q 为气体灭火，G 为消防广播，B 为声光警报。　　（　　）

6. 操作集中火灾报警控制器、消防联动控制器，查看现场消防设备工作状态，在主机上点开"设备查看"界面，再点击切换位图和列表显示，点击切换键，回路配接设备列表显示切换为位图显示，位图显示可以方便地查看每一个地址的详细信息。　　（　　）

7. 操作集中火灾报警控制器、消防联动控制器，查看现场消防设备，在运行主界面下，点击"设备查看"进入"设备查看"界面，如下图所示。查看系统中配置的所有设备，第二排圆圈中蓝色的条目为故障的设备。　　（　　）

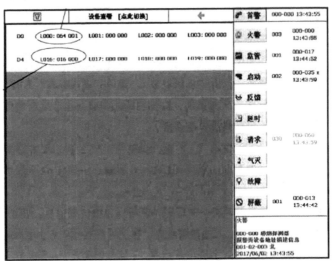

8. 操作集中火灾报警控制器、消防联动控制器，查看现场消防设备工作状态，回路配接设备切换为列表显示后，该表显示的内容，第一列为回路——地址以及设备所在的 X 和 Y 分区，第二列为描述信息和楼层位置等信息，第三列为设备类型以及对应的盘号键值，第四列为当前状态。　　　　　　　　　　　　　　（　　）

培训单元 3　查询历史信息

一、单项选择题

1. 通过集中火灾报警控制器查询历史信息，以某机型为例，运行主界面下点击"历史记录"，进入事件"历史记录"界面，历史记录中不包括（　　）。

　　A. 气灭记录　　　　B. 火警记录　　　　C. 检查记录　　　　D. 监管记录

2. 通过集中火灾报警控制器查询历史信息，每种历史记录数量最多为（　　）条。

　　A. 100　　　　　　B. 200　　　　　　C. 1000　　　　　　D. 1600

3. 操作集中火灾报警控制器，运行主界面下点击"历史记录"，进入事件"历史记录"界面，可以选择相应的事件点击，会显示所有此事件的列表，在每种记录列表中，点击功能按键（　　）可以打印当前显示的（　　）记录。

　　A. 回车；5 条　　B. 一次；10 条　　C. 两次；10 条　　D. 两次；全部

4. 通过集中火灾报警控制器、消防控制室图形显示装置查询历史信息，操作程序如下：

①进入消防控制室图形显示装置历史记录查询界面，查看显示装置上都反映了哪些历史记录信息，通过历史记录组合筛选的方式查询所需要的历史记录信息。

②接通集中火灾报警控制器、消防控制室图形显示装置的电源，检查确认集中火灾报警控制器、消防控制室图形显示装置处于正常工作（监视）状态。

③进入集中火灾报警控制器历史记录查询界面，查看控制器上反映的历史信息。

④记录检查试验情况。

⑤操作试验后，将系统恢复到正常工作（监视）状态。

下列选项顺序正确的是（　　）。

A. ②①③④⑤　　B. ②③①⑤④　　C. ③②①④⑤　　D. ②①④③⑤

5. 关于查询历史信息操作流程，下列选项中正确的是（　　）。

    A. 进入历史记录查询界面→进行历史记录组合筛选查询→获得所需要的历史记录信息→消防控制室图形显示装置正常

    B. 消防控制室图形显示装置正常→进入历史记录查询界面→进行历史记录组合筛选查询→获得所需要的历史记录信息

    C. 集中火灾报警控制器正常→进行历史记录组合筛选查询→进入历史记录查询界面→获得所需要的历史记录信息

    D. 进入历史记录查询界面→进行历史记录组合筛选查询→获得所需要的历史记录信息→集中火灾报警控制器正常

6. 可以通过集中火灾报警控制器和（　　）查询历史信息。

    A. 火灾显示盘　　　　　　　　B. 手动火灾报警按钮

    C. 图形显示装置　　　　　　　D. 消防联动控制器

二、多项选择题

1. 运行消防控制室图形显示装置软件，点击"查看"选项，显示子菜单，其中包括（　　）。

    A. 报警历史记录查询　　　　　B. 建筑平面布置图查询

    C. 设备（设施）查询　　　　　D. 操作和系统记录查询

    E. 维修记录查询

2. 通过消防控制室图形显示装置查询历史信息，点击查看，再点击"报警历史记录查询"，可查询（　　）。

    A. 屏蔽及是否解除　　　　　　B. 故障及是否恢复

    C. 启动及是否停止　　　　　　D. 火警、监管、反馈及是否消除

    E. 发送信号及是否成功

三、判断题

1. 集中火灾报警控制器自动保存历史信息，每种历史记录存满后，新事件产生时会另存在一个新文件下，并重新标记文件名。　　　　　　　　（　　）

2. 操作集中火灾报警控制器，运行主界面下点击"历史记录"，进入事件"历史记录"界面，可以选择相应的事件点击，会显示所有此事件的列表，点击相应设置可以查看详细信息。　　　　　　　　　　　　　　　　　　（　　）

3. 可以通过区域显示器查询历史信息，也可以通过消防控制室图形显示装置查询历史信息。　　　　　　　　　　　　　　　　　　　　（　　）

培训单元4　操作总线控制盘

一、单项选择题

1. 控制信号通过消防联动控制器本身的输出接点或模块直接作用到连接的消防电动装置，进而实现对受控消防设备的控制的是（　　）。
   A. 直线控制　　　B. 直接控制　　　C. 间接控制　　　D. 总线控制

2. （　　）是指控制信号通过消防电气控制装置间接作用到连接的消防电动装置，进而实现对受控消防设备的控制。
   A. 直线控制　　　B. 直接控制　　　C. 间接控制　　　D. 总线控制

3. （　　）是指在总线上配接消防联动模块，当消防联动控制器接收到火灾报警信号并满足预设的逻辑时，发出启动信号，通过总线上所配接的控制模块完成消防联动控制功能。
   A. 直线控制　　　B. 直接控制　　　C. 间接控制　　　D. 总线控制

4. （　　）一般采用多线控制，即采用独立的手动控制单元，每个控制单元通过直接连接的导线和控制模块对应控制一个受控消防设备，属于点对点控制方式。
   A. 直线控制　　　B. 直接控制　　　C. 间接控制　　　D. 总线控制

5. 直线控制一般采用（　　），即采用独立的手动控制单元，每个控制单元通过直接连接的导线和控制模块对应控制一个受控消防设备，属于点对点控制方式。
   A. 多线控制　　　B. 直接控制　　　C. 间接控制　　　D. 总线控制

6. 总线控制是指在总线上配接消防联动模块，当消防联动控制器接收到（　　）并满足预设的逻辑时，发出启动信号，通过总线上所配接的控制模块完成消防联动控制功能。
   A. 火灾报警信号　　B. 联动信号　　　C. 启动信号　　　D. 触发信号

7. 在总线控制盘操作面板上，当（　　）指示灯处于闪烁状态，表示总线控制盘手动控制单元已发出启动指令，等待反馈。
   A. 启动　　　　　B. 反馈　　　　　C. 火警　　　　　D. 故障

8. 在总线控制盘操作面板上，（　　）指示灯处于熄灭状态，表示现场设备启动信息没有反馈回来。
   A. 启动　　　　　B. 反馈　　　　　C. 火警　　　　　D. 故障

9. 在总线控制盘操作面板上，当操作权限模式设置在（　　）状态下，工作指示灯处于红灯运行状态，不能通过总线控制盘手动启动火灾声光警报器等。

    A. 手动禁止　　　　B. 手动允许　　　　C. 自动禁止　　　　D. 自动允许

10. 在总线控制盘操作面板上，当操作权限模式设置在（　　）状态下，工作指示灯处于绿灯运行状态，通过总线控制盘可以手动启动火灾声光警报器等。

    A. 手动禁止　　　　B. 手动允许　　　　C. 自动禁止　　　　D. 自动允许

11. 在总线控制盘操作面板上，不能控制（　　）消防设备的动作。

    A. 消防应急广播　　　　　　　　B. 送风机

    C. 消防电梯　　　　　　　　　　D. 探测器

12. 关于总线控制盘的控制设计，下列说法不正确的是（　　）。

    A. 每一个按键对应一个总线控制模块

    B. 对所有消防设备的控制是由电气控制装置实现的

    C. 可通过操作总线控制盘的按键、控制模块手动控制消防设备的动作

    D. 消防联动控制器按预设逻辑和时序通过控制模块自动控制消防设备动作

13. 下列关于总线控制盘的控制说法不正确的是（　　）。

    A. 对于一些不需要及时操作的受控消防设备，可以通过总线控制盘进行控制

    B. 一台集中火灾报警控制器（联动型）可以设置多个总线控制盘

    C. 总线控制盘具有对每个受控消防设备进行手动控制的功能

    D. 总线控制盘为启动和停止受控消防设备提供了一种便捷的手动操作方式，可以代替复杂的菜单操作

14. 下列关于总线控制盘操作面板设计的说法正确的是（　　）。

    A. 一个总线控制盘操作面板上只能设一个手动控制单元

    B. 一个控制单元包括几个操作按钮和几个状态指示灯

    C. 每个操作按钮均可通过逻辑编程实现对各类、各分区、各具体设备的控制

    D. 每个操作按钮对应一个指示灯，用于提示按钮状态、显示设备运行状态

15. 某高级写字楼，值班人员在消防控制室内通过总线控制盘手动启动卷帘，按下控制写字楼 3 层东侧防火卷帘的操作按钮，下列操作及指示灯的状态

不符合规范要求的是（　　）。

    A. 如果面板设有手动锁，操作前要通过面板钥匙将手动工作模式操作权限切换至"允许"状态，此时"允许"指示灯常亮

    B. 当"启动"指示灯处于常亮状态时，表示现场防火卷帘已启动成功

    C. 如果"启动"指示灯处于闪烁状态时，表示总线控制盘手动控制单元已发出启动指令，等待反馈

    D. 当"反馈"指示灯处于闪烁状态时，表示现场防火卷帘已启动成功并已将启动信息反馈回来

16. 关于总线控制盘操作面板上设置的状态指示灯所代表的不同含义，下列说法正确的是（　　）。

    A. "允许"状态时工作指示灯处于红灯运行状态

    B. "禁止"状态时工作指示灯处于黄灯运行状态

    C. "启动"指示灯处于闪烁状态，表示总线控制盘手动控制单元已启动成功，等待反馈；如果"启动"指示灯处于常亮状态，表示现场设备已发出启动指令

    D. "反馈"指示灯处于熄灭状态，表示现场设备启动信息没有反馈回来；如果"反馈"指示灯处于常亮状态，表示现场设备已启动成功并已将启动信息反馈回来

二、多项选择题

1. 消防联动控制器常用的联动控制方式主要有（　　）。

    A. 自动控制和手动控制　　　B. 直接控制和间接控制

    C. 强电控制和弱电控制　　　D. 总线控制和直线控制

    E. 一级控制和二级控制

2. 目前火灾报警控制系统主要采用总线控制盘，下列说法正确的是（　　）。

    A. 信号与供电共用一个总线　　　B. 信号与供电至少用两个总线

    C. 信号线由两根线组成　　　D. 信号与供电可以共用两根总线

    E. 负责火灾探测器、手动火灾报警按钮和火灾声光警报器以及各类模块的通信和供电的线路必须分开

三、判断题

1. 为了提高消防联动控制系统的工作可靠性，在对每个受控消防设备设置自动控制方式的同时，还设置了手动控制方式。（　　）

2. 在自动控制状态下，可以插入手动操作，控制受控消防设备的启动或停止。
（　　）

3. 在手动控制状态下，可以插入自动操作，控制受控消防设备的启动或停止。
（　　）

4. 总线控制是指在总线上配接消防联动模块，当消防联动控制器接收到火灾报警信号并满足预设的逻辑时，发出启动信号，通过总线上所配接的控制模块完成消防联动控制功能。
（　　）

5. 直线控制一般采用多线控制，即采用独立的手动控制单元，每个控制单元通过直接连接的导线和控制模块对应控制一个受控消防设备，属于点对点控制方式。
（　　）

6. 直线控制一般采用多线控制，即采用独立的手动控制单元，每个控制单元通过直接连接的导线和控制模块对应控制一个受控消防设备，属于面对面控制方式。
（　　）

7. 目前火灾报警控制系统主要采用多线控制盘。
（　　）

8. 目前火灾报警控制系统主要采用总线控制盘，其信号线由两根线组成，信号与供电共用一个总线，同时负责火灾探测器、手动火灾报警按钮和火灾声光警报器以及各类模块的通信和供电。
（　　）

9. 总线控制盘的每一个按键对应一个总线控制模块，对消防设备的控制是由控制模块实现的。
（　　）

10. 在总线控制盘操作面板上，如果"启动"指示灯处于闪烁状态，表示总线控制盘手动控制单元已发出启动指令，等待反馈；如果"启动"指示灯处于常亮状态，表示现场设备已启动成功。
（　　）

11. 在总线控制盘操作面板上，如果"反馈"指示灯处于熄灭状态，表示现场设备启动信息没有反馈回来；如果"反馈"指示灯处于常亮状态，表示现场设备已启动成功并已将启动信息反馈回来。
（　　）

12. 总线控制盘为启动和停止受控消防设备提供了一种便捷的手动操作方式，目前还不可以代替复杂的菜单操作。
（　　）

13. 为了提高消防联动控制系统的工作可靠性，在对每个受控消防设备设置自动控制方式的同时，还设置了手动控制方式。在自动控制状态下，插入手动操作，无法控制受控消防设备的启动或停止，只有在自动状态下才可以控制受控消防设备的启动或停止。
（　　）

14. 消防联动控制器对消防设备的间接控制是指控制信号通过消防电气控制装

置间接作用到连接的消防电动装置，进而实现对受控消防设备的控制。　　　（　　）

15. 消防联动控制器对消防设备的直线控制一般采用总线控制，即采用独立的手动控制单元，每个控制单元通过直接连接的导线和控制模块对应控制多个受控消防设备。　　　（　　）

培训单元5　操作多线控制盘

一、单项选择题

1. 为确保操作受控消防设备的可靠性，对于一些重要联动设备如（　　）的控制，除采用联动控制方式外，火灾报警控制器还应采用多线控制盘控制方式，实现直接手动控制。

A. 喷淋泵　　　　B. 消防电梯　　　　C. 排烟阀　　　　D. 防火卷帘

2. 在多线控制盘操作面板上，当手动锁处于（　　）状态下，工作指示灯处于绿灯运行状态，通过多线控制盘可以手动直接启动消防泵组、防烟和排烟风机等设备。

A. 禁止　　　　　　　　　　B. 允许

C. 任何状态下都可以　　　　D. 以上都不正确

3. 在多线控制盘操作面板上，当手动锁处于（　　）状态下，工作指示灯处于红灯运行状态，不能通过多线控制盘手动直接启动消防泵组、防烟和排烟风机等设备。

A. 禁止　　　　　　　　　　B. 允许

C. 任何状态下都可以　　　　D. 以上都不正确

4. 在多线控制盘操作面板上，如果（　　）指示灯处于闪烁状态，表示多线控制盘手动控制单元已发出启动指令，等待反馈。

A. 启动　　　　B. 反馈　　　　C. 故障　　　　D. 火警

5. 在多线控制盘操作面板上，如果"启动"指示灯处于（　　）状态，表示现场设备已启动成功。

A. 闪烁　　　　B. 常亮　　　　C. 熄灭　　　　D. 以上都不正确

6. 在多线控制盘操作面板上，如果（　　）指示灯处于熄灭状态，表示现场设备启动信息没有反馈回来。

A. 启动　　　　B. 反馈　　　　C. 故障　　　　D. 火警

7. 在多线控制盘操作面板上，如果（　　）指示灯处于常亮状态，表示现场设备已启动成功并已将启动信息反馈回来。

    A. 启动   B. 反馈   C. 故障   D. 火警

8. 在多线控制盘操作面板上，如果"反馈"指示灯处于（   ）状态，表示现场设备已启动成功并已将启动信息反馈回来。

    A. 闪烁   B. 常亮   C. 熄灭   D. 以上都不正确

9. 在多线控制盘操作面板上，如果"启动"指示灯处于（   ）状态，表示多线控制盘手动控制单元已发出启动指令，等待反馈。

    A. 闪烁   B. 常亮   C. 熄灭   D. 以上都不正确

10. 在多线控制盘操作面板上，如果（   ）指示灯处于熄灭状态，表示多线控制盘功能处于正常状态；如果"故障"指示灯处于黄色常亮状态，表示多线控制盘功能处于异常状态。

    A. 启动   B. 反馈   C. 故障   D. 火警

11. 如果"故障"指示灯处于（   ）常亮状态，表示多线控制盘功能处于异常状态。

    A. 绿色   B. 红色   C. 黄色   D. 灰色

12. 如果"故障"指示灯处于黄色（   ）状态，表示多线控制盘功能处于异常状态。

    A. 闪烁   B. 常亮   C. 熄灭   D. 以上都不正确

13. 在多线控制盘的操作面板上，关于操作相关设备动作，下列说法错误的是（   ）。

    A. 如果"反馈"指示灯处于熄灭状态，表示现场设备启动信息没有反馈回来

    B. 如果"反馈"指示灯处于常亮状态，表示现场设备已启动成功并将启动信息反馈回来

    C. 如果"故障"指示灯处于熄灭状态，表示多线控制盘功能处于正常状态

    D. 如果"故障"指示灯处于绿色常亮状态，表示多线控制盘功能处于异常状态

14. 多线控制盘的指示灯状态代表不同的含义，下列说法正确的是（   ）。

    A. 如果"启动"指示灯处于闪烁状态，表示表示现场设备已启动成功

    B. 如果"反馈"指示灯处于熄灭状态，表示现场设备启动信息没有反馈回来

    C. 如果"故障"指示灯处于熄灭状态，表示多线控制盘功能处于故障状态

    D. 如果"故障"指示灯处于红色常亮状态，表示多线控制盘功能处于异常状态

15. 在一台火灾报警控制器（联动型）上操作多线控制盘控制排烟风机的启动，下列做法不能启动排烟风机的是（ ）。

    A. 消防联动控制器的总线控制盘设在手动状态

    B. 消防联动控制器的总线控制盘设在自动状态

    C. 多线控制盘的手动工作模式处于"允许"状态

    D. 多线控制盘的手动工作模式处于"禁止"状态

16. 多线控制盘操作面板上设有多个手动控制单元，每个单元内不包括的器件是（ ）。

    A. 手动锁   B. 故障状态指示灯

    C. 反馈状态指示灯   D. 操作按钮

17. 通过多线控制盘手动启动地下一层水泵房消防水泵，下列控制操作程序排列顺序正确的是（ ）。

    ①在多线控制盘上查找到控制该消防水泵的手动控制单元。

    ②通过面板钥匙将手动工作模式操作权限由"禁止"切换至"允许"状态，"允许"指示灯常亮。

    ③接通电源，多线控制盘正常运行，绿色工作指示灯应处于常亮状态。

    ④按下控制该地下室消防水泵的启动操作按钮，观察指示灯状态。

    ⑤填写"建筑消防设施巡查记录表"。

    ⑥操作结束后，将系统恢复到正常工作状态。

    A. ①③②④⑥⑤   B. ③②①④⑥⑤

    C. ①③②④⑤⑥   D. ②①③④⑥⑤

18. 下列关于多线控制盘手动锁作用的描述不正确的是（ ）。

    A. 手动"禁止"工作模式下，总线控制盘将不能进行手动操作

    B. 用于选择手动工作模式操作权限

    C. "允许"和"禁止"状态可根据需要通过面板钥匙手动切换

    D. 在手动"禁止"工作模式下，总线控制盘手动操作不受影响

二、多项选择题

1. 为确保操作受控消防设备的可靠性，对于一些重要联动设备的控制，除采用联动控制方式外，火灾报警控制器还应采用多线控制盘控制方式，实现直接手动控制，规范要求多线控制盘直接控制的设备及组件是（ ）。

    A. 预作用阀组   B. 快速排气阀入口前的电动阀

    C. 消防泵组   D. 防烟和排烟风机

　　E. 报警阀压力开关

2. 多线控制盘操作面板上设有多个手动控制单元，关于每个单元的设置，下列说法正确的是（　　）。

　　A. 包括一个或多个操作按钮

　　B. 每个操作按钮分别对应一个启动指示灯和一个反馈指示灯

　　C. 每个操作按钮均可控制具体设备的动作

　　D. 每个操作按钮对应一个状态指示灯

　　E. 每个单元包括一个操作按钮和三个状态指示灯

3. 除采用联动控制方式外，火灾报警控制器还应采用多线控制盘控制方式，实现直接手动控制的联动设备是（　　）。

　　A. 送风机　　　　B. 排烟风机　　　　C. 消火栓泵　　　　D. 喷淋泵

　　E. 消防电梯

三、判断题

1. 为确保操作受控消防设备的可靠性，对于一些重要联动设备（如消防泵组、防烟和排烟风机）的控制，除采用联动控制方式外，火灾报警控制器还应采用多线控制盘控制方式，实现直接手动控制。　　　　　　　　　　　　（　　）

2. 多线控制盘的操作按钮与消防泵组（喷淋泵组、消火栓泵组）、防烟和排烟风机的控制柜控制按钮直接用控制线或控制电缆连接，实现对现场设备的手动控制。　　　　　　　　　　　　　　　　　　　　　　　　　　　　　　（　　）

3. 多线控制盘每个操作按钮对应一个控制输出，控制喷淋泵组、消火栓泵组、防烟和排烟风机等消防设备的启动，可根据需要按下目标操作按钮启动对应的消防设备。　　　　　　　　　　　　　　　　　　　　　　　　　　　　　　（　　）

4. 多线控制盘的手动启动与消防联动控制器是否正常无关，只需确保多线控制盘的电源打开，手动工作模式处于"允许"状态即可。　　　　　　（　　）

5. 多线控制盘的手动启动与消防联动控制器是否正常有关，只有消防联动控制器处于手动允许状态，才可以在多线控制盘上启动相关消防设备。　　（　　）

6. 在多线控制盘操作面板上，当手动锁处于"允许"状态下，工作指示灯处于绿灯运行状态，通过多线控制盘可以手动直接启动消防泵组、防烟和排烟风机等设备。　　　　　　　　　　　　　　　　　　　　　　　　　　　　（　　）

7. 在多线控制盘操作面板上，当手动锁处于"允许"状态下，工作指示灯处于红灯运行状态，不能通过多线控制盘手动直接启动消防泵组、防烟和排烟风机等设备。　　　　　　　　　　　　　　　　　　　　　　　　　　　　（　　）

8. 在多线控制盘操作面板上，当手动锁处于"禁止"状态下，工作指示灯处于红灯运行状态，不能通过多线控制盘手动直接启动消防泵组、防烟和排烟风机等设备。 （　　）

9. 在多线控制盘操作面板上，如果"启动"指示灯处于闪烁状态，表示多线控制盘手动控制单元已发出启动指令，等待反馈；如果"启动"指示灯处于常亮状态，表示现场设备已启动成功。 （　　）

10. 在多线控制盘操作面板上，如果"反馈"指示灯处于熄灭状态，表示现场设备启动信息没有反馈回来；如果"反馈"指示灯处于常亮状态，表示现场设备已启动成功并已将启动信息反馈回来。 （　　）

11. 在多线控制盘操作面板上，如果"反馈"指示灯处于闪烁状态，表示现场设备已启动成功并已将启动信息反馈回来。 （　　）

12. 在多线控制盘操作面板上，如果"故障"指示灯处于熄灭状态，表示多线控制盘功能处于正常状态。 （　　）

13. 在多线控制盘操作面板上，如果"故障"指示灯处于绿色常亮状态，表示多线控制盘功能处于异常状态。 （　　）

14. 多线制控制盘也称为多线制自动控制盘或直接自动控制盘。 （　　）

15. 多线控制盘与火灾报警控制器连接，一台火灾报警控制器（联动型）对应设置一个多线控制盘。 （　　）

16. 多线控制盘每个操作按钮对应一个或多个控制输出，控制喷淋泵组、消火栓泵组、防烟和排烟风机等消防设备的启动，可根据需要按下目标操作按钮启动对应的消防设备。 （　　）

培训单元6 测试线型火灾探测器的火警和故障报警功能

一、单项选择题

1. （　　）火灾探测器是指应用光束被烟雾粒子吸收而减弱的原理探测火灾的线型感烟探测器，包括发射器和接收器两部分。
    A. 线型光束感烟　B. 线型感温　　　　C. 火焰　　　　D. 离子感烟

2. （　　）火灾探测器分为激光光束线型感烟火灾探测器和红外光束线型感烟火灾探测器两种类型。
    A. 线型光束　　　B. 线型感温　　　　C. 点型感温　　D. 点型感烟

3. （　　）火灾探测器将温度值信号或温度单位时间内变化量信号转换为电信

号并输出报警信号以达到探测火灾的目的。

    A. 线型感烟   B. 火焰   C. 线型感温   D. 图像型

4. 线型感温火灾探测器按（　　）分类，可分为缆式、空气管式、分布式光纤、光栅光纤和线式多点型线型感温探测器。

    A. 敏感部件形式 B. 动作性能   C. 可恢复性   D. 探测范围

5. 线型感温火灾探测器按（　　）分类，可分为定温、差温和差定温线型感温探测器。

    A. 敏感部件形式 B. 动作性能   C. 可恢复性   D. 探测范围

6. 线型感温火灾探测器按（　　）分类，可分为可恢复式和不可恢复式线型感温探测器。

    A. 敏感部件形式 B. 动作性能   C. 可恢复性   D. 定位方式

7. 线型感温火灾探测器按（　　）分类，可分为分布定位和分区定位线型感温火灾探测器。

    A. 敏感部件形式 B. 动作性能   C. 可恢复性   D. 定位方式

8. 线型感温火灾探测器按（　　）分类，可分为探测型和探测报警型线型感温火灾探测器。

    A. 敏感部件形式 B. 探测报警功能 C. 可恢复性   D. 定位方式

9. 在线型光束感烟火灾探测器的设置中，其光束轴线至顶棚的垂直距离宜为（　　）m。

    A. 0.3～1.0   B. 1.0～1.5   C. 1.3～1.5   D. 1.5～1.8

10. 在线型光束感烟火灾探测器的设置中，其距地高度不宜超过（　　）m。

    A. 10   B. 15   C. 20   D. 5

11. 在线型光束感烟火灾探测器的设置中，其相邻两组探测器的水平距离不应大于（　　）m。

    A. 10   B. 20   C. 15   D. 14

12. 在线型光束感烟火灾探测器的设置中，探测器的发射器和接收器之间的距离不宜超过（　　）m。

    A. 120   B. 200   C. 150   D. 100

13. 下列关于线型光束感烟火灾探测器的说法，正确的是（　　）。

    A. 红外光束线型感烟火灾探测器又分为对射型和反射型两种

    B. 线型光束感烟火灾探测器包括发射器、接收器和光束三部分组成

    C. 当探测器光路上出现烟雾时，会使接收器接收不到信号，探测器就会

产生报警信号，报告发生火灾

  D. 线型光束感烟火灾探测器分为紫外光束线型感烟火灾探测器和红外光束线型感烟火灾探测器两种类型

14. 下列场所宜选择线型光束感烟火灾探测器的是（　　）。

  A. 有大量水雾滞留的场所

  B. 可能产生蒸汽和油雾的场所

  C. 固定探测器的建筑结构由于振动等原因会产生较大位移的场所

  D. 无遮挡的大空间或有特殊要求的房间

15. 下列场所或部位宜选择线型光纤感温火灾探测器的是（　　）。

  A. 电缆隧道、电缆竖井　　　　　B. 除液化石油气外的石油储罐

  C. 不易安装点型探测器的夹层、闷顶　D. 各种皮带输送装置

16. 下列场所或部位宜选择线型缆式感温火灾探测器的是（　　）。

  A. 电缆夹层、电缆桥架

  B. 需要设置线型感温火灾探测器的易燃易爆场所

  C. 需要实时监测环境温度的地下空间等场所

  D. 公路隧道、敷设动力电缆的铁路隧道和城市地铁隧道等

17. 关于线型光束感烟火灾探测器的设置，下列说法符合规范规定的是（　　）。

  A. 探测器的光束轴线至顶棚的垂直距离宜为 $0.1 \sim 0.5m$，距地高度不宜超过 20m

  B. 相邻两组探测器的水平距离不应大于 20m

  C. 探测器应设置在固定结构上

  D. 探测器的设置应保证其发射端避开日光和人工光源的直接照射

18. 线型感温火灾探测器的设置，下列选项不符合规范规定的是（　　）。

  A. 探测器在保护电缆、堆垛等类似保护对象时，应采用接触式布置；在各种皮带输送装置上设置时，宜设置在装置的过热点附近

  B. 设置在顶棚下方的线型感温火灾探测器，至顶棚的距离宜为 $0.3 \sim 1.0m$。探测器的保护半径应符合点型感温火灾探测器的保护半径要求；探测器至墙壁的距离宜为 $1 \sim 1.5m$

  C. 光栅光纤感温火灾探测器每个光栅的保护面积和保护半径应符合点型感温火灾探测器的保护面积和保护半径要求

  D. 设置线型感温火灾探测器的场所有联动要求时，宜采用两只不同火灾探测器的报警信号组合

二、多项选择题

1. 下列场所宜选择线型光束感烟火灾探测器的是 （　　　　）。
   - A. 无遮挡的大空间
   - B. 有大量粉尘、水雾滞留的场所
   - C. 可能产生蒸汽和油雾的场所
   - D. 在正常情况下有烟滞留的场所
   - E. 有特殊要求的房间

2. 下列场所不宜选择线型光束感烟火灾探测器的是 （　　　　）。
   - A. 有大量粉尘、水雾滞留的场所
   - B. 可能产生蒸汽和油雾的场所
   - C. 在正常情况下有烟滞留的场所
   - D. 固定探测器的建筑结构由于振动等原因会产生较大位移的场所
   - E. 无遮挡的大空间或有特殊要求的房间

3. 下列场所或部位宜选择线型缆式感温火灾探测器的是 （　　　　）。
   - A. 电缆隧道、电缆竖井、电缆夹层、电缆桥架
   - B. 不易安装点型探测器的夹层、闷顶
   - C. 各种皮带输送装置
   - D. 其他因环境恶劣不适合安装点型探测器安装的场所
   - E. 除液化石油气外的石油储罐

4. 下列场所或部位宜选择线型光纤感温火灾探测器的是 （　　　　）。
   - A. 除液化石油气外的石油储罐
   - B. 需要设置线型感温火灾探测器的易燃易爆场所
   - C. 需要实时监测环境温度的地下空间等场所
   - D. 公路隧道、敷设动力电缆的铁路隧道和城市地铁隧道等
   - E. 各种皮带输送装置

5. 线型感温火灾探测器的组成有 （　　　　）。
   - A. 终端
   - B. 点型感温火灾探测器
   - C. 敏感部件
   - D. 与敏感部件相连接的信号处理单元
   - E. 底座

6. 线型感温火灾探测器按敏感部件形式分类，可分为 （　　　　）。
   - A. 定温线型感温探测器
   - B. 空气管式
   - C. 差定温线型感温探测器
   - D. 线式多点型线型感温探测器
   - E. 分布式光纤

三、判断题

1. 线型火灾探测器是相对于点型火灾探测器而言的，是指连续探测某一点火灾参数的火灾探测器，主要分为线型感烟火灾探测器和线型感温火灾探测器等类型。 （　　）

2. 线型火灾探测器是相对于点型火灾探测器而言的，是指连续探测某一路线周围火灾参数的火灾探测器，主要分为线型感烟火灾探测器和线型感温火灾探测器等类型。 （　　）

3. 线型感温火灾探测器是指对某一连续线路周围温度和（或）温度变化响应的线型火灾探测器。 （　　）

4. 线型感温火灾探测器的敏感部件可分为感温电缆、空气管、感温光纤、光纤光栅及其接续部件、点式感温元件及其接续部件等。 （　　）

5. 线型感温火灾探测器按动作性能分类，可分为可恢复式和不可恢复式线型感温探测器。 （　　）

6. 设置线型感温火灾探测器的场所有联动要求时，必须采用两只不同火灾探测器的报警信号组合。 （　　）

7. 设置在顶棚下方的线型感温火灾探测器，至顶棚的距离宜为0.1m。探测器的保护半径应符合点型感温火灾探测器的保护半径要求；探测器至墙壁的距离宜为1～1.5m。 （　　）

8. 测试线型光束感烟火灾探测器的火警和故障报警功能，将减光值为0.4dB的滤光片置于线型光束感烟火灾探测器的光路中并尽可能靠近接收器，30s内火灾报警器应发出火灾报警或故障报警信号，探测器报警确认灯点亮。 （　　）

9. 测试线型光束感烟火灾探测器的火警和故障报警功能，选择减光值为11.5dB的滤光片，将滤光片置于线型光束感烟火灾探测器的发射器与接收器之间，并尽可能靠近接收器的光路上，可以确定是发生火灾的情况，线型光束感烟火灾探测器应发出火警信号。 （　　）

10. 测试线型感温火灾探测器火灾报警、故障报警，在距离终端盒1m以外的部位，用手抓住线型缆式感温火灾探测器的感温电缆进行加热，线型感温火灾探测器应在30s以内发出火灾报警信号，探测器红色报警确认灯点亮，火灾报警控制器显示火警信号。 （　　）

11. 拆除连接处理信号单元与终端盒之间任一端线型感温火灾探测器的感温电缆，线型感温火灾探测器黄色故障报警确认灯点亮，火灾报警控制器显示故障报警信号。 （　　）

培训单元7 测试火灾显示盘功能

一、单项选择题

1. 直流供电型火灾显示盘通常采用（　　），由火灾报警控制器或独立的消防应急电源供电。

  A. DC 24V   B. DC 36V   C. DC 12V   D. DC 220V

2. 火灾显示盘应设置在出入口等明显和便于操作的部位。当采用壁挂方式安装时，其底边距地高度宜为（　　）m。

  A. 1.5～1.8   B. 1.3～1.5   C. 2.2   D. 1.3

3. （　　）指示灯用于指示火灾显示盘是否处于消声状态，灯亮表示处于消声状态。

  A. 通信   B. 故障   C. 消声   D. 火警

4. （　　）指示灯用于指示火灾显示盘与火灾报警控制器通信是否正常。

  A. 通信   B. 故障   C. 消声   D. 火警

5. 火灾显示盘应能接收与其连接的火灾报警控制器发出的火灾报警信号，并在火灾报警控制器发出火灾报警信号后（　　）s内发出火灾报警声、光信号，显示火灾发生部位。

  A. 5   B. 3   C. 10   D. 15

6. 具有接收火灾报警控制器传来的火灾探测器、手动火灾报警按钮及其他火灾报警触发器件的故障信号的火灾显示盘，应在火灾报警控制器发出故障信号后（　　）s内发出故障声、光信号，并指示故障发生部位。

  A. 5   B. 3   C. 10   D. 15

7. 火灾显示盘的信息显示应按（　　）的顺序由高至低排列显示等级，高等级的信息应优先显示，低等级信息显示不应影响高等级信息显示。

  A. 火灾报警、监管报警、故障   B. 监管报警、故障、火灾报警
  C. 监管报警、火灾报警、故障   D. 故障、监管报警、火灾报警

8. 采用主电源为220V、50Hz交流电源供电的火灾显示盘应具有主电源和备用电源转换等功能，主电源应能保证火灾显示盘在火灾报警状态下连续工作（　　）h，且应有过流保护措施。

  A. 8   B. 4   C. 1   D. 24

9. 火灾显示盘设置工作状态指示灯，以（　　）指示灯指示火灾报警状态。

 A. 绿色   B. 黄色   C. 红色   D. 灰色

10. 火灾显示盘设置工作状态指示灯，下列关于指示灯的状态说法正确的是（　　）。

 A. 以红色指示灯指示火灾报警状态、监管报警状态

 B. 黄色指示灯指示电源正常工作状态和系统正常运行状态

 C. 消声指示灯用于指示火灾显示盘是否处于消声状态，灯灭表示处于消声状态

 D. 通信指示灯用于指示火灾显示盘与探测器通信是否正常

11. 下列选项不属于火灾显示盘具有的功能的是（　　）。

 A. 故障显示

 B. 对消防信息进行及时处理、长期保存信息

 C. 自检

 D. 信息显示与查询

12. 下列火灾显示盘的信息显示说法正确的是（　　）。

 A. 应按火灾报警、故障、监管报警的顺序由高至低排列显示等级

 B. 监管报警的信息应优先显示

 C. 高等级的信息显示不应影响低等级信息显示

 D. 显示的信息应与对应的状态一致且易于辨识

13. 下列关于火灾显示盘的说法正确的是（　　）。

 A. 火灾显示盘面板上一般没有消声键，消声要到火灾报警控制器上操作

 B. 火灾显示盘面板上一般没有复位键，复位要到火灾报警控制器上操作

 C. 火灾显示盘光报警信号在火灾报警控制器复位之前可以手动消除

 D. 火灾显示盘有消声键，但声报警信号不能按火灾显示盘面板上的消声键消除

二、多项选择题

1. 火灾显示盘按显示方式不同，可分为（　　）。

 A. 模拟式   B. 数字式

 C. 汉字/英文式   D. 图形式

 E. 触屏式

2. 关于火灾显示盘的设置要求，下列说法正确的是（　　）。

 A. 每个防火分区宜设置一台火灾显示盘

B. 当一个报警区域包括多个楼层时，宜在每个楼层设置一台仅显示本楼层的火灾显示盘

C. 火灾显示盘应设置在出入口等明显和便于操作的部位

D. 当采用壁挂方式安装时，其中心点距地高度宜为 1.3～1.5m

E. 每个报警区域宜设置一台火灾显示盘

3. 火灾显示盘应具有的基本功能有（　　　）。

A. 火灾报警显示功能　　　　　　B. 故障报警显示功能

C. 自检功能　　　　　　　　　　D. 信息显示与查询功能

E. 主电源和备用电源转换功能

三、判断题

1. 火灾显示盘，又称为区域显示器、楼层显示器，是火灾自动报警系统中报警和故障信息的现场分显设备，用来指示所辖区域内现场报警触发设备/模块的报警和故障信息，并向该区域发出火灾报警信号，从而使火灾报警信息能够迅速地通报到发生火灾危险的现场。　　　　　　　　　　　　　　　　（　　　）

2. 火灾显示盘按显示方式不同，可分为数字式、汉字/英文式和图形式三种。

（　　　）

3. 火灾显示盘按供电方式不同，可分为直流供电型和交流供电型两类。（　　　）

4. 每个报警区域应设置一台火灾显示盘。当一个报警区域包括多个楼层时，宜在每个楼层设置一台仅显示本楼层的火灾显示盘。　　　　　　（　　　）

5. 消声指示灯用于指示火灾显示盘是否处于消声状态，灯亮表示处于消声状态。

（　　　）

6. 通信指示灯用于指示火灾显示盘与火灾报警控制器通信是否正常，当火灾报警控制器巡检火灾显示盘时，通信指示灯常亮。　　　　　（　　　）

7. 火灾显示盘应具有自动检查其音响器件、面板上所有指示灯和显示器等工作状态的功能。　　　　　　　　　　　　　　　　　　　（　　　）

8. 火灾显示盘的信息显示应按火灾报警、监管报警、故障的顺序由高至低排列显示等级，高等级的信息应优先显示，低等级的信息显示不应影响高等级信息显示，显示的信息应与对应的状态一致且易于辨识。　　　　　（　　　）

9. 火灾显示盘光报警信号在火灾报警控制器复位之后不能手动消除，声报警信号可以按火灾显示盘面板上的消声键消除。　　　　　　　（　　　）

10. 将具有故障显示功能的火灾显示盘所辖区域内任意一只感烟火灾探测器或感温火灾探测器从其底座上拆卸下来，火灾显示盘在 3s 内发出故障声、光信号，

指示故障发生部位，黄色故障指示灯点亮。　　　　　　　　　　　（　　）

11. 测试火灾显示盘故障报警功能：具有故障显示功能的火灾显示盘应设有专用故障总指示灯，当有故障信号存在时，该指示灯应点亮。　　　　　（　　）

12. 测试火灾显示盘消声功能：当模拟所辖区域内火灾报警或故障报警时，火灾显示盘应能接收信号，并发出火灾报警或故障报警声信号，只能在消防控制室按下火灾报警控制器消声键使火灾显示盘消声，同时消声指示灯应点亮。　　　（　　）

培训项目 2　自动灭火系统操作

培训单元 1　区分自动喷水灭火系统的类型

一、单项选择题

1. 湿式自动喷水灭火系统主要由闭式喷头、湿式报警阀组、水流指示器、末端试水装置、管道和（　　）等组成。

　　A. 压力开关　　　　B. 供水设施　　　　C. 消防水泵　　　　D. 水力警铃

2. 干式自动喷水灭火系统主要由闭式喷头、（　　）、充气和气压维持设备、水流指示器、末端试水装置、管道及供水设施等组成。

　　A. 湿式报警阀组　　　　　　　　B. 雨淋报警阀组

　　C. 预作用阀组　　　　　　　　　D. 干式报警阀组

3. 某企业常年环境温度不低于4℃且不高于70℃，从经济合理的角度考虑，宜选择（　　）自动喷水灭火系统。

　　A. 干式　　　　　B. 湿式　　　　　C. 预作用　　　　D. 雨淋

4. 在环境温度低于4℃或高于70℃的场所，宜选择（　　）自动喷水灭火系统。

　　A. 干式　　　　　B. 湿式　　　　　C. 预作用　　　　D. 雨淋

5. 准工作状态时配水管道内充满了用于启动系统的有压气体的自动喷水灭火系统是（　　）。

　　A. 干式系统　　　B. 湿式系统　　　C. 预作用系统　　　D. 雨淋系统

6. 准工作状态时管道内充满了用于启动系统的有压水的自动喷水灭火系统是（　　）。

    A. 干式系统   B. 湿式系统   C. 预作用系统   D. 水幕系统

7. 干式自动喷水灭火系统应采用（　　　）报警阀组。

    A. 干式   B. 湿式   C. 雨淋   D. 预作用

8. 采用湿式报警阀组的自动喷水系统属于（　　　）自动喷水系统。

    A. 干式   B. 湿式   C. 雨淋   D. 预作用

9. 在湿式自动喷水灭火系统中，不适用（　　　）闭式喷头。

    A. 直立型   B. 下垂型   C. 边墙型   D. 干式下垂型

10. （　　　）自动喷水灭火系统，需要设置充气和气压维持装置。

    A. 干式   B. 湿式   C. 雨淋   D. 水幕

11. 在湿式自动喷水灭火系统中，下列动作不能输出启动消防水泵信号的是（　　　）。

    A. 消防联动控制器的多线控制盘上手动开启

    B. 消防水泵出水干管上的压力开关

    C. 报警阀组的电磁阀

    D. 消防水箱出水管上的流量开关

12. 干式自动喷水灭火系统的组成，不包括的组件是（　　　）。

    A. 闭式喷头   B. 充气和气压维持设备

    C. 末端试水装置   D. 延迟器

13. 下列关于湿式、干式自动喷水灭火系统的说法正确的是（　　　）。

    A. 干式自动喷水灭火系统的适用范围是环境温度低于4℃或高于70℃的场所

    B. 湿式自动喷水灭火系统的适用范围是环境温度不低于0℃或不高于70℃的场所

    C. 湿式自动喷水灭火系统在喷头开启后管道排气充水后出水，效率低于干式系统

    D. 干式自动喷水灭火系统在喷头开启后立即出水

14. 下列关于湿式、干式自动喷水灭火系统的区别说法正确的是（　　　）。

    A. 湿式自动喷水灭火系统在准工作状态时系统侧管道内充满了用于启动系统的有压水或有压气体

    B. 干式自动喷水灭火系统在准工作状态时配水管道内充满了用于启动系统的有压气体

    C. 湿式自动喷水灭火系统依靠充气和气压维持装置维持系统侧压力

    D. 干式自动喷水灭火系统由压力腔控制报警阀阀瓣的开启

15. 干式自动喷水灭火系统可以选择的喷头是（　　　）。

　　A. 直立型　　　　　B. 边墙型　　　　　C. 下垂型　　　　　D. 通用型

二、多项选择题

1. 湿式自动喷水灭火系统主要由（　　　）等组成。

　　A. 闭式喷头　　　　　　　　　　B. 湿式报警阀组

　　C. 水流指示器　　　　　　　　　D. 末端试水装置

　　E. 供水设施

2. 干式自动喷水灭火系统主要由（　　　）、供水设施等组成。

　　A. 闭式喷头　　　　　　　　　　B. 干式报警阀组

　　C. 充气和气压维持设备　　　　　D. 水流指示器

　　E. 末端试水装置

3. 湿式、干式自动喷水灭火系统的不同之处主要体现在（　　　）。

　　A. 适用范围不同　　　　　　　　B. 系统侧管网压力介质不同

　　C. 使用的报警阀组不同　　　　　D. 适用的喷头不同

　　E. 出水效率不同

4. 湿式自动喷水系统中，可以选用（　　　）喷头。

　　A. 直立型　　　　　　　　　　　B. 下垂型

　　C. 边墙型　　　　　　　　　　　D. 干式下垂型

　　E. 通用型

5. 湿式自动喷水灭火系统主要由（　　　）等组成。

　　A. 末端试水装置　　　　　　　　B. 水流指示器

　　C. 开式喷头　　　　　　　　　　D. 雨淋报警阀组

　　E. 传动管

6. 下列关于湿式自动喷水灭火系统工作原理的描述正确的是（　　　）。

　　A. 在准工作状态时，管道内无压力，火灾中由消防水箱或稳压泵、气压给水设备等稳压设施维持管道内充水的压力

　　B. 发生火灾时，火源周围环境温度上升，闭式喷头受热后开启喷水

　　C. 喷头受热后开启喷水，报警阀压力开关动作并反馈信号至消防控制中心报警控制器，指示起火区域

　　D. 喷头开启喷水后，湿式报警阀水源侧压力大于系统侧压力，湿式报警阀被自动打开

　　E. 湿式报警阀打开，压力开关动作并输出启动消防水泵信号

三、判断题

1. 湿式自动喷水灭火系统在准工作状态时，由消防水箱或稳压泵、气压给水设备等稳压设施维持管道内充水的压力。　　　　　　　　　　（　　）

2. 在干式自动喷水灭火系统中，喷头开启后，就能立即出水。　（　　）

3. 在干式自动喷水灭火系统中，喷头开启后管道排气充水后出水，效率高于湿式自动喷水灭火系统。　　　　　　　　　　　　　　　（　　）

4. 湿式自动喷水灭火系统是指发生火灾时管道内充满了用于启动系统的有压水的开式系统。　　　　　　　　　　　　　　　　　　　（　　）

5. 干式自动喷水灭火系统是指准工作状态时配水管道内充满了用于启动系统的有压水的闭式系统。　　　　　　　　　　　　　　　　（　　）

6. 干式自动喷水灭火系统主要由闭式喷头、干式报警阀组、充气和气压维持设备、水流指示器、末端试水装置、管道及供水设施等组成。　　（　　）

7. 湿式自动喷水灭火系统主要由闭式喷头、湿式报警阀组、水流指示器、末端试水装置、管道和供水设施等组成。　　　　　　　　　（　　）

8. 干式自动喷水灭火系统在准工作状态时，由消防水箱或稳压泵、气压给水设备等稳压设施维持系统侧管道内充水的压力，供水侧管道内充满了有压气体（通常采用压缩空气），报警阀处于关闭状态。　　　　　　　　　　　（　　）

9. 在发生火灾时，干式自动喷水灭火系统的干式报警阀组打开，管道中的有压气体从喷头喷出，开式喷头喷水，系统侧压力下降，造成干式报警阀水源侧压力大于系统侧压力，压力水进入供水管道。　　　　　　　　　（　　）

10. 干式自动喷水灭火系统在发生火灾时，闭式喷头受热开启，管道中的有压气体从喷头喷出，压力水进入供水管道，将剩余压缩空气从系统立管顶端或横干管最高处的排气阀或已打开的喷头处喷出。　　　　　　　　（　　）

培训单元2　操作消防泵组电气控制柜

一、单项选择题

1. 消防泵组电气控制柜设置有手动、自动转换开关，当开关处于手动位置时由（　　）手动控制水泵启停。

　　A. 控制柜面板启/停按钮　　　　　B. 消防控制室的多线控制盘

　　C. 压力开关　　　　　　　　　　D. 流量开关

2. 消防泵组电气控制柜还应设置机械应急启泵功能，并应保证在控制柜内的控制线路发生故障时由有管理权限的人员在紧急时启动消防水泵。机械应急启动时，应确保消防水泵在报警（　　）min 内正常工作。

A. 10　　　　　　B. 2　　　　　　C. 5　　　　　　D. 1

3. 消防泵组的启动方式中不包括（　　）

A. 自动启动　　　B. 手动启动　　　C. 机械应急启动　D. 半自动启动

4. 下列不属于消防增压稳压设备的组成部分的是（　　）。

A. 隔膜式气压罐　B. 稳压泵　　　　C. 水位信号装置　D. 控制装置

5. 当主泵发生故障时，备用泵自动延时投入。水泵启动时间不应大于（　　）min。

A. 10　　　　　　B. 2　　　　　　C. 5　　　　　　D. 1

6. 由控制柜按照预先设定逻辑，定期自动控制消防水泵变频运行，并发出各类巡检信号。巡检周期不宜大于 7d，每台消防水泵低速转动的时间不应少于（　　）min。

A. 10　　　　　　B. 2　　　　　　C. 5　　　　　　D. 1

7. 火灾紧急情况下，当消防泵组控制柜的控制线路出现故障不能自动启动消防水泵时，操作人员通过（　　）直接启动消防水泵。

A. 机械应急启动开关　　　　　　B. 压力开关

C. 流量开关　　　　　　　　　　D. 多线控制盘

8. 消防增压、稳压设施主要组成部件中不包括（　　）。

A. 操控柜　　　　　　　　　　　B. 水流指示器

C. 测控仪表　　　　　　　　　　D. 泵组、管道阀门及附件

9. 以常见的设置有气压罐的消防稳压设施为例，在气压罐内预先设定有 P_1、P_2、P_3、P_4 四个压力控制点，通过压力开关（压力变送器）进行控制，下列说法正确的是（　　）。

A. P_1 为气压罐止气/充气压力，即补气式气压罐止气装置的动作压力或胶囊式气压罐在罐或胶囊间的充气压力

B. P_2 为稳压压力下限，即稳压泵启泵压力

C. P_3 为稳压压力上限，即稳压泵停泵压力

D. P_4 为固定消防泵组启动压力

10. 下列关于常见的设置有气压罐的消防稳压设施的说法不正确的是（　　）。

A. 当火灾发生时，随着灭火设备开启用水，稳压泵组应停止工作

B. 当压力持续 10s 低于设定的消防泵组启动压力时，消防泵组自动启动向

消防给水管网供水

C. 稳压泵组的主、备泵应采用交替运行方式

D. 当火灾发生时，随着灭火设备开启用水，气压罐内的水量持续减少，罐内压力不断下降

11. 下列关于湿式、干式自动喷水灭火系统电气控制柜主要具备的功能的说法不正确的是（　　）。

A. 启/停泵、主/备泵切换　　　　　B. 双电源切换

C. 巡检、保护、反馈　　　　　　　D. 消声、复位

12. 下列关于消防泵组电气控制柜的操作控制与工作状态的说法正确的是（　　）。

A. 火灾紧急情况下，当消防泵组控制柜的控制线路出现故障不能自动启动消防水泵时，操作人员通过机械应急启动开关直接启动消防水泵，此时电气控制柜应在手动状态

B. 操作人员通过旋转主/备泵转换开关，可设定火灾时需要立即启动的消防水泵（主泵）以及当主泵发生故障时需要自动接替启动的消防水泵（备泵）。消防水泵应互为备泵，此时电气控制柜在手动、自动状态都可以

C. 通过消防控制室多线控制盘可远程手动启/停消防水泵，此时电气控制柜在手动、自动状态都可以

D. 操作人员通过按下控制柜面板上启动按钮直接启动对应编号的消防水泵，通过按下停止按钮停止消防水泵运转。日常维护需要手动启动消防水泵进行压力和流量测试时，使用手动控制方式，此时电气控制柜应在手动状态

13. 操作控制柜面板实施手/自动切换和主/备泵切换。如下图所示，转换开关处于下图所示各档位时代表不同的运行状态，下列说法错误的是（　　）。

自动模式（1主2备）　　　　手动模式　　　　自动模式（2主1备）

图　手/自动和主/备泵转换开关

A. 转换开关旋至左档位时，代表 1 号泵为主泵、2 号泵为备用泵，简称 1 主 2 备

B. 转换开关旋至右档位时，代表 2 号泵为主泵、1 号泵为备用泵，简称 2 主 1 备

C. 根据手动优先原则，无论转换开关处于左档位还是右档位，均代表可手动运行状态

D. 转换开关处于左档位还是右档位，控制柜面板手动控制失效

二、多项选择题

1. 当水泵控制柜的开关处于自动档位时，可由（　　）控制水泵启动。

   A. 消防控制室总线联动启动

   B. 消防控制室多线控制盘操作按钮启动

   C. 高位消防水箱出水管流量开关启动

   D. 报警阀组压力开关启动

   E. 消防水泵出水干管压力开关启动

2. 湿式、干式自动喷水灭火系统电气控制柜主要包括（　　）等功能。

   A. 启/停泵　　　　　　　　　B. 主/备泵切换

   C. 手/自动转换　　　　　　　D. 双电源切换

   E. 机械应急启动

3. 操作消防泵组电气控制柜时的注意事项包括（　　）。

   A. 消防水泵启动前，要密切注意控制柜、消防水泵、管网等设备运行情况，启动后，可以不用关注

   B. 管网符合设计要求，可以承受长时间启泵操作，可以不用打开试水管路阀门或用水设备

   C. 爱护设施设备，操作时应力度恰当、动作准确、档位转换清晰柔和，杜绝长按不放、野蛮换档等操作

   D. 控制柜在平时应使消防水泵处于自动启泵状态

   E. 消防水泵启动后，如遇异常情况，应紧急停车，并在运行记录表上记下运行情况，需要维修的应尽快报修

4. 消防泵组电气控制柜设置有手动、自动转换开关，当开关处于自动档位时可由多种方式控制水泵启动，其中包括（　　）。

   A. 由控制柜面板启/停按钮手动控制水泵启停

   B. 消防控制室多线控制盘操作按钮启动

C. 消防控制室总线联动启动

D. 高位消防水箱出水管流量开关启动

E. 出水干管低压压力开关启动

三、判断题

1. 为确保消防水泵的可靠控制，适应消防水泵启动灭火、灾后控制以及维护保养的需求，消防水泵应能手动启停和自动启停。　　　　　　　（　　）

2. 消防水泵可设自动停泵的控制功能，其停止应由具有管理权限的工作人员根据火灾扑救情况确定。　　　　　　　　　　　　　　　（　　）

3. 消防泵组电气控制柜还应设置机械应急启泵功能，并应保证在控制柜内的控制线路发生故障时由有管理权限的人员在紧急时启动消防水泵。机械应急启动时，应确保消防水泵在报警 2min 内正常工作。　　　　　　　（　　）

4. 对于采用临时高压消防给水系统的高层或多层建筑，当高位消防水箱的设置不能满足系统最不利点处的静压要求时，应在建筑消防给水系统中设置增压稳压设施，并采取配套设置气压罐等防止稳压泵频繁启停的技术措施。　（　　）

5. 消防增压稳压设施按安装位置不同，可分为上置式和下置式两种。（　　）

6. 消防增压稳压设施按气压罐设置方式不同，可分为立式和卧式两种。（　　）

7. 消防增压稳压设施按所服务的系统不同，可分为消火栓用、自动喷水灭火系统用和消火栓与自动喷水灭火系统合用消防增压稳压设施等。　（　　）

8. 消防泵组电气控制柜在平时应使消防水泵处于自动启泵状态。（　　）

9. 当主泵发生故障时，备用泵自动延时投入。水泵启动时间不应大于 5min。

（　　）

10. 在自动状态下，可自动或远程手动启动水泵，多线控制盘远程停止水泵。在手动状态下，可通过控制柜启/停按钮启动、停止水泵。　　　　（　　）

11. 消防泵组电气控制柜设置有手动启/停每台消防水泵的按钮，并设有远程控制消防水泵启动的输入端子。消防水泵启动运行和停止应正常，指示灯、仪表显示应正常。　　　　　　　　　　　　　　　　　　　（　　）

12. 消防泵组电气控制柜应具备双电源自动切换功能。消防水泵使用的电源应采用消防电源，双电源切换装置可设置在消防泵组电气控制柜附近，也可以设置在消防泵组电气控制柜内。　　　　　　　　　　　　　　（　　）

13. 控制柜应具有过载保护、短路保护、过压保护、缺相保护、欠压保护、过热保护功能。出现以上状况时，消防泵组电气控制柜故障灯常亮，并发出故障信号。　　　　　　　　　　　　　　　　　　　　　　　（　　）

14. 长时间启泵操作时，应打开试水管路阀门或开启用水设备，形成泄水通道。
（　　）

15. 根据系统操作控制和维护管理的需要，湿式、干式自动喷水灭火系统电气控制柜主要具备启/停泵、主/备泵切换、手/自动转换、双电源切换、巡检、保护、反馈、机械应急启动等功能。
（　　）

16. 消防水泵应设自动启/停泵的控制功能，也可以通过消防控制室多线控制盘上启/停按钮或水泵房消防泵组电气控制柜上的停止按钮手动实施。（　　）

17. 消防泵组电气控制柜还应设置机械应急启泵功能，并应保证在控制柜内的控制线路发生故障时由有管理权限的人员在紧急时启动消防水泵。机械应急启动时，应确保消防水泵在报警 2min 内正常工作。
（　　）

18. 对于采用临时高压消防给水系统的高层或多层建筑，当高位消防水箱的设置不能满足系统最不利点处的动压要求时，应在建筑消防给水系统中设置增压稳压设施。
（　　）

19. 消防水泵启动方式中，消防控制室总线联动启动、多线控制盘启动属于手动启动控制，高位消防水箱出水管流量开关启动、报警阀组压力开关启动和消防水泵出水干管压力开关启动属于自动启动控制。
（　　）

培训项目 3　其他消防设施操作

培训单元 1　使用消防电话

一、单项选择题

1. 消防电话系统由消防电话总机、（　　）、消防电话插孔、消防电话手柄和专用消防电话线路组成。
   A. 火灾报警控制器　　　　　　　　B. 消防广播分配盘
   C. 消防电话分机　　　　　　　　　D. 消防联动设备

2. （　　）应设置在消防控制室内，可以组合安装在柜式或琴台式的火灾报警控制柜内。
   A. 消防电话总机　　　　　　　　　B. 消防电话插孔
   C. 消防电话分机　　　　　　　　　D. 消防电话手柄

3. 消防电话总机的功能中不包括（　　　）。

    A. 通话录音   B. 信息记录查询

    C. 自检   D. 自动报警

4. （　　　）消防电话分机有被叫振铃和摘机通话的功能，主要用于与消防控制室电话总机进行通话使用。

    A. 移动便携式   B. 固定式

    C. 有线式   D. 以上都不正确

5. （　　　）为移动便携式电话，主要是插入电话插孔或手动火灾报警按钮电话插孔与电话总机进行通话。

    A. 消防电话手柄   B. 消防电话插孔

    C. 消防电话分机   D. 消防电话线路

6. 下列关于消防电话系统的基本功能描述错误的（　　　）。

    A. 消防电话总机能为消防电话分机和消防电话插孔供电，可呼叫任意一部消防电话分机，并能同时呼叫至少两部消防电话分机

    B. 收到消防电话分机呼叫时，消防电话总机能在 5s 内发出声、光呼叫指示信号

    C. 消防电话总机在通话状态下可以允许或拒绝其他呼叫消防电话分机加入通话

    D. 消防电话总机有录音功能，进行通话时，录音自动开始，并有光信号指示，通话结束，录音自动停止

7. 下列不属于消防电话设备的是（　　　）。

    A. 消防电话主机   B. 电梯电话

    C. 固定消防电话分机   D. 便携式消防电话分机

8. 在消防电话系统中，当有分机、电话插孔呼叫总机时，（　　　）灯点亮。

    A. 通信   B. 呼叫   C. 电源   D. 播放

9. 在消防电话系统中，处于供电状态时，（　　　）灯点亮。

    A. 通信   B. 呼叫   C. 电源   D. 播放

10. 在消防电话系统中，通信正常时，（　　　）灯点亮。

    A. 通信   B. 呼叫   C. 电源   D. 播放

11. 在消防电话系统中，处于通话状态时，（　　　）灯点亮。

    A. 通信   B. 呼叫   C. 电源   D. 通话

12. 在消防电话系统中，处于播放录音时，（　　　）灯点亮。

    A. 通信   B. 呼叫   C. 录音   D. 播放

13. 在消防电话系统中，处于录音状态时，（　　）灯点亮。

　　　A. 通信　　　　　B. 录音　　　　　C. 录音满灯　　　D. 播放

14. 在消防电话系统中，录音空间不足时，（　　）灯点亮。

　　　A. 通信　　　　　B. 录音　　　　　C. 录音满　　　　D. 播放

15. 在消防电话系统中，当有分机呼入时，（　　）灯点亮。

　　　A. 通话　　　　　B. 呼叫　　　　　C. 故障　　　　　D. 工作

16. 在消防电话系统中，当主机和分机处于通话状态时，（　　）灯点亮。

　　　A. 通话　　　　　B. 呼叫　　　　　C. 故障　　　　　D. 工作

17. 在消防电话系统中，当设备正常工作时，（　　）绿色灯常亮。

　　　A. 通话　　　　　B. 呼叫　　　　　C. 故障　　　　　D. 工作

18. 在消防电话系统中，当有呼入信号时，按（　　）可接通呼入分机。

　　　A. 复位键　　　　B. 消声键　　　　C. 接通键　　　　D. 挂断键

19. 在消防电话系统中，按下（　　），可以挂断正在呼入、通话的分机，或取消当前呼出显示的分机。

　　　A. 复位键　　　　B. 消声键　　　　C. 接通键　　　　D. 挂断键

二、多项选择题

1. 要挂断通话的消防电话分机，可通过（　　）。

　　　A. 按下其所对应的按键　　　　　　　B. 按下"接通"键

　　　C. 按下"挂断"键　　　　　　　　　 D. 消防电话分机话筒挂机

　　　E. 拿起话筒

2. 分机与主机通话，呼叫时间被记录保存，主机（　　）指示灯常亮。

　　　A. 接通　　　　　B. 通话　　　　　C. 录音　　　　　D. 工作

　　　E. 电源

3. 消防电话总机的功能包括（　　）。

　　　A. 通话录音　　　　　　　　　　　　B. 信息记录查询

　　　C. 自检　　　　　　　　　　　　　　D. 故障报警

　　　E. 自动报警

三、判断题

1. 消防电话系统是用于消防控制室与建（构）筑物中各部位，尤其是消防泵房、防排烟机房等与消防作业有关的场所间通话的电话系统。　　　（　　）

2. 消防电话系统按照电话线布线方式分为总线制和多线制两种。　（　　）

3. 消防电话总机只能呼叫一部电话分机。　　　　　　　　　　（　　）

4. 消防电话总机能终止与任意消防电话分机的通话，且不影响与其他消防电话分机的通话。　　　　　　　　　　　　　　（　　）

5. 消防电话分机本身不具备拨号功能，使用时操作人员将话机手柄拿起即可与消防总机通话。　　　　　　　　　　　　　　（　　）

6. 消防电话分机可分为固定式和移动便携式。移动便携式消防电话分机有被叫振铃和摘机通话的功能，主要用于与消防控制室电话总机进行通话使用。（　　）

7. 消防控制室应能接收来自消防电话插孔的呼叫，并能通话。　（　　）

8. 消防电话总机应有消防电话通话录音功能。　　　　　　　　（　　）

9. 消防电话总机不能显示消防电话的故障状态。　　　　　　　（　　）

10. 消防电话插孔需要通过电话手柄配套使用，可与电话总机进行通话，手动火灾报警按钮也可带有电话插孔。　　　　　　　　　　　　（　　）

11. 处于通话状态的消防电话总机能呼叫任意一部及以上消防电话分机。（　　）

12. 通过指示灯不能直观地了解消防电话总机、电话分机等设备工作是否正常。
　　　　　　　　　　　　　　　　　　　　　　　　　　　　（　　）

培训单元 2　使用消防应急广播

一、单项选择题

1. 下列不属于消防应急广播系统的是（　　　）。
   - A. 消防应急广播主机
   - B. 功放机
   - C. 扬声器
   - D. 消防电话总机

2. （　　　）是进行应急广播的主要设备，非事故情况下也可通过外部输入音源信号（如 CD/MP3 播放器、调谐器等）进行背景音乐广播。
   - A. 消防应急广播主机
   - B. 消防应急广播功放机
   - C. 扬声器
   - D. 消防应急广播分配盘

3. （　　　）也称消防应急广播功率放大器，是消防应急广播系统的重要组成部分，是一种将来自信号源的电信号进行放大以驱动扬声器发出声音的设备，使用时需配接 CD 或 MP3 播放器。
   - A. 消防应急广播主机
   - B. 消防应急广播功放机
   - C. 扬声器
   - D. 消防应急广播分配盘

4. （　　　）可以外接两个扩展键盘，用以增大控制区域数量，还可以同时接入两路功放。

A. 消防应急广播主机　　　　　　　　B. 消防应急广播功放机

C. 扬声器　　　　　　　　　　　　　D. 消防应急广播分配盘

5. 在消防应急广播系统中，当有电源接入时，（　　）指示灯点亮。

A. 电源　　　　　B. 过载　　　　　C. 过温　　　　　D. 监听

6. 在消防应急广播系统中，当内部晶体管温度超过设定温度极限（90℃）6s后发生过温故障，（　　）指示灯常亮。

A. 电源　　　　　B. 过载　　　　　C. 过温　　　　　D. 监听

7. 在消防应急广播系统中，（　　）指示灯点亮，表示在对指示器件和报警声器件进行检查，按下后常亮，检查完毕熄灭。

A. 消声　　　　　B. 自检　　　　　C. 监听　　　　　D. 电源

8. 在消防应急广播系统中，消防应急广播发生故障时，能在（　　）s内发出故障声、光信号。

A. 100　　　　　B. 60　　　　　C. 10　　　　　D. 120

9. 在消防应急广播系统中，当输出功率大于额定功率120%并持续2s后，（　　）指示灯点亮。

A. 过温　　　　　B. 过载　　　　　C. 工作　　　　　D. 巡检

10. 消防应急广播系统中，可手动和自动控制应急广播分区，（　　）操作优先。

A. 自动　　　　　B. 手动　　　　　C. 机械　　　　　D. 模拟

11. 发生火灾时，消防控制室值班人员打开消防应急广播功放机主、备用电源开关，通过操作分配盘或消防联动控制器面板上的按钮选择播送范围，广播时，系统自动（　　）。

A. 录音　　　　　B. 挂断　　　　　C. 自检　　　　　D. 接通

二、多项选择题

1. 消防应急广播系统，可（　　）控制应急广播分区。

A. 手动　　　　　B. 机械　　　　　C. 自动　　　　　D. 选择

E. 应急

2. 消防应急广播系统中的扬声器包括（　　）。

A. 墙壁式　　　　B. 壁挂式　　　　C. 吸顶式　　　　D. 嵌入式

E. 隐蔽式

3. 消防应急广播的基本功能包括（　　）。

A. 应急广播功能　　　　　　　　　　B. 故障报警功能

C. 自检功能　　　　　　　　　　　　D. 电源功能

E. 火灾报警功能

三、判断题

1. 消防应急广播系统是火灾情况下用于通告火灾报警信息、发出人员疏散语音指示及发生其他灾害与突发事件时发布有关指令的广播设备，也是消防联动控制设备的相关设备之一。　　　　　　　　　　　　　　　　　（　　）

2. 在消防应急广播系统中，当进行广播时，系统自动录音。　　（　　）

3. 消防应急广播系统的线路应独立敷设并有耐热保护，可以和其他线路同槽或同管敷设。　　　　　　　　　　　　　　　　　　　　　（　　）

4. 在消防应急广播系统中，当内部晶体管温度超过设定温度极限（90℃）6s后发生过温故障，过载指示灯常亮。　　　　　　　　　　　　　（　　）

5. 消防应急广播能按预定程序向保护区域广播火灾事故有关信息，广播语音清晰，距扬声器正前方 3m 处应急广播的播放声压级不小于 65dB，且不大于115dB。　　　　　　　　　　　　　　　　　　　　　　　　　（　　）

6. 消防应急广播发生故障时，能在 100s 内发出故障声、光信号且故障声信号应能手动清除。　　　　　　　　　　　　　　　　　　　　　（　　）

7. 在消防应急广播系统中，扬声器一般分为壁挂式扬声器和吸顶式扬声器。

　　　　　　　　　　　　　　　　　　　　　　　　　　　　　（　　）

8. 消防应急广播系统处于正常工作状态，主机绿色工作状态灯常亮。　（　　）

9. 消防应急广播发生故障时，能在 120s 内发出故障声、光信号。　（　　）

10. 消防应急广播能按预定程序向保护区域广播火灾事故有关信息，广播语音清晰，距扬声器正前方 5m 处应急广播的播放声压级不小于 65dB，且不大于115dB。　　　　　　　　　　　　　　　　　　　　　　　　（　　）

培训单元3　手动操作防排烟系统

一、单项选择题

1. 为保证疏散通道不受烟气侵害，使人员能够安全疏散，发生火灾时，加压送风应做到（　　）。

A. 楼梯间压力 > 前室压力 > 走道压力 > 房间压力

B. 楼梯间压力 > 房间压力 > 前室压力 > 走道压力

C. 楼梯间压力 > 走道压力 > 房间压力 > 前室压力

D. 楼梯间压力 > 前室压力 > 房间压力 > 走道压力

2. 当防火分区内火灾确认后，应能在（　　）s内联动开启常闭加压送风口和加压送风机。

    A. 10　　　　　　　B. 15　　　　　　　C. 20　　　　　　　D. 30

3. 风机长时间运转时，应确保相应区域的送风（排烟）口处于（　　）状态。

    A. 开启　　　　　　B. 关闭　　　　　　C. 手动　　　　　　D. 自动

4. 在火灾报警系统中，排烟口或排烟阀开启后由消防联动控制器自动联动控制（　　），同时停止该防烟分区的空气调节系统。

    A. 排烟风机　　　　B. 送风机　　　　　C. 换气风机　　　　D. 空调机组

5. 排烟风机入口处的排烟防火阀在（　　）℃关闭后直接联动排烟风机停止。

    A. 280　　　　　　　B. 70　　　　　　　C. 200　　　　　　　D. 250

二、多项选择题

1. 建筑防烟系统中，加压送风机可通过（　　）方式控制。

    A. 现场手动启动

    B. 通过火灾自动报警系统自动启动

    C. 消防控制室手动启动

    D. 系统中任一常闭加压送风口开启时，加压风机自动启动

    E. 手动火灾报警按钮

2. 建筑排烟系统中，排烟防火阀可通过（　　）方式关闭。

    A. 温控自动关闭　　　　　　　　　B. 电动关闭

    C. 防火阀关闭　　　　　　　　　　D. 手动关闭

    E. 一只感温探测器动作

三、判断题

1. 防烟自动控制方式：由任意一只感烟探测器的报警信号联动送风口的开启。

                                           （　　）

2. 排烟自动控制方式：由满足预设逻辑的报警信号联动排烟口或排烟阀开启。

                                           （　　）

3. 排烟口或排烟阀开启后由消防联动控制器自动联动控制排烟风机，同时停止该防烟分区的空气调节系统，排烟风机入口处的排烟防火阀在280℃关闭后直接联动排烟风机停止。　　　　　　　　　　　　　　　　　　　　　　　　（　　）

培训单元4　手动、机械方式释放防火卷帘

一、单项选择题

1. 对于非疏散通道上设置的防火卷帘，应由设置在防火卷帘任意一侧的（　　）报警信号作为系统的联动触发信号，由防火卷帘控制器联动控制防火卷帘一次下降到底。

    A. 一只感烟探测器

    B. 一只手动报警按钮组合

    C. 两只输入模块组合

    D. 两只感烟探测器或一只感烟探测器与一只感温探测器组合

2. 对于疏散通道上设置的防火卷帘，（　　）的报警信号联动控制防火卷帘下降至距楼板面1.8m处。

    A. 由防火分区内一只感烟探测器和一只感温探测器

    B. 由防火分区内任两只独立的感烟火灾探测器或任一只专门用于联动防火卷帘的感烟火灾探测器

    C. 由防火分区内任两只独立的感温火灾探测器或任一只专门用于联动防火卷帘的感温火灾探测器

    D. 由防火分区内的火灾报警按钮

3. 在防火卷帘的任一侧距防火卷帘纵深0.5～5m内应设置不少于（　　）只专门用于联动防火卷帘的感温火灾探测器。

    A. 1　　　　　　B. 2　　　　　　C. 3　　　　　　D. 4

4. 手动按钮盒底边距地高度宜为（　　）m。

    A. 1.3～1.5　　B. 1.5～1.8　　C. 1.8～2.0　　D. 1.0～1.3

5. 当温控释放装置的感温元件周围的温度达到（　　）℃时，温控释放装置动作，牵引开启卷门机的制动机构，松开刹车盘，卷帘依靠自重下降关闭。

    A. 71±0.5　　B. 72±0.5　　C. 73±0.5　　D. 75±0.5

6. 操作防火卷帘时，使用专用钥匙解锁防火卷帘手动控制按钮，设有保护罩的应先打开保护罩；将消防联动控制器设置为"（　　）"状态。

    A. 自动允许　　B. 自动禁止　　C. 手动禁止　　D. 手动允许

7. 下图所示属于防火卷帘的组件之一，名称为（　　）。

A. 防火卷帘控制器　　　　　　　　B. 手动按钮盒

C. 手动火灾报警按钮　　　　　　　D. 火灾控制盒

二、多项选择题

1. 防火卷帘按启闭方式不同,可分为(　　)。

A. 垂直式防火卷帘　　　　　　　　B. 侧向式防火卷帘

C. 卷帘式防火卷帘　　　　　　　　D. 水平式防火卷帘

E. 推拉式防火卷帘

2. 手动按钮盒底边距地高度宜为(　　)m。

A. 1. 2　　　　　B. 1. 3　　　　　C. 1. 4　　　　　D. 1. 5

E. 1. 6

三、判断题

1. 感烟火灾探测器的报警信号联动控制疏散通道的防火卷帘下降到楼板面。

(　　)

2. 对于非疏散通道上设置的防火卷帘,由防火卷帘所在防火分区内任两只独立火灾探测器的报警信号作为防火卷帘下降的联动触发信号,联动控制防火卷帘直接下降到楼板面。

(　　)

3. 当温控释放装置的感温元件周围的温度达到 75 ± 0.5℃时,温控释放装置动作,牵引开启卷门机的制动机构,松开刹车盘,卷帘依靠自重下降关闭。

(　　)

4. 对于疏散通道上设置的防火卷帘,由防火分区内任两只独立的感烟火灾探测器或任一只专门用于联动防火卷帘的感烟火灾探测器的报警信号联动控制防火卷帘下降至距楼板面 1.8m 处;由任一只专门用于联动防火卷帘的感温火灾探测器的报警信号联动控制防火卷帘下降到楼板面。

(　　)

5. 对于非疏散通道上设置的防火卷帘,由防火卷帘所在防火分区内一只感温火灾探测和一只感烟火灾探测器的报警信号作为防火卷帘下降的联动触发信号,联

动控制防火卷帘直接下降到楼板面。 (   )

培训单元5　操作防火门监控器和常开防火门

一、单项选择题

1. 防火门监控器应能接收来自火灾自动报警系统的火灾报警信号,并在(   )s内向电动闭门器或电磁释放器发出启动信号,点亮启动总指示灯。

   A. 10　　　　　B. 20　　　　　C. 30　　　　　D. 40

2. 监控器应在电动闭门器、电磁释放器或门磁开关动作后(   )s内收到反馈信号,并有反馈光指示,指示其名称或部位,反馈光指示应保持至受控设备恢复。

   A. 10　　　　　B. 20　　　　　C. 30　　　　　D. 40

3. 当监控器与电动闭门器、电磁释放器、门磁开关间连接线发生断路、短路故障时,监控器应在(   )s内发出与报警信号有明显区别的声、光故障信号。

   A. 60　　　　　B. 80　　　　　C. 100　　　　　D. 120

4. 我国现行标准《防火门监控器》GB 29364对指示灯颜色做出了统一规定。其中,(   )用于指示启动信号、电动闭门器和电磁释放器的动作信号及门磁开关的反馈信号。

   A. 黄色　　　　　B. 红色　　　　　C. 绿色　　　　　D. 蓝色

5. 我国现行标准《防火门监控器》GB 29364对指示灯颜色做出了统一规定。其中,(   )用于指示故障、自检状态。

   A. 黄色　　　　　B. 红色　　　　　C. 绿色　　　　　D. 蓝色

6. 监控器应配有备用电源,电池容量应保证监控器正常可靠工作(   )h。

   A. 1　　　　　B. 2　　　　　C. 3　　　　　D. 4

7. 监控器应配有备用电源,有防止电池过充电、过放电的功能;在不超过生产厂规定的电池极限放电情况下,应能在(   )h内完成对电池的充电。

   A. 18　　　　　B. 20　　　　　C. 22　　　　　D. 24

二、多项选择题

1. 防火门的联动自动关闭,由常开防火门所在防火分区内(   )的报警信号作为常开防火门关闭的联动触发信号。

   A. 两只独立感烟的火灾探测器

B. 一只独立的火灾探测器和一只手动火灾报警按钮

C. 一只感烟感温复合型火灾探测器

D. 一只独立的感烟火灾探测器和一只独立的感温火灾探测器

E. 两只独立的感温探测器

2. 我国现行标准《防火门监控器》GB 29364 （   ） 对指示灯颜色做出了统一规定。下列关于指示灯代表的状态说法正确的是 （   ）。

A. 红色用于指示启动信号、电动闭门器和电磁释放器的动作信号及门磁开关的反馈信号

B. 黄色用于指示火灾信号

C. 绿色用于指示电源工作状态和电磁释放器的反馈信号

D. 黄色用于指示故障、自检状态

E. 绿色用于指示消声状态

三、判断题

1. 由常开防火门所在防火分区内的两只独立火灾探测器或一只火灾探测器与一只手动火灾报警按钮的报警信号作为常开防火门关闭的联动触发信号。 （   ）

2. 疏散通道上各防火门的开启、关闭及故障状态信号不需要反馈至防火门监控器和消防控制室。 （   ）

3. 根据防火门监控器面板按钮（键）设置情况，按下启动或释放按钮，可控制所有常开式防火门（总启动控制）或对应的常开式防火门（一对一启动控制）关闭。 （   ）

4. 监控器应配有备用电源。电池容量应保证监控器正常可靠工作6h。 （   ）

5. 监控器应有防火门故障状态总指示灯。防火门处于故障状态时，总指示灯应点亮，并发出声光报警信号。声信号的声压级（正前方1m处）应为 65～85dB。故障声信号每分钟至少提示1次，每次持续时间应为 1～3s。 （   ）

培训单元6 操作应急照明控制器

一、单项选择题

1. 任一台应急照明控制器直接控制灯具的总数量不应大于 （   ） 只。

A. 3000   B. 3200   C. 3400   D. 3600

2. 应急照明控制器的主电源应由消防电源供电，控制器的自带蓄电池电源应至少使控制器在主电源中断后工作 （   ） h。

    A. 1   B. 2   C. 3   D. 4

3. 集中控制型消防应急照明系统的联动应由消防联动控制器联动（　　）控制器实现。

    A. 应急照明   B. 集中照明   C. 普通照明   D. 动力照明

4. 应急照明控制器接收到火灾报警控制器的火警信号后，应在（　　）s内发出系统自动应急启动信号，控制应急启动输出干接点动作，发出启动声光信号，显示并记录系统应急启动类型和系统应急启动时间

    A. 1   B. 2   C. 3   D. 4

5. 消防应急照明系统由应急照明集中控制器、应急照明配电箱、自带电源集中控制型消防应急灯具及相关附件组成，属于（　　）。

    A. 集中电源集中控制型   B. 集中电源非集中控制型

    C. 自带电源集中控制型   D. 自带电源非集中控制型

6. 应根据建（构）筑物的规模、使用性质和日常管理及维护难易程度等因素确定消防应急照明和疏散指示系统的类型，设置消防控制室的场所应选择（　　）。

    A. 非集中控制型   B. 集中控制型

    C. 自带电源型   D. 集中电源

二、多项选择题

1. 消防应急照明灯具按照供电方式不同，可分为（　　）。

    A. 自带电源型消防应急灯具   B. 消防供电型消防应急灯具

    C. 集中电源型消防应急灯具   D. 子母型消防应急灯具

    E. 普通供电型消防应急灯具

2. 消防应急照明灯具按照应急控制方式不同，可分为（　　）。

    A. 串联消防应急灯具   B. 并联消防应急灯具

    C. 集中控制型消防应急灯具   D. 非集中控制型消防应急灯具

    E. 联动控制型消防应急灯具

三、判断题

1. 消防应急照明和疏散指示系统按消防应急灯具控制方式的不同，可分为集中控制型系统和非集中控制型系统。 （　　）

2. 集中电源集中控制型系统由应急照明集中控制器、应急照明集中电源、集中电源集中控制型消防应急灯具及相关附件组成，其中消防应急灯具可分为持续型或非持续型。 （　　）

3. 自带电源集中控制型系统主要由应急照明配电箱、消防应急灯具和配电线路等组成。 （　　）

4. 应急照明控制器应设置在消防控制室内或有人值班的场所；系统设置多台应急照明控制器时，起集中控制功能的应急照明控制器应设置在消防控制室内，其他应急照明控制器可设置在电气竖井、配电间等无人值班的场所。 （　　）

5. 集中控制型消防应急照明系统的联动不需要由消防联动控制器联动应急照明控制器来实现。 （　　）

培训单元7　操作紧急迫降按钮迫降电梯

一、单项选择题

1. 当确认火灾后，消防联动控制器应发出联动控制信号强制所有电梯停于（　　）。

    A. 首层或电梯转换层　　　　　　B. 顶层

    C. 任意一层　　　　　　　　　　D. 不动

2. 消防电梯应在消防员入口层（一般为首层）的电梯前室内设置供消防员专用的操作按钮，该按钮应设置在距消防电梯水平距离（　　）m 以内。

    A. 1. 5　　　　　B. 2　　　　　C. 2. 5　　　　　D. 3

3. 普通电梯和消防电梯迫降功能启动后，下列说法不正确的是（　　）。

    A. 对于普通电梯，电梯组中的一台电梯发生故障，不影响其他电梯向指定层的运行

    B. 对于消防电梯，井道和机房照明自动点亮，消防电梯脱离同一组群中的所有其他电梯独立运行

    C. 到达指定层后，普通电梯"开门待用"

    D. 到达指定层后，消防电梯"开门待用"

4. 启动迫降功能后，消防电梯应当（　　）。

    A. 与同一组群的所有其他电梯一同运行

    B. 停于着火层

    C. 到达指定层后，"开门停用"

    D. 停于首层或转换层

5. 下列关于消防控制室对电梯的控制和显示功能的描述中，不正确的是（　　）。

    A. 消防控制室应能控制所有电梯全部回降首层

    B. 消防控制室应能显示消防电梯的故障状态和停用状态

    C. 当确认火灾后，消防联动控制器应发出联动控制信号强制所有电梯停于首层或电梯转换层

    D. 所有电梯的电源都应切断

二、多项选择题

1. 消防电梯紧急迫降的方法有（　　　　）。

    A. 声光信号迫降　　　　　　　　B. 消防控制室远程控制迫降

    C. 紧急迫降按钮迫降　　　　　　D. 自动联动控制迫降

    E. 机械应急迫降

2. 普通电梯和消防电梯迫降功能启动后，下列说法正确的是（　　　　）。

    A. 对于普通电梯，电梯组中的一台电梯发生故障，不影响其他电梯向指定层的运行

    B. 对于消防电梯，井道和机房照明自动点亮，消防电梯脱离同一组群中的所有其他电梯独立运行

    C. 到达指定层后，普通电梯"开门待用"

    D. 到达指定层后，消防电梯"开门待用"

    E. 到达指定层后，普通电梯"开门停用"

三、判断题

1. 对于消防电梯，为方便火灾时消防人员接近和快速使用，其迫降要求是使电梯返回到指定层（一般指首层）并保持"开门待用"的状态。　　　　　　（　　）

2. 消防电梯应在消防员入口层（一般为首层）的电梯前室内设置供消防员专用的操作按钮（也称消防员开关、消防电梯开关），为防止非火灾情况下的人员误动，通常设有保护装置。　　　　　　　　　　　　　　　　（　　）

3. 由火灾自动报警系统确认火灾后，自动联动控制电梯转入迫降或消防工作状态。电梯运行状态信息和停于首层或转换层的反馈信号，不需要传送给消防控制室显示。　　　　　　　　　　　　　　　　　　　　　　　　（　　）

培训模块三 设施保养

培训项目1 火灾自动报警系统保养

培训单元 保养火灾自动报警系统组件

一、单项选择题

1. 下列不属于集中火灾报警控制器、消防联动控制器、消防控制室图形显示装置保养项目的是（　　）。

   A. 外壳外观保养　　　　　　　　B. 指示灯保养

   C. 开关按键、键盘、鼠标保养　　D. 接线保养

2. 下列不属于火灾显示盘保养项目的是（　　）。

   A. 接线保养　　　　　　　　　　B. 指示灯喇叭保养

   C. 显示屏保养　　　　　　　　　D. 打印机保养

3. 下列不属于线型感烟、感温火灾探测器保养项目的是（　　）。

   A. 外壳外观保养　　　　　　　　B. 底座稳定性检查

   C. 接线端子检查　　　　　　　　D. 接线保养

4. 下列不属于电气火灾监控器保养项目的是（　　）。

   A. 外壳外观保养　　　　　　　　B. 指示灯保养

   C. 显示屏保养　　　　　　　　　D. 指示灯喇叭保养

5. 下列不属于可燃气体报警控制器保养项目的是（　　）。

   A. 外壳外观保养　　　　　　　　B. 指示灯保养

   C. 显示屏保养　　　　　　　　　D. 备用电源保养

6. 下列不属于线型感烟、感温火灾探测器保养注意事项的是（　　）。

   A. 如果发现线型光束感烟火灾探测器的发射、接收窗口及反射器表面被灰

尘或者油污污染，注意不要使用水（水难以清理油污）及其他化学药剂（可能损坏表面材料）除污

B. 具有报脏功能的探测器在报脏时应该及时清洁保养。没有报脏功能的探测器，应按产品说明书的要求进行清洁保养；产品说明书没有明确要求的，应每两年清洁或标定一次

C. 线型光束感烟火灾探测器每半年进行一次报警功能测试

D. 保养工作完成后，保养人员需要仔细检查并确保没有异物落入且遗留在机柜（壳）内、电器元件及线路中，检查完成后方可上电

7. 下列属于可燃气体报警控制器保养注意事项的是（　　）。

A. 如果发现线型光束感烟火灾探测器的发射、接收窗口及反射器表面被灰尘或者油污污染，注意不要使用水（水难以清理油污）及其他化学药剂（可能损坏表面材料）除污

B. 具有报脏功能的探测器在报脏时应该及时清洁保养。没有报脏功能的探测器，应按产品说明书的要求进行清洁保养；产品说明书没有明确要求的，应每两年清洁或标定一次

C. 保养工作完成后，保养人员需要仔细检查并确保没有异物落入且遗留在机柜（壳）内、电器元件及线路中，检查完成后方可上电

D. 保养工作完成后，应将备用电源恢复到正常工作状态

8. 下列不属于可燃气体报警控制器接线保养项目的保养方法的是（　　）。

A. 检查接线端子有无松动情况，发现松动应用螺丝刀（旋具）紧固，确保连接紧密

B. 检查线路接头处有无氧化或锈蚀痕迹，若有则应采取防潮、防锈措施，如镀锡和涂抹凡士林等

C. 发现螺栓、垫片及配件有生锈现象应及时予以更换

D. 保养工作完成后，应将备用电源恢复到正常工作状态

二、多项选择题

1. 集中火灾报警控制器、消防联动控制器、消防控制室图形显示装置的保养项目有（　　）。

A. 外壳外观保养　　　　　　　　B. 指示灯保养

C. 显示屏保养　　　　　　　　　D. 开关按键、键盘、鼠标保养

E. 接线保养

2. 火灾显示盘的保养项目有（　　）。

  A. 接线保养   B. 指示灯喇叭保养

  C. 显示屏保养   D. 开关、按键保养

  E. 开关按键、键盘、鼠标保养

3. 线型感烟、感温火灾探测器的保养项目有（ ）。

  A. 外壳外观保养   B. 底座稳定性检查

  C. 接线端子检查   D. 探测器功能检查

  E. 开关按键、键盘、鼠标保养

三、判断题

1. 集中火灾报警控制器、消防联动控制器、消防控制室图形显示装置外壳外观保养要求为产品标识应清晰、明显，控制器表面应清洁，无腐蚀、涂覆层脱落和起泡现象，外壳无破损。   （ ）

2. 集中火灾报警控制器、消防联动控制器、消防控制室图形显示装置指示灯保养要求为指示灯应清晰可见，功能标注清晰、明显。   （ ）

3. 火灾显示盘开关、按键保养要求为开关和按键孔隙清洁，功能标注清楚、可读。   （ ）

4. 线型感烟、感温火灾探测器报警功能测试的保养方法为用专用清洁工具或者清洁的干软布及适当的清洁剂清洗外壳、指示灯。   （ ）

5. 电气火灾监控器外壳外观保养方法为指示灯和显示屏表面应用湿布擦拭干净，出现指示灯无规则闪烁故障或损坏应及时更换，如显示屏有显示不正常的问题应及时修复。   （ ）

6. 可燃气体报警控制器指示灯保养方法为指示灯和显示屏表面应用湿布擦拭干净，出现指示灯无规则闪烁故障或损坏应及时更换，如显示屏有显示不正常的问题应及时修复。   （ ）

培训项目2　湿式、干式自动喷水灭火系统保养

培训单元　保养湿式、干式自动喷水灭火系统

一、单项选择题

1. 下列不属于湿式、干式自动喷水灭火系统组件保养项目的是（ ）。

  A. 阀门保养   B. 管道保养

  C. 报警阀组保养   D. 泵组保养

2. 下列不属于湿式、干式自动喷水灭火系统组件保养项目的是（   ）。

  A. 水流指示器接线端子保养   B. 试验装置保养

  C. 报警阀组保养   D. 管道保养

3. 下列不属于湿式、干式自动喷水灭火系统组件保养项目的是（   ）。

  A. 阀门保养内容为系统上所有控制阀门和室外阀门井中的控制阀门外观和
   启闭状态

  B. 管道保养内容为供水管道、分区配水管道外观，过滤器状态

  C. 报警阀保养内容为报警阀、水力警铃、压力开关等组件的外观和功能，
   报警阀阀瓣密封垫、阀座及报警孔的完好情况

  D. 水流指示器保养内容为外观和启闭状态、压力表监测情况

4. 下列不属于消防泵组及电气控制柜外观保养项目、保养要求的是（   ）。

  A. 柜体表面整洁，无损伤和锈蚀，柜门启闭正常，无变形

  B. 所属系统及编号标识完好清晰

  C. 控制柜平时应处于自动状态

  D. 箱内无积尘和蛛网，电气原理图完好，粘贴牢固

5. 下列不属于消防泵组及电气控制柜电气部件保养项目保养要求的是（   ）。

  A. 外壳外观保养排线整齐，线路表面无老化、破损

  B. 连接牢靠，无松动、脱落

  C. 手/自动转换、主/备用电源切换功能正常，机械应急启动功能正常，手
   动和联动启泵功能正常，手动停泵功能正常

  D. 电气元器件外观完好，指示灯等指（显）示正常，接地正常

6. 下列不属于消防增压稳压设施机房环境检查保养项目保养要求的是（   ）。

  A. 工作环境良好，无积灰和蛛网，无杂物堆放

  B. 防止被水淹没的措施完好

  C. 散热通风设施良好

  D. 箱内无积尘和蛛网，电气原理图完好，粘贴牢固

7. 下列不属于消防增压稳压设施气压罐及供水附件保养项目保养要求的是
  （   ）。

  A. 组件齐全，固定牢靠

  B. 外观无损伤、锈蚀

C. 设备铭牌标识清晰，叶轮转动灵活、无卡滞

D. 压力表当前指示正常，稳压泵启停压力设定正确，联动启动消防主泵功能正常

8. 下列不属于消防增压稳压设施稳压泵组保养项目保养要求的是（　　　　）。

A. 组件齐全，泵体和电动机外壳完好，无破损、锈蚀

B. 设备铭牌标识清晰，叶轮转动灵活、无卡滞

C. 润滑油充足，泵体、泵轴无渗水和砂眼

D. 出水水质符合要求

二、多项选择题

1. 湿式、干式自动喷水灭火系统组件的保养项目有（　　　　）。

A. 阀门保养　　　　　　　　　　B. 管道保养

C. 报警阀组保养　　　　　　　　D. 水流指示器保养

E. 控制柜工作环境

2. 消防增压稳压设施泵组的保养项目有（　　　　）。

A. 机房环境检查　　　　　　　　B. 消防水箱保养

C. 电气控制柜保养　　　　　　　D. 稳压泵组保养

E. 控制柜工作环境

3. 保养应结合外观检查和功能测试进行，通常采用（　　　）的方法。

A. 清洁　　　　　B. 紧固　　　　　C. 调整　　　　　D. 润滑

E. 更换

三、判断题

1. 湿式、干式自动喷水灭火系统组件的保养方法：对电气元器件的清洁应使用吸尘器或软毛刷等工具，其他组件可使用不太湿的布进行擦拭。对损坏件应及时维修或更换。　　　　　　　　　　　　　　　　　　　　　　　　（　　　）

2. 湿式、干式自动喷水灭火系统组件报警阀组的保养方法：检查阀瓣上的橡胶密封垫，表面应清洁无损伤，否则应清洗或更换。检查阀座的环形槽和小孔，发现积存泥沙和污物时应进行清洗。阀座密封面应平整，无碰伤和压痕，否则应修理或更换。　　　　　　　　　　　　　　　　　　　　　　　　　　　（　　　）

3. 湿式、干式自动喷水灭火系统组件水流指示器的保养方法：检查水流指示器，发现有异物、杂质等卡阻桨片的，应及时清除。开启末端试水装置或者试水阀，检查水流指示器的报警情况，发现存在断路、接线不实等情况的，重新接线至正常。发现调整螺母与触头未到位的，重新调试到位。　　　　　　（　　　）

4. 湿式、干式自动喷水灭火系统组件试验装置的保养方法：检查系统（区域）末端试水装置、楼层试水阀的设置位置是否便于操作和观察，有无排水设施。检查末端试水装置压力表能否准确监测系统、保护区域最不利点静压值。通过放水试验，检查系统启动、报警功能以及出水情况是否正常。　　　　　　（　　）

5. 消防泵组及电气控制柜的保养方法：对电气元器件的清洁应使用吸尘器或软毛刷等工具，其他组件可使用不太湿的布进行擦拭。对损坏件应及时维修或更换。　　　　　　　　　　　　　　　　　　　　　　　　　　（　　）

6. 消防增压稳压设施水箱的保养方法：保养应结合外观检查和功能测试进行，通常采用清洁、紧固、调整、润滑的方法。　　　　　　　　　　　　（　　）

培训项目3　其他消防设施保养

培训单元　保养其他消防设施

一、单项选择题

1. 下列不属于消防设施末端配电装置保养项目的是（　　　）。
   A. 指示灯保养　　　　　　　　　　B. 操作按钮保养
   C. 切换开关保养　　　　　　　　　D. 接线检查

2. 下列不属于消防设施末端配电装置保养项目的是（　　　）。
   A. 自动空气开关保养　　　　　　　B. 母线保养
   C. 熔断器保养　　　　　　　　　　D. 功能检查

3. 下列不属于消防电话系统保养项目的是（　　　）。
   A. 外观检查　　　B. 接线检查　　　C. 功能检查　　　　D. 操作按钮保养

4. 下列不属于应急照明控制器保养项目的是（　　　）。
   A. 外观检查　　　B. 稳定性检查　　C. 接线检查　　　　D. 切换开关保养

5. 下列不属于防烟排烟系统组件保养项目的是（　　　）。
   A. 排烟防火阀保养　　　　　　　　B. 送风口、排烟口保养
   C. 风管（道）　　　　　　　　　　D. 卷帘门

6. 下列不属于防烟排烟系统组件风机保养项目保养要求的是（　　　）。
   A. 铭牌清晰

　　B. 传动机构无变形、损伤

　　C. 电动机供电正常，接地良好

　　D. 仪表、指示灯、开关和控制按钮状态均正常

7. 下列不属于防烟排烟系统组件送风口、排烟口保养项目保养要求的是（　　　）。

　　A. 排烟口、送风口无变形和损伤

　　B. 固定牢靠，与建筑墙体、吊顶贴合紧密，风口内无杂物和积尘

　　C. 阀件完整

　　D. 运行平稳无卡滞、无阻碍垂壁动作的障碍物

二、多项选择题

1. 消防设备末端配电装置的保养项目有（　　　）。

　　A. 指示灯保养　　　　　　　　　　B. 操作按钮保养

　　C. 切换开关保养　　　　　　　　　D. 自动空气开关保养

　　E. 外观检查

2. 消防应急广播系统的保养项目有（　　　）。

　　A. 外观检查　　　　　　　　　　　B. 接线检查

　　C. 功能检查　　　　　　　　　　　D. 操作按钮保养

　　E. 指示灯保养

三、判断题

1. 消防设备末端配电装置的清扫和检修一般每年至少一次，其内容除清扫和摇测绝缘外，还应检查各部连接点和接地处的紧固状况。　　　　　　　（　　）

2. 消防电梯的井底应设置排水设施，排水井的容量不应小于 $2m^3$，排水泵的排水量不应小于 10L/s。　　　　　　　　　　　　　　　　　　　　　（　　）

3. 在手动状态和自动状态下启动消防应急广播，监听扬声器应有声音输出，语音清晰不失真。距扬声器正前方 3m 处，用数字声级计测量消防应急广播声压级（A 权计）不应小于 65dB，且不应大于 115dB。　　　　　　　　　（　　）

4. 消防设备末端配电装置的保养注意事项：保养工作完成后，保养人员需要仔细检查并确保没有异物落入且遗留在机柜（壳）内及电器元件及线路中，检查完成后方可通电。　　　　　　　　　　　　　　　　　　　　　　　（　　）

5. 消防电话系统保养时的注意事项是接线检查应在消防电话总机断电状态下进行。　　　　　　　　　　　　　　　　　　　　　　　　　　　　　　（　　）

培训模块四　设施维修

培训项目1　火灾自动报警系统维修

培训单元　更换火灾自动报警系统组件

一、单项选择题

1. 下列不属于点型火灾探测器、手动火灾报警按钮、消火栓按钮，控制器显示"器件故障"原因分析的是（　　　）。

   A. 编码错误　　　　　　　　　　B. 通信单元损坏

   C. 类型设置错误　　　　　　　　D. 总线式电源线发生故障

2. 下列不属于点型火灾探测器、手动火灾报警按钮、消火栓按钮，控制器显示"器件故障"修复方法的是（　　　）。

   A. 针对于编码错误，可以进行重新编码

   B. 更换新器件

   C. 针对类型设置错误，可以进行重新编码

   D. 重新安装火灾警报装置，拧紧底座接线端子

3. 下列不属于火灾探测器故障原因分析和修复方法的是（　　　）。

   A. 探测器积尘　　　　　　　　　B. 探测器老化

   C. 用无水酒精擦拭或吸尘器除尘　D. 重新编码

4. 下列不属于线型感烟火灾探测器常见故障和修复方法的是（　　　）。

   A. 重新编码

   B. 探测器发射端和接收端光路发生偏移，未调试到位

   C. 更换探测器

　　D. 重新调整探测器发射端和接收端的安装角度至其正常

5. 下列不属于火灾警报装置不发出声和光警示信息原因分析的是（　　　　）。

　　A. 火灾警报装置自身损坏

　　B. 电源电压过低

　　C. 火灾警报装置与底座安装不牢靠，底座接线松动

　　D. 编码错误

6. 下列不属于总线短路隔离器和模块常见故障中，控制器显示"模块故障"、模块"巡检灯"闪亮原因分析的是（　　　　）。

　　A. 模块"反馈端"受电压/电流干扰

　　B. 模块编码错误

　　C. 模块与受控设备的启动控制线路故障

　　D. 模块自身损坏

二、多项选择题

1. 线型感烟火灾探测器故障灯常亮的修复方法有（　　　　）。

　　A. 更换探测器

　　B. 重新调整探测器发射端和接收端的安装角度至其正常

　　C. 调整探测器发射端和接收端的安装位置，避开障碍物

　　D. 清洁探测器后，重新调试到位

　　E. 修复供电线路至电压正常

2. 点型火灾探测器故障的修复方法有（　　　　）。

　　A. 用无水酒精擦拭或吸尘器除尘

　　B. 更换探测器

　　C. 调整探测器发射端和接收端的安装位置，避开障碍物

　　D. 清洁探测器后，重新调试到位

　　E. 修复供电线路至电压正常

三、判断题

1. 更换火灾自动报警系统组件操作的准备：火灾自动报警系统的消防系统图、平面布置图、产品使用说明书、"建筑消防设施故障维修记录表"。　　　（　　）

2. 更换火灾自动报警系统组件的注意事项：更换前需记录故障点的设备编码，查明故障原因，有针对性地进行维修。　　　（　　）

3. 更换火灾自动报警系统组件的操作程序中第一步是接通电源，使火灾自动报警系统中组件处于故障状态（采用损坏的组件）。　　　（　　）

4. 更换火灾自动报警系统组件的操作程序中第六步是填写"建筑消防设施故障维修记录表"。　　　　　　　　　　　　　　　　　　　　　（　　　）

培训项目2　自动灭火设施维修

培训单元　更换湿式、干式自动喷水灭火系统组件

一、单项选择题

1. 下列不属于湿式报警阀组漏水原因分析的是（　　　）。
    A. 排水阀门未完全关闭　　　　　　B. 阀瓣密封垫老化或损坏
    C. 系统侧管道接口渗漏　　　　　　D. 关紧排水阀门

2. 下列不属于（湿式报警阀阀后压力表显示正常，但阀前压力表显示无压力或水压不足）原因分析的是（　　　）。
    A. 压力表损坏或压力表进水管路堵塞
    B. 水源侧控制阀被关闭或高位消防水箱、增压稳压设施出水管路控制阀被误关闭
    C. 高位消防水箱无水
    D. 阀座环形槽和小孔堵塞

3. 下列不属于湿式报警阀开启后报警管路不排水原因分析的是（　　　）。
    A. 报警管路控制阀被关闭
    B. 限流装置过滤网堵塞
    C. 阀座环形槽和小孔堵塞
    D. 压力表损坏或压力表进水管路堵塞

4. 下列不属于干式系统空压机启动频繁原因分析的是（　　　）。
    A. 干式系统空压机启停压力设定不正确
    B. 充气管路连接处松动
    C. 报警阀气室相关管路处有渗漏点
    D. 报警阀渗漏严重通过报警管路流出

5. 下列不属于系统测试时消防水泵不能自动启动原因分析的是（　　　）。
    A. 压力开关设定值不正确或损坏
    B. 消防泵组电气控制柜的控制模式未设定在"自动"状态或控制回路、电

气部件发生故障

C. 消防总线联动控制未设定在"自动"状态或输出模块损坏

D. 编码错误

6. 下列不属于消防控制室远程不能启停消防水泵原因分析的是（　　　）。

A. 专用线路开路或断路

B. 多线控制盘按钮接触不良或多线控制盘线路松动、多线控制盘损坏

C. 总线控制盘配用的切换模块线路发生故障或模块损坏

D. 多线控制盘未解锁处于"手动禁止"状态，或消防泵组电气控制柜处于"手动"状态

二、多项选择题

1. 湿式报警阀阀后压力表显示正常，但阀前压力表显示无压力或水压不足的维修方法有（　　　）。

A. 更换压力表或对进水管路进行冲洗、维修

B. 排查并打开被误关的阀门

C. 进行水箱补水作业

D. 开启报警管路控制阀

E. 卸下限流装置，冲洗干净后重新安装回原位

2. 稳压泵漏水的维修方法有（　　　）。

A. 更换密封圈

B. 检查设施—管道接口渗漏点，管道接口锈蚀、磨损严重的，更换管道接口相关部件

C. 维修或更换控制阀

D. 稳压泵启泵压力设定不正确

E. 稳压泵启停的压力信号开关控制不能正常工作

三、判断题

1. 稳压泵启动频繁的原因分析有：①管网有泄漏，不能正常保压。②稳压泵启停压力设定不正确或电接点压力表（压力开关）损坏。　　　　　　（　　　）

2. 消防水泵接合器漏水的原因分析有：①止回阀安装方向错误。②止回阀损坏。③止回阀被砂石等异物卡住。　　　　　　　　　　　　　　　　（　　　）

3. 热敏喷头的公称动作温度与色标，红色为68℃。　　　　　　　　（　　　）

4. 通用型喷头既可直立安装也可下垂安装，在一定的保护面积内，将水呈球状分布向下、向上喷洒。　　　　　　　　　　　　　　　　　　　（　　　）

培训项目3 其他消防设施维修

培训单元1 更换消防电话系统、消防应急广播系统组件

一、单项选择题

1. 下列不属于分机不断呼叫电话主机原因分析的是 （　　）。

   A. 分机与底座意外脱落　　　　　　B. 分机外挂线路发生故障

   C. 分机或插孔间重码　　　　　　　D. 分机或插孔自身损坏

2. 下列不属于消防应急广播无法应急启动原因分析的是 （　　）。

   A. 广播控制器发生通信故障或损坏

   B. 广播控制器音源文件丢失

   C. 功率放大器发生线路故障导致过载或损坏

   D. 广播模块损坏或广播线路发生故障

3. 下列不属于分机或插孔"巡检灯"不闪亮修复方法的是 （　　）。

   A. 更换分机或插孔

   B. 修复电话总线故障至电压正常

   C. 重新安装分机或插孔，拧紧底座接线端子

   D. 将分机挂回分机底座

4. 下列不属于消防应急广播无法应急启动修复方法的是 （　　）。

   A. 修复通信线路或更换广播控制器

   B. 重新导入应急广播的音源文件

   C. 查找功率放大器线路故障并修复或更换功率放大器

   D. 更换广播模块或修复广播线路故障至正常

5. 下列不属于消防电话系统、消防应急广播系统组件更换方法的是 （　　）。

   A. 确定故障点位置　　　　　　　　B. 查找故障原因

   C. 更换组件　　　　　　　　　　　D. 进行编码

二、多项选择题

1. 消防电话系统分机不断呼叫电话主机的维修方法有 （　　）。

   A. 将分机挂回分机底座　　　　　　B. 修复外挂线路故障至正常

C. 找出重码设备重新拨码　　　　　　D. 更换分机或插孔

E. 修复电话总线故障至电压正常

2. 消防应急广播系统消防应急广播无法应急启动的维修方法有（　　　）。

A. 修复通信线路或更换广播控制器

B. 重新导入应急广播的音源文件

C. 查找功率放大器线路故障并修复或更换功率放大器

D. 更换广播模块或修复广播线路故障至正常

E. 更换扬声器或修复扬声器线路故障至正常

三、判断题

1. 消防电话系统常见故障中分机不断呼叫电话主机的原因分析有：①分机与底座意外脱落。②分机外挂线路发生故障。③分机或插孔间重码。　　　　（　　　）

2. 消防电话系统常见故障中分机或插孔"巡检灯"不闪亮的原因分析有：①分机或插孔自身损坏。②电话总线断路。③分机或插孔安装不牢靠，底座接线松动。　　　　（　　　）

3. 消防应急广播系统常见故障中消防应急广播无法应急启动的原因分析有：①广播控制器发生通信故障或损坏。②广播控制器音源文件丢失。③功率放大器发生线路故障导致过载或损坏。　　　　（　　　）

培训单元 2　更换消防应急灯具

一、单项选择题

1. 建筑高度大于 100m 的民用建筑，蓄电池电源供电时持续工作时间不应少于（　　　）h。

A. 1.5　　　　　B. 1.0　　　　　C. 0.5　　　　　D. 2.0

2. 主电源工作指示灯熄灭，系统故障工作灯点亮，应急照明控制器主机报出（　　　）。

A. 备用电源故障　B. 主电源故障　　C. 电源故障　　　D. 断路故障

3. 备用电源工作指示灯熄灭，系统故障工作灯点亮，应急照明控制器主机报出（　　　）。

A. 备用电源故障　B. 主电源故障　　C. 电源故障　　　D. 断路故障

4. 应急照明灯具光源故障时，利用万用表检查消防应急灯具的供电线路供电正常，则应（　　　）。

A. 更换同一规格型号的新消防应急灯具

B. 更换熔断丝

C. 更换消防应急灯具内的光源

D. 更换供电线路

5. 更换嵌顶、吸顶、壁挂和地埋安装方式灯具之前，应（   ），切断消防应急灯具供电，保证灯具更换工作的整个过程都是在断电的环境下进行的。

A. 关闭应急照明控制器

B. 关闭整栋建筑电源

C. 关闭消防集中应急电源

D. 关闭应急照明控制器和消防集中应急电源

二、多项选择题

1. 更换消防应急灯具的操作准备工作有（   ）。

A. 消防应急照明和疏散指示系统

B. 常用工具为剥线钳、绝缘胶带、万用表、灯具编码器等

C. 消防应急照明和疏散指示系统的系统图及平面布置图

D. 集中应急照明控制器关机

E. "建筑消防设施故障维修记录表"

2. 消防应急灯具备用电源故障时，正确的处理方法有（   ）。

A. 检查蓄电池是否有损坏，若已损坏，则对蓄电池充电

B. 检查蓄电池端子是否接触良好，若接线端子松动，应使用螺丝刀（螺钉旋具）将其重新紧固

C. 检查蓄电池端子接线是否正确（黑色端子应接负极，红色端子应接正极），若接线错误，应按产品安装说明书要求重新接线

D. 检查备用电源熔丝是否损坏，若已损坏，应更换新的满足要求的熔丝

E. 更换应急照明灯具

三、判断题

1. 消防应急照明灯应急时不亮，属于光源故障。   （   ）

2. 消防应急照明灯系统应急启动后，医疗建筑、老年人照料设施、总建筑面积大于 $100000m^2$ 的公共建筑和总建筑面积大于 $20000m^2$ 的地下、半地下建筑，不应少于 1.5h。   （   ）

培训单元3 更换防火卷帘和防火门组件

一、单项选择题

1. 防火卷帘升降不到位的主要原因有行程开关调节不准确和（　　）。
   - A. 控制器电源断路
   - B. 熔断丝熔断
   - C. 异物卡住
   - D. 滑道损坏

2. 防火卷帘控制器扬声器"嘟嘟"循环鸣叫，面板电源灯闪烁，故障灯常亮的原因是（　　）。
   - A. 防火卷帘卡住
   - B. 缺相、断电
   - C. 模块故障
   - D. 限位器损坏

3. 常开防火门闭门器、连杆安装角度不正确，会导致（　　）。
   - A. 防火门常开
   - B. 防火门常闭
   - C. 防火门无法正常关闭
   - D. 防火门反馈故障

4. 下列选项中不属于防火门关闭后挡烟性能差的原因的是（　　）。
   - A. 防火门与建筑框架间存在缝隙
   - B. 防火门密封条安装不到位
   - C. 防火门密封条膨胀系数不符合要求
   - D. 未安装闭门器

5. 下列选项中不属于防火门监控器不报警的原因的是（　　）。
   - A. 电源发生故障
   - B. 线路发生故障
   - C. 模块故障
   - D. 控制板损坏或声响部件损坏

二、多项选择题

1. 常开式防火门无法锁定在开启状态的主要原因有（　　）。
   - A. 闭门器损坏
   - B. 无DC 24V电压或电压过低
   - C. 防火门监控模块损坏
   - D. 电动闭门器滑槽内锁舌损坏
   - E. 顺序器损坏

2. 防火卷帘手动按钮盒不能启动防火卷帘的主要原因有（　　）。
   - A. 电源发生故障
   - B. 卷门机发生故障
   - C. 手动按钮开关断路
   - D. 行程开关断开
   - E. 防火卷帘控制模块损坏

三、判断题

1. 更换防火卷帘手动按钮盒前应关闭防火卷帘控制器电源。（　　）

2. 不同厂家和型号的产品安装方法存在差异，安装前应详细阅读产品安装使用说明书。（　　）

3. 检修完成后应记录维修情况，清理作业现场。（　　）

培训单元4　维修消火栓箱组件

一、单项选择题

1. 室内消火栓箱主要由箱体、室内消火栓、消防水枪、消防水带和（　　）组成。

   A. 消火栓按钮　　　　　　　　　B. 手动火灾报警按钮
   C. 消火栓泵启动按钮　　　　　　D. 声光警报器

2. 绑扎消防水带时，应使用（　　）号铁丝。

   A. 16　　　　　　B. 15　　　　　　C. 14　　　　　　D. 13

3. 更换消火栓按钮时，应检查新按钮无损伤、松动，核对新按钮（　　）与原按钮一致。

   A. 大小　　　　　B. 规格型号　　　C. 电压　　　　　D. 电流

4. 更换消火栓按钮时，对新按钮进行编码写入，可以通过查阅资料、查询火灾自动报警系统和（　　）等方式获取该按钮编码。

   A. 查看产品说明书　　　　　　　B. 查看操作规程
   C. 读取旧按钮编码　　　　　　　D. 查看旧按钮标记

5. 依次完成其他箍槽缠绕绑扎后，进行收尾紧固并（　　）多余铁丝。完成收尾后，将铁丝向回折，敲压使之尽量贴合水带表面，防止使用时划破水带或划伤人员。

   A. 剪断　　　　　B. 包扎　　　　　C. 隐藏　　　　　D. 缠绕

6. 消火栓绑扎完成后，应进行（　　），测试绑扎质量。

   A. 拉力测试　　　B. 出水试验　　　C. 手动牵引　　　D. 跌落测试

7. 更换室内消火栓时应关闭更换消火栓的供水阀门。若消火栓附近设置有检修蝶阀，关闭该蝶阀即可。若未设置检修蝶阀，则关闭（　　）。

   A. 消火栓泵水管控制阀
   B. 该消火栓所在的竖管与供水横干管相接处的供水控制阀

    C. 高位消防水箱消火栓系统出水管路控制阀

    D. 消防水池消火栓系统出水管路控制阀

二、多项选择题

1. 消火栓出水压力不足的原因主要有（　　　）。

    A. 管网渗漏严重

    B. 临时高压系统消防水泵未启动

    C. 消防水泵出水管路阀门未完全开启

    D. 消防水泵试水管路阀门被误开启

    E. 消火栓设置位置过高

2. 稳压装置不能稳压的原因主要有（　　　）。

    A. 缺电或消防泵组电气控制柜、稳压泵损坏

    B. 消防水箱无水或稳压泵进水管阀门被误关闭

    C. 压力开关损坏或设定不正确

    D. 气压罐漏气严重

    E. 稳压罐止回阀损坏

三、判断题

1. 室外消火栓系统按用途不同，可分为环状管网消火栓系统和枝状管网消火栓系统。（　　　）

2. 临时高压室内消火栓系统按稳压设施的设置情况不同，可分为上置式稳压和下置式稳压两种形式。（　　　）

3. 更换室内消火栓时，清理管道丝扣（螺纹）处的杂物，用麻丝缠绕丝扣（螺纹）即可。（　　　）

4. 在水带绑扎的整个过程中，铁丝要一直处于受力状态，确保水带与接口之间的贴合度。（　　　）

5. 使用管钳安装消火栓时，可在管牙处垫覆软物以防消火栓作业面产生损伤。（　　　）

培训单元5　维修水基型灭火器和干粉灭火器

一、单项选择题

1. 水基型灭火器超过出厂期满（　　　）年或首次维修以后每满 1 年的维修期限应做维修。

A. 3   B. 4   C. 5   D. 6

2. 干粉型灭火器超过出厂期满 5 年或首次维修以后每满（   ）年的维修期限应进行维修。

A. 3   B. 2   C. 1   D. 4

3. 干粉型灭火器超过出厂时间（   ）年需作报废。

A. 5   B. 6   C. 8   D. 10

4. 灭火器维修时必须更换的零部件有灭火器上的密封片、圈、垫等密封零件和（   ）。

A. 筒体   B. 压力表   C. 软管   D. 水基型灭火剂

5. 水压试验机的额定工作压力不小于（   ）MPa。

A. 2   B. 3   C. 4   D. 5

6. 维修灭火器需具备基本的保障条件包括维修场所、维修设备、维修人员和（   ）。

A. 维修车辆   B. 检测仪表

C. 维修质量管理制度   D. 维修技师

7. 灭火器维修用房应满足我国现行标准《灭火器维修》GA 95 的要求，建筑面积不应少于（   ）m^2。

A. 100   B. 200   C. 300   D. 400

二、多项选择题

1. 下列灭火器需要报废处理的是（   ）。

A. 铭牌标识脱落，或虽有铭牌标识，但标识上生产商名称无法识别、灭火剂名称和充装量模糊不清，以及永久性标识内容无法辨认

B. 瓶体被火烧过

C. 瓶体外部涂层脱落面积大于气瓶总面积的 1/4

D. 由不合法的维修机构维修过

E. 压力表缺失

2. 灭火器的维修记录包括（   ）。

A. 维修前的原始信息记录   B. 更换部件记录

C. 维修过程中的记录   D. 灭火器报废记录

E. 灭火器充压等级

三、判断题

1. 所谓灭火器维修，是指对每个灭火器进行全面彻底的检查及重新组装再利

用的过程。 （　　）

2. 维修灭火器前，首先要对送修的灭火器外观和铭牌标识进行检查。 （　　）

3. 为防止维修中清除的灭火剂对环境造成污染，应对清除的灭火剂进行废弃处理。 （　　）

4. 对于水基型灭火器，清除的灭火剂可以回收利用。 （　　）

5. 从开启或使用过的干粉灭火器内清除出的剩余灭火剂，不能用于再充装。

（　　）

培训单元6　更换防烟排烟系统组件

一、单项选择题

1. 任一常闭风口开启时，风机不能自动启动的原因主要有未按要求设置联锁控制线路或控制线路发生故障、风机控制柜处于"手动"状态和（　　）。

   A. 排烟口故障　　　　　　　　B. 控制器处于"自动"状态

   C. 风口手动控制装置损坏　　　D. 风机及控制柜发生故障

2. 风机叶轮变形或不平衡会导致（　　）。

   A. 风机运行振动剧烈　　　　　B. 风机倒转

   C. 无法启动　　　　　　　　　D. 控制柜发生故障

3. 风机运行噪声过大的原因主要有叶轮与机壳摩擦、（　　）和转速过高。

   A. 空气温度低　　　　　　　　B. 电压过高

   C. 轴承部件磨损，间隙过大　　D. 控制柜发生故障

4. 活动挡烟垂壁升降不顺畅、升降不到位的原因主要有导轨卡阻和（　　）。

   A. 控制装置没电　　　　　　　B. 模块故障

   C. 挡烟垂壁材质不符合要求　　D. 上、下限位的调试不规范

5. 风阀不能自动启动的原因主要有未满足与逻辑、控制模块或线路发生故障、（　　）和风阀发生故障。

   A. 控制器处于自动　　　　　　B. 备用电源故障

   C. 主电源故障　　　　　　　　D. 未编写联动公式或联动公式错误

6. 风机输入电压过高或过低会造成（　　）。

   A. 风机倒转　　　　　　　　　B. 风机运行温度异常

   C. 模块故障　　　　　　　　　D. 风机振动

二、多项选择题

1. 消防控制室不能远程手动启停风机的原因主要有（　　　）。

  A. 专用线路发生故障

  B. 多线控制盘按钮接触不良或多线控制盘损坏

  C. 与多线控制盘配套用的切换模块线路发生故障或模块损坏

  D. 多线控制盘未解锁处于"手动禁止"状态，或风机控制柜处于"手动"状态

  E. 火灾报警控制器备用电源故障

2. 风机不能自动启动的原因主要有（　　　）。

  A. 消防联动控制器处于"自动禁止"状态

  B. 联动控制线路发生故障或控制模块损坏

  C. 联动公式错误

  D. 风机控制柜处于"手动"状态

  E. 排烟口或风口未打开

三、判断题

1. 不同厂家和型式的产品，其安装和接线方式相同。　　　　　　（　　　）

2. 检查信号反馈功能时，宜将消防联动控制设置为"自动禁止"，风机控制柜设置为"手动"工作状态，测试完成后恢复。　　　　　　（　　　）

3. 风机的控制柜未处于"手动"状态，无法现场启动风机。　　　　（　　　）

培训模块五　设施检测

培训项目1　火灾自动报警系统检测

培训单元1　检查火灾自动报警系统组件

一、单项选择题

1. 火灾报警控制器、火灾显示器、消防联动控制器等控制器类设备在墙上安装时，其主显示屏高度宜为（　　）m。

    A. 1.3～1.4　　　B. 1.4～1.6　　　C. 1.5～1.8　　　D. 1.6～2.0

2. 点型火灾探测器在宽度小于3m的内走道顶棚上宜居中布置，感温火灾探测器的安装间距不应超过（　　）m，感烟火灾探测器的安装间距不应超过（　　）m。

    A. 10；20　　　B. 15；10　　　C. 20；10　　　D. 10；15

3. 从一个防火分区内的任何位置到最邻近的手动火灾报警按钮的步行距离不应大于（　　）m。

    A. 10　　　　B. 20　　　　C. 30　　　　D. 40

4. 每个报警区域内应均匀设置火灾警报器，其声压级不应小于60dB；在环境噪声大于60dB的场所，其声压级应高于背景噪声（　　）dB。

    A. 10　　　　B. 15　　　　C. 20　　　　D. 25

5. 严禁将模块设置在（　　）内。

    A. 模块箱　　　　　　　　B. 配电（控制）柜（箱）

    C. 屋面板　　　　　　　　D. 墙面

6. 线型红外光束感烟火灾探测器发射器和接收器之间的探测区域长度不宜超过（　　）m。

A. 50   B. 100   C. 150   D. 200

二、多项选择题

1. 按照我国现行标准《建筑消防设施的维护管理》GB 25201 的规定，投入运行的火灾自动报警系统各组件的检测内容主要是（   ）。

    A. 火灾报警控制器   B. 火灾探测器、手动火灾报警按钮

    C. 火灾警报器   D. 火灾显示盘

    E. 各控制模块

2. 火灾警报器应设置在（   ）等处的明显部位，且不宜与安全出口指示标志灯具设置在同一面墙上。

    A. 每个楼层的楼梯口   B. 走道末端

    C. 消防电梯前室   D. 建筑内部拐角

    E. 房间内

三、判断题

1. 控制器的主电源应有明显的永久性标识，并应直接与消防电源连接，可以使用电源插头。（   ）

2. 点型火灾探测器距墙壁、梁边及遮挡物不应小于 0.5m，距空调送风口最近边的水平距离不应小于 1.0m，距多孔送风顶棚孔口的水平距离不应小于 0.5m。（   ）

3. 点型火灾探测器的确认灯应面向便于人员核查的主要入口方向。（   ）

4. 火灾探测器宜水平安装，当确需倾斜安装时，倾斜角不应大于 60°。（   ）

培训单元2　测试火灾自动报警系统组件功能

一、单项选择题

1. 火灾警报装置启动后，使用声级计测量其声信号至少在一个方向上（   ）m 处的声压级应不小于 75dB（A 计权），具有光警报功能的，光信号在 100 ~ 500lx 环境光线下，（   ）m 处应清晰可见。

    A. 3；25   B. 4；20   C. 3；20   D. 4；25

2. 检测完毕后，应将各火灾自动报警系统组件恢复至原状并填写（   ）。

    A. "建筑消防设施值班记录表"   B. "建筑消防设施维修记录表"

    C. "建筑消防设施检测记录表"   D. "建筑消防设施保养记录表"

3. 消除探测器内及周围烟雾，（   ），通过报警确认灯显示探测器其他工作

状态时，被显示状态应与火灾报警状态有明显区别。

    A. 复位火灾报警控制器   B. 自检火灾报警控制器

    C. 关闭火灾报警控制器   D. 切换火灾报警控制器备用电源

4. 点型感烟火灾探测器的测试方法有如下两种：①采用点型感烟火灾探测器试验装置，向探测器释放烟气，核查探测器报警确认灯以及火灾报警控制器的火警信号显示。②消除探测器内及周围烟雾，（　　　）火灾报警控制器，核查探测器报警确认灯在复位前后的变化情况。

    A. 自动复位   B. 手动复位

    C. 关闭   D. 自检

5. 测试火灾自动报警系统组件时，应确认火灾自动报警系统组件与火灾报警控制器连接正确并接通电源，处于（　　　）状态。

    A. 关机   B. 手动控制

    C. 自动控制   D. 正常监视

二、多项选择题

1. 火灾探测器加烟器试验烟可由（　　　）阴燃产生。

    A. 煤油   B. 棉绳

    C. 香烟   D. 汽油

    E. 蚊香

2. 点型感烟火灾探测器输出火灾报警信号，火灾报警控制器应（　　　）。

    A. 接收火灾报警信号

    B. 启动声光警报器

    C. 显示发出火灾报警信号探测器的地址注释信息

    D. 启动灭火设备

    E. 发出火灾报警声、光信号

三、判断题

1. 用感温探测器功能试验器（或热风机）给点型感温火灾探测器的感温元件加热，火灾探测器的报警确认灯应点亮，并自动复位。（　　　）

2. 按下手动火灾报警按钮的启动零件，红色报警确认灯应点亮，并保持至被复位。（　　　）

3. 更换或复位手动火灾报警按钮的启动零件，复位火灾报警控制器，手动火灾报警按钮的报警确认灯应与火灾报警状态时有明显区别。（　　　）

培训单元3 测试火灾自动报警系统联动功能

一、单项选择题

1. 火灾报警控制器和消防联动控制器安装在墙上时,其主显示屏高度宜为( )m,其靠近门轴的侧面距墙不应小于0.5m,正面操作距离不应小于1.2m。

   A. 1.3~1.5   B. 1.5~1.8   C. 1.8~2.2   D. 1.0~1.3

2. 下列控制中心报警系统中的区域火灾报警控制器应设置在有人值班的场所的条件是( )。

   A. 本区域内无需要手动控制的消防联动设备

   B. 火灾报警控制器的所有信息在集中火灾报警控制器上均有显示,且能接收起集中控制功能的火灾报警控制器的联动控制信号,并自动启动相应的消防设备

   C. 设置的场所只有值班人员可以进入

   D. 设置的地点便于人员查看,且巡查方便

3. 位于( ),在关闭后可以直接联动控制风机停止。

   A. 垂直风管与每层水平风管交接处的水平管段上设置的排烟防火阀

   B. 一个排烟系统负担多个防烟分区的排烟支管上设置的排烟防火阀

   C. 排烟风机入口处的总管上设置280℃的排烟防火阀

   D. 穿越防火分区处设置的排烟防火阀

4. 当消防联动控制器接收满足逻辑要求的动作信号时,消防联动控制器控制疏散通道上设置的防火卷帘下降至距楼板面( )m处,非疏散通道上设置的防火卷帘下降到楼板面。

   A. 1.3   B. 1.5   C. 1.8   D. 2.2

5. 火灾自动报警系统联动功能的测试,当确认火灾后,由发生火灾的报警区域开始,顺序启动全楼疏散通道的消防应急照明和疏散指示系统,系统全部投入应急状态的启动时间不应大于( )s。

   A. 2   B. 3   C. 5   D. 10

二、多项选择题

1. 下列有关于火灾自动报警系统消防联动控制的要求,正确的有( )。

   A. 消防联动控制器应具有启动消火栓泵的功能

B. 消防联动控制器应具有切断火灾区域及相关区域的非消防电源的功能

C. 消防联动控制器应具有自动打开涉及疏散的电动栅栏等的功能

D. 消防联动控制器应具有打开所有通道上由门禁系统控制的门和庭院电动大门的功能，并应具有打开停车场出入口挡杆的功能

E. 消防联动控制器应具有自动打开所有电动栅栏的功能

2. 测试火灾自动报警系统联动功能的操作准备工作中，有关文件的准备包括（　　）。

A. 火灾自动报警系统图

B. 消防设备联动逻辑说明

C. "建筑消防设施维修记录表"

D. 设备的使用说明书

E. 设置火灾自动报警系统的建筑平面图

三、判断题

1. 火灾报警控制器和消防联动控制器，应设置在消防控制室内或有人值班的房间和场所。　　　　　　　　　　　　　　　　　　　　　（　　）

2. 需要火灾自动报警系统联动控制的消防设备，其联动触发信号应采用两个独立的报警触发装置报警信号的"或"逻辑组合。　　　　　　　（　　）

3. 消防联动控制器应能按设定的控制逻辑向各相关受控设备发出联动控制信号，并接收相关设备的联动反馈信号。　　　　　　　　　　　（　　）

培训单元4　测试火灾自动报警系统接地电阻

一、单项选择题

1. 火灾自动报警系统接地装置采用共用接地装置时，接地电阻值不应大于（　　）Ω。

A. 1　　　　　　　B. 2　　　　　　　C. 3　　　　　　　D. 4

2. 下列仪表中，可以用于测量火灾自动报警系统接地装置的接地电阻的是（　　）。

A. 电流表　　　　　　　　　　　B. 电压表

C. 万用表　　　　　　　　　　　D. 手摇式接地电阻测试仪

3. 手摇式接地电阻测试仪测量电阻时，应将两根接地棒分别插入地面（　　）mm深；一根距离接地体40m远，另一根距接地体20m远。

A. 400   B. 500   C. 600   D. 800

4. 使用手摇式接地电阻测试仪测试火灾自动报警系统接地电阻时，应将手摇式接地电阻测试仪放置在距测试点（   ）m 处，放置应平稳，以便于操作。

A. 2   B. 4   C. 6   D. 8

二、判断题

1. 常用的手摇式接地电阻测试仪附带两根接地棒和三根纯铜导线（一根 40m 接地线，一根 20m 接地线，一根 5m 连接线）。   （   ）

2. 钳形接地电阻测试仪测量接地电阻值时不必使用辅助接地棒，也无需中断待测设备的接地，只需用钳头夹住接地体，就能安全、快速地测量出接地电阻值。

（   ）

培训项目 2　自动灭火系统检测

培训单元 1　检查湿式、干式自动喷水灭火系统组件的安装情况

一、单项选择题

1. 吊顶下布置的洒水喷头，应采用（   ）或吊顶型洒水喷头。

A. 下垂型洒水喷头   B. 直立型洒水喷头
C. 边墙型洒水喷头   D. 家用喷头

2. 某办公楼常年温度为 38℃，若该建筑内设置了湿式自动喷水灭火系统，则该系统的喷头应选择公称动作温度为（   ）℃的喷头。

A. 57   B. 68   C. 79   D. 93

3. 报警阀组宜设在安全且易于操作的地点，报警阀距地面的高度宜为 1.2m。正面与墙的距离不应小于（   ）m。

A. 0.5   B. 0.7   C. 1.2   D. 1.5

4. 湿式自动喷水灭火系统一个报警阀组控制的洒水喷头数不宜超过（   ）只。

A. 500   B. 650   C. 800   D. 950

5. 末端试水装置和试水阀应有标识，其安装位置应便于检查、试验，距地面的高度宜为（   ）m，并应采取不被他用的措施。

A. 0.5　　　　　　B. 1.2　　　　　　C. 1.5　　　　　　D. 1.7

6. 水流指示器应使电器元件部位（　　　）上侧，其动作方向应和水流方向一致；安装后的水流指示器桨片、膜片应动作灵活，不应与管壁发生碰擦。

　　A. 水平安装在水平管道　　　　　　B. 竖直安装在水平管道

　　C. 水平安装在垂直管道　　　　　　D. 竖直安装在垂直管道

7. 当水流指示器入口前设置控制阀时，应采用（　　　），且两者之间的距离不应小于300mm。

　　A. 明杆闸阀　　　　B. 电磁阀　　　　C. 电动阀　　　　D. 信号阀

二、多项选择题

1. 顶板为水平面的轻危险级、中危险级Ⅰ级的住宅建筑、（　　　）和办公室，可采用边墙型洒水喷头。

　　A. 宿舍　　　　　　　　　　　　B. 旅馆建筑客房

　　C. 冷库　　　　　　　　　　　　D. 医疗建筑病房

　　E. 汽车停车场

2. 下列有关水力警铃设置要求正确的有（　　　）。

　　A. 水力警铃的工作压力不应小于0.05MPa

　　B. 水力警铃应设在有人值班的地点附近或公共通道的外墙上，且应安装检修、测试用的阀门

　　C. 水力警铃与报警阀连接的管道，其管径应为20mm，总长不宜大于20m

　　D. 安装后的水力警铃启动时，警铃声压级应不小于65dB

　　E. 水力警铃是一种全天候的水压驱动机械式警铃，能在喷淋系统动作时发出持续警报

三、判断题

1. 报警阀后的管道上不应安装其他用途的支管、水龙头。如不同系统合用消防水泵时，应在报警阀后分开设置。　　　　　　　　　　　　　　（　　）

2. 自动喷水灭火系统管道穿过建筑物的变形缝时，应采取抗变形措施。（　　）

3. 某办公楼内的一间办公室内采用了两种热敏性能的闭式洒水喷头，分别为快速响应洒水喷头和标准响应洒水喷头。　　　　　　　　　　　（　　）

4. 自动喷水灭火系统应有备用洒水喷头，其数量不应少于总数的1%，且每种型号均不得少于5只。　　　　　　　　　　　　　　　　　　　（　　）

5. 自动喷水灭火系统安装在易受机械损伤处的喷头，应加设喷头防护罩。

　　　　　　　　　　　　　　　　　　　　　　　　　　　　　（　　）

培训单元2 测试湿式、干式自动喷水灭火系统组件功能

一、单项选择题

1. 测试湿式报警阀组报警功能，当打开警铃试验阀，水力警铃应在（ ）s内报警。

   A. 2　　　　　B. 15　　　　　C. 5～90　　　　　D. 120

2. 对于干式报警阀组，水力警铃应在（ ）s内发出报警铃声。

   A. 2　　　　　B. 15　　　　　C. 5～90　　　　　D. 120

3. 测试末端试水装置时，末端试水装置处的出水压力不应低于（ ）MPa。

   A. 0.01　　　　　B. 0.05　　　　　C. 0.10　　　　　D. 0.15

4. 开启末端试水装置，出水压力不应低于0.05MPa，水流指示器、报警阀、压力开关应动作。开启末端试水装置后（ ）内，自动启动消防水泵。

   A. 55s　　　　　B. 1min　　　　　C. 2min　　　　　D. 5min

5. 干式自动喷水灭火系统测试时，应测试配水管道充水时间，应不大于（ ）。

   A. 55s　　　　　B. 1min　　　　　C. 2min　　　　　D. 5min

6. 为减少系统恢复时间，干式报警阀组报警功能建议利用（ ）进行测试。

   A. 水源控制阀　　　　　　　　　B. 警铃试验阀

   C. 末端试水装置　　　　　　　　D. 充气管路控制阀

7. 测试报警阀组报警功能时，距水力警铃3m远处警铃声压级不应小于（ ）dB。

   A. 65　　　　　B. 70　　　　　C. 80　　　　　D. 120

二、多项选择题

1. 湿式报警阀组利用警铃试验阀测试时，（ ）应启动。

   A. 水流指示器　　B. 压力开关　　C. 消防水泵　　D. 水力警铃

   E. 闭式喷头

2. 末端试水装置是安装在系统管网最不利点喷头处，检验系统启动、报警及联动等功能的装置。末端试水装置由（ ）等组成。

   A. 试水阀　　　B. 压力表　　　C. 试水接头　　　D. 水力警铃

   E. 水流指示器

三、判断题

1. 湿式报警阀组报警功能可通过末端试水装置、专用测试管路、报警阀泄水

阀、警铃试验阀等途径进行测试。不同测试途径，受影响的组件也不同。　　（　　）

2. 为减少系统恢复时间，湿式报警阀组报警功能建议利用警铃试验阀进行测试。　　（　　）

3. 利用末端试水装置测试时，水流指示器动作，报警阀阀瓣打开，水力警铃动作，压力开关动作，消防水泵启动。　　（　　）

4. 消防水泵启动后，要密切注意消防泵组控制柜、消防水泵、报警阀、管网等设备运行情况，观察消防泵组控制柜面板指示信息、电动机运转情况、各处压力表显示是否正常，电动机和管网是否有异常振动和声响，管路及附件是否存在严重渗漏等。　　（　　）

5. 末端试水装置的作用是检验自动喷水灭火系统的可靠性，测试系统能否在开放一只喷头的最不利条件下可靠报警并正常启动，测试水流指示器、报警阀、压力开关、水力警铃的动作是否正常，配水管道是否畅通，以及系统最不利点处的工作压力等。　　（　　）

培训单元3　测试湿式、干式自动喷水灭火系统的工作压力和流量

一、单项选择题

1. 采用专用测试管路对湿式自动喷水灭火系统进行测试时，消防泵组电气控制柜应处于（　　）运行状态。

    A. 自动　　　　　　B. 手动　　　　　　C. 手动自动均可　　D. 机械应急

2. 末端试水装置开启后，下列组件中不应动作的是（　　）。

    A. 水流指示器　　B. 压力开关　　　C. 闭式喷头　　　D. 水力警铃

3. 常见的仪表有表盘（　　）和数字式两种。数字式仪表显示直观，读取较为方便。

    A. 弹簧式　　　　B. 径向式　　　　C. 法兰式　　　　D. 指针式

4. 当采用便携式超声波流量计测量供水干管时，应清洁测点处管道，探头处涂抹（　　）后，按选择的安装方式安装探头，并根据流量计主机显示的安装间距调整好探头位置后捆扎牢固。

    A. 松动剂　　　　B. 凡士林　　　　C. 胶黏剂　　　　D. 沥青

5. 在测量湿式系统的工作流量和压力时，如遇异常情况，应（　　），并记录。

    A. 紧急停车

    B. 继续试验

    C. 马上排除故障，排除故障中可不必停车

    D. 应马上通知领导，请领导决定

6. 设有专用测试管路的湿式自动喷水灭火系统测试工作压力和流量时，下列做法中错误的是（　　　）。

    A. 检查确认消防泵组电气控制柜处于"自动"运行状态

    B. 开启系统侧管网控制阀

    C. 开启测试管路控制阀

    D. 读数时，应待压力表和流量计稳定时再读数

二、多项选择题

1. 报警阀组的专用测试管路设置在报警阀组系统侧，由（　　　）组成，其过水能力与系统启动后的过水能力一致。

    A. 控制阀　　　　　　　　　　B. 供水侧压力表

    C. 供水侧流量表　　　　　　　D. 排水管道

    E. 压力开关

2. 对于未设专用测试管路的系统，根据原有设计和施工安装情况，可通过（　　　）开展压力、流量全部或其中一项的功能测试。

    A. 通过消防水泵压力和流量检测装置进行

    B. 通过消防水泵上的压力开关进行

    C. 通过末端试水装置进行

    D. 通过水流指示器进行

    E. 通过直接打碎喷头的方式进行试验

三、判断题

1. 通过报警阀组的专用测试管路，可以测量系统在报警阀处的工作压力和流量。　　　　　　　　　　　　　　　　　　　　　　　　　　（　　　）

2. 末端试水装置设置的压力表可以测量系统最不利点处的工作压力且可同时测量末端试水管路的出水流量。　　　　　　　　　　　　　　　（　　　）

3. 测量湿式系统的工作压力和流量时，测试前应事先通知消防控制室拟测项目，测试过程中应由值班人员自行完成相关信息核查和系统复位工作。（　　　）

4. 对于未设专用测试管路的湿式系统，根据原有设计和施工安装情况，可通过消防水泵压力和流量检测装置进行。　　　　　　　　　　　　　（　　　）

培训单元4　测试自动喷水灭火系统的联锁控制和联动控制功能

一、单项选择题

1. 设置湿式自动喷水灭火系统的房间，起火时喷头动作喷水，水流指示器动作并报警，报警阀动作，延迟器充水，启泵装置动作报警并直接启动消防水泵，下列组件中可以启动消防水泵的是（　　）。
   - A. 报警阀组上的压力开关
   - B. 稳压泵电接点压力表
   - C. 水泵出水口上的流量开关
   - D. 水位仪

2. 湿式自动喷水灭火系统，在测试其联锁控制与联动控制的功能时，消防泵组电气控制柜应处于"自动"运行状态，火灾自动报警系统联动控制为（　　）状态。
   - A. 手动
   - B. 自动、手动均可
   - C. 自动
   - D. 应处于自动状态，但当操作员懂得消防系统的操作后可以处于手动状态

3. 湿式自动喷水灭火系统，在测试其联锁控制与联动控制的功能时，先将压力开关至水泵控制柜的连线"断开"之后。打开警铃试验阀，并触发该报警阀所在防护区域内任一手动火灾报警按钮产生报警信号，则下列有关于水泵的状态正确的是（　　）。
   - A. 当消防联动控制器处于自动状态时，水泵不能启动
   - B. 当消防联动控制器处于自动状态时，水泵可以启动
   - C. 当消防联动控制器处于手动状态时，水泵可以启动
   - D. 无论消防联动控制器处于手动还是自动状态，水泵都可以启动

4. 湿式自动喷水灭火系统，在测试其联锁控制与联动控制的功能时，关闭警铃试验阀后，应将（　　）复位。
   - A. 水力警铃
   - B. 压力开关
   - C. 流量开关
   - D. 手动火灾报警按钮

5. 干式自动喷水灭火系统，在测试其联锁控制与联动控制的功能时，对于干式报警阀，在开启警铃试验阀前，应首先关闭（　　）。
   - A. 水源控制阀
   - B. 充气管路上的控制阀
   - C. 报警管路控制阀
   - D. 末端试水装置

6. 某办公楼采用了湿式自动喷水灭火系统，在测试其联锁控制与联动控制的功能时，当报警阀组上的压力开关动作之后，消防水泵未启动，这时按下相应防护区的手动火灾报警按钮之后，消防水泵随之启动，则该次故障可能的原因是（　　　）。

　　A. 压力开关损坏

　　B. 消防联动控制器处于"手动"状态

　　C. 压力开关与水泵控制柜之间连线发生断路

　　D. 水泵控制柜中的电气元件损坏

二、多项选择题

1. 湿式自动喷水灭火系统的联锁启动应由（　　　）直接自动启动消防水泵，不受消防联动控制器处于自动或手动状态的影响。

　　A. 消防水泵出水干管上设置的压力开关

　　B. 高位消防水箱出水管上的流量开关

　　C. 管网上的闭式喷头

　　D. 报警阀组压力开关

　　E. 消防水泵吸水干管上设置的压力开关

2. 湿式自动喷水灭火系统，在测试其联锁控制与联动控制的功能时，当消防水泵启动后，要密切注意（　　　）等现象。如遇异常情况，应紧急停车，并在记录表上记下相关情况，需要维修的应尽快报修。

　　A. 消防泵组电气控制柜、消防水泵、报警阀、管网等设备运行情况

　　B. 观察消防泵组电气控制柜面板指示信息

　　C. 电动机运转情况

　　D. 电动机和管网是否有异常振动和声响

　　E. 各个组件的外观是否有缺陷，如掉漆等

三、判断题

1. 湿式自动喷水灭火系统，在测试其联锁控制与联动控制的功能时，打开末端试水装置时，应迅速开启至全开状态。（　　　）

2. 湿式系统联锁启动的控制方式，不受消防联动控制器处于自动或手动状态影响。（　　　）

3. 湿式系统的联锁启动可以通过开启末端试水装置、报警阀泄水阀或专用测试管路等方式进行。（　　　）

4. 湿式自动喷水灭火系统，其联锁控制与联动控制的功能在测试过程中，应

通知当地消防队派人配合实施。 （　　　）

培训项目3　其他消防设施检测

培训单元1　检查、测试消防设备末端配电装置

一、单项选择题

1. 消防设备末端配电装置在墙上安装时，其底边距地（楼）面高度宜为
（　　　）m。
A. 1.0~1.3　　　B. 1.3~1.5　　　C. 1.5~1.8　　　D. 1.8~2.2

2. 消防设备末端配电装置有两路电源为该装置供电，当其中一路断电后另一
路可以自动投入使用，故末端配电装置应设置（　　　）。
A. 断路器　　　B. 隔离开关　　　C. 双电源开关　　　D. 空气开关

3. 在消防设备末端配电装置外壳上的明显位置应设置（　　　），其内容应至少
包括产品名称、规格型号、产品编号、额定电压、额定电流、防护等级、
执行标准、制造日期、生产单位名称或商标等。
A. 合格证　　　B. 质量认证报告　　C. 产品铭牌　　　D. 说明书

4. 消防设备末端配电装置落地安装时，其底边宜高出地（楼）面（　　　）m。
A. 0.1~0.2　　　B. 1.0~1.3　　　C. 1.3~1.5　　　D. 1.5~1.8

二、判断题

1. 消防设备末端配电装置宜安装在配电室内，以便于统一管理。 （　　　）

2. 控制器应安装牢固，不应倾斜。安装在轻质墙上时，应采取加固措施。（　　　）

培训单元2　检查、测试消防应急广播系统

一、单项选择题

1. 消防应急广播是火灾逃生疏散和灭火指挥的重要设备。消防应急广播的单
次语音播放时间宜为（　　　）s。
A. 8~20　　　B. 10~30　　　C. 5~90　　　D. 5

2. 消防应急广播扬声器当安装在环境噪声大于60dB的场所设置的扬声器，在

其播放范围内最远点的播放声压级应高于背景噪声（　　）dB。

 A. 15   B. 20   C. 25   D. 30

3. 当消防应急广播的扬声器采用壁挂方式安装时，其底边距地高度应大于（　　）m。

 A. 1.5   B. 1.8   C. 2.2   D. 1.3

4. 民用建筑内扬声器应设置在走道和大厅等公共场所，其设置数量应能保证从一个防火分区内的任何部位到最近一个扬声器的直线距离不大于（　　）m，走道末端距最近的扬声器距离不应大于（　　）m。

 A. 25；12.5   B. 15；10   C. 30；15   D. 10；5

5. 当消防联动控制在处于"自动"状态时，下列信号不能自动启动火灾应急广播的是（　　）。

 A. 同一防护区内的两只感烟火灾探测器

 B. 同一防护区内的两只感温火灾探测器

 C. 同一防护区内的一只感烟火灾探测器和一只手动火灾报警按钮

 D. 同一防护区内的一只感温火灾探测器和一只消火栓箱内的报警按钮

二、多项选择题

1. 下列关于消防应急广播系统与火灾声警报器的工作方式，正确的有（　　）。

 A. 可采取 1 次火灾声警报器播放、1 次消防应急广播播放的交替工作方式循环播放

 B. 火灾声光警报器和消防应急广播应同时播放

 C. 可采取 1 次火灾声警报器播放、2 次消防应急广播播放的交替工作方式循环播放

 D. 可采取 2 次火灾声警报器播放、1 次消防应急广播播放的交替工作方式循环播放

 E. 可采取 2 次火灾声警报器播放、2 次消防应急广播播放的交替工作方式循环播放

2. 下列关于消防应急广播与其他广播系统合用时的设置要求，正确的是（　　）。

 A. 火灾发生时应能在消防控制室将火灾疏散层的扬声器和公共广播扩音机强制转入消防应急广播状态

 B. 消防控制室应能监控用于火灾应急广播的扩音机的工作状态，并应具有遥控开启扩音机和采用传声器播音的功能

 C. 应设置消防应急广播备用扩音机，其容量不小于火灾时需同时广播的范

围内消防应急广播扬声器最大容量总和的 2 倍，且应在消防应急广播时能够强行切入，并同时中断其他声源的传输

D. 客房床头控制柜内设有服务性的音乐广播扬声器时，应有消防应急广播功能

E. 对接入联动控制系统的消防应急广播设备系统，使其处于"手动"工作状态，然后按设计的逻辑关系检查应急广播的工作情况，系统应按设计的逻辑广播

三、判断题

1. 区域报警系统和集中报警系统应设置消防应急广播。　　　　　　（　　）

2. 消防控制室应能显示消防应急广播的广播分区的工作状态。　　　（　　）

3. 消防应急广播系统的联动控制信号由消防联动控制器发出，当确认火灾后，除需要向火灾发生楼层报警外，还应同时向发生火灾的楼层的上一层和下一层同时进行广播。　　　　　　　　　　　　　　　　　　　　　　　　（　　）

培训单元 3 检查、测试消防电话系统

一、单项选择题

1. 消防电话、电话插孔、带电话插孔的手动火灾报警按钮宜安装在明显、便于操作的位置；当在墙面上安装时，其底边距地（楼）面高度宜为（　　）m。

   A. 1.1～1.3　　　　B. 1.2～1.4　　　　C. 1.3～1.5　　　　D. 1.4～1.6

2. 各避难层应每隔（　　）m 设置一个消防电话分机或电话插孔。

   A. 5　　　　　　B. 10　　　　　　C. 15　　　　　　D. 20

3. 测试消防电话总机自检功能时，按下面板测试按钮，消防电话总机自动对（　　）、消防电话插孔等各组件进行检查。

   A. 消防按钮　　B. 消防电话分机　C. 火灾报警按钮　D. 感烟探测器

4. 测试消防电话总机消声功能时，使（　　）个消防电话分机呼叫消防电话总机，消防电话总机分别显示呼叫消防电话分机位置和呼叫时间，并发出报警声信号，报警指示灯点亮。

   A. 1　　　　　　B. 2　　　　　　C. 3　　　　　　D. 4

5. 测试消防电话总机故障报警功能时，使消防电话总机与一个消防电话分机或（　　）间连接线断线，消防电话总机显示屏显示故障消防电话分机位

置和故障发生时间，故障指示灯点亮。

    A. 感温探测器   B. 感烟探测器

    C. 手报按钮   D. 消防电话插孔

6. 测试消防电话总机群呼功能时，将消防电话总机与至少（   ）部消防电话分机或消防电话插孔连接，使消防电话总机与所连的消防电话分机或消防电话插孔处于正常监视状态。

    A. 1   B. 2   C. 3   D. 4

二、多项选择题

1. 按照我国现行标准《建筑消防设施的维护管理》GB 25201 的要求，消防电话系统的检测内容包括（   ）。

    A. 测试消防电话主机与插孔电话之间的通话质量

    B. 测试消防电话主机与电话分机之间的通话质量

    C. 电话主机的录音功能

    D. 拨打"119"电话功能

    E. 用消防电话通话，检查通话效果

2. 消防电话系统的检测方法包括（   ）。

    A. 用消防电话通话，检查通话效果

    B. 用插孔电话呼叫消防控制室，检查通话效果

    C. 电话主机的录音功能

    D. 拨打"119"电话功能

    E. 查看消防控制室、消防值班室、企业消防站等处的外线电话

3. 下列关于测试消防电话总机群呼功能说法正确的是（   ）。

    A. 将消防电话总机与至少 3 部消防电话分机连接

    B. 将消防电话总机与消防电话插孔连接

    C. 使消防电话总机与所连的消防电话分机或消防电话插孔处于正常监视状态

    D. 将一部消防电话分机摘机，使消防电话总机与消防电话分机处于通话状态

    E. 消防电话总机自动录音，显示呼叫消防电话分机位置和通话时间

三、判断题

1. 消防电话和电话插孔应有明显的永久性标识。   （   ）

2. 消防专用电话网络应为和其他系统合用的消防通信系统。   （   ）

3. 总线制消防电话系统中的每个电话分机应与总机单独连接。 （　　）

4. 测试消防电话总机消声功能时，使任何一个消防电话分机呼叫消防电话总机，消防电话总机分别显示呼叫消防电话分机位置和呼叫时间，并发出报警声信号，报警指示灯点亮。 （　　）

培训单元4　检查、测试消防电梯

一、单项选择题

1. 消防电梯的轿厢内部应设置专用（　　）对讲电话。

    A. 事故　　　　　B. 消防　　　　　C. 视频　　　　　D. 外线

2. 建筑高度大于（　　）m 的二类高层建筑需要设置消防电梯。

    A. 24　　　　　　B. 30　　　　　　C. 32　　　　　　D. 33

3. 建筑层数为（　　）层及以上且总建筑面积 > 3000m² 的老年人照料设施需要设置消防电梯。

    A. 3　　　　　　B. 4　　　　　　C. 5　　　　　　D. 6

4. 消防电梯的电源应采用消防电源，并应在其配电线路的（　　）一级配电箱处设置自动切换装置。电梯的动力与控制电缆、电线、控制面板应采用防水措施。

    A. 首段　　　　　B. 中间　　　　　C. 末端　　　　　D. 最末

5. 除设置在仓库连廊、冷库穿堂或谷物筒仓工作塔内的消防电梯外，消防电梯应设置前室，前室或合用前室的门应采用（　　）级防火门。

    A. 甲　　　　　　B. 乙　　　　　　C. 丙　　　　　　D. 丁

6. 消防员入口层可通过复位紧急迫降按钮，并在（　　）s 内再次按下按钮，使消防电梯返回到消防员入口层。

    A. 3　　　　　　B. 5　　　　　　C. 10　　　　　　D. 2

二、多项选择题

1. 下列关于消防前室的说法正确的是（　　）。

    A. 除设置在仓库连廊、冷库穿堂或谷物筒仓工作塔内的消防电梯外，消防电梯应设置前室

    B. 前室宜靠外墙设置

    C. 应在首层直通室外或经过长度不大于 20m 的通道通向室外

    D. 单独前室的使用面积应不小于 4.5m²

E. 前室或合用前室的门应采用乙级防火门，不应设置卷帘

2. 下列关于消防电梯的配置，说法正确的是（　　）。

　　A. 消防电梯应能每层停靠

　　B. 电梯的载重量不应小于 1000kg

　　C. 电梯从首层至顶层的运行时间不宜大于 1min

　　D. 电梯轿厢的内部装修应采用难燃及以上材料

　　E. 电梯轿厢内部应设置专用消防对讲电话

三、判断题

1. 二类高层建筑需要设置消防电梯。　　　　　　　　　　　　（　　）

2. 建筑高度大于 32m 且任一层工作平台上的人数不大于 2 人的高层塔架可不设置消防电梯。　　　　　　　　　　　　　　　　　　　　　（　　）

3. 消防电梯应分别设置在不同防火分区内，且每个防火分区不应少于 1 台。符合消防电梯要求的客梯或货梯可兼作消防电梯。　　　　　　　　　（　　）

培训单元5　检查、测试消防应急照明和疏散指示系统

一、单项选择题

1. 应急照明控制器、集中电源、应急照明配电箱应安装牢固，不得倾斜。在轻质墙上采用壁挂方式安装时，应采取加固措施；落地安装时，其底边宜高出地（楼）面（　　）mm。

　　A. 10 ~ 20　　　　B. 10 ~ 50　　　　C. 50 ~ 100　　　　D. 100 ~ 200

2. 检测电源切换功能，消防应急灯具应在主电源切断后（　　）s 内转入应急状态，集中电源、应急照明配电箱配接的非持续型照明灯的光源应急点亮，持续型灯具的光源由节电点亮模式转入应急点亮模式。

　　A. 2　　　　　　　B. 3　　　　　　　C. 5　　　　　　　D. 8

3. 放电试验检测时，使充电（　　）h 后的消防应急灯具由主电源供电状态转入应急工作状态，并持续至放电终止，用直流电压表测量在过放电保护启动瞬间电池（组）两端电压，与额定电压比较，电池放电终止电压应不小于额定电压的（　　）。

　　A. 24；50%　　　B. 24；80%　　　C. 12；50%　　　D. 12；80%

4. 充电试验将放电终止的消防应急灯具接通主电源，检查充电指示灯的状态，24h 后测量其充电（　　）。对使用免维护铅酸蓄电池的应急照明集中电源

型灯具,应在充电期间测量电池的充电 ( )。重新安装电池后,应急照明集中电源应能正常工作。

A. 电流;电压　　B. 电压;电流　　C. 电流;电流　　D. 电压;电压

5. 下列不属于消防应急照明和疏散指示系统电源检测的是 ( )。

A. 检测电源切换功能　　　　　B. 测试应急电源的供电时间

C. 充放电试验　　　　　　　　D. 通过报警联动,测试联动功能

6. 下列不属于测试应急照明灯具应急转换功能的是 ( )。

A. 手动操作应急照明控制器的强启按钮后,应急照明控制器应发出手动应急启动信号,显示启动时间

B. 系统内所有的非持续型灯具的光源应应急点亮,持续型灯具的光源由节电点亮模式转入应急点亮模式

C. 灯具持续点亮时间达到设计文件规定的时间后,集中电源或应急照明配电箱应连锁其配接灯具的光源熄灭。利用秒表记录灯具的持续点亮时间

D. 灯具采用集中电源供电时,应能手动控制集中电源转入蓄电池电源输出

二、多项选择题

1. 按照我国现行标准《建筑消防设施的维护管理》GB 25201 的规定,消防应急照明和疏散指示系统的检测内容主要有 ( )。

A. 切断正常供电,测量消防应急灯具照度

B. 测试电源切换、充电、放电功能

C. 测试应急电源的电容电压

D. 测试应急电源的供电时间

E. 通过报警联动,检查消防应急灯具自动投入功能

2. 检查、测试消防应急照明和疏散指示系统需要准备的有 ( )。

A. 火灾报警控制器　　　　　　B. 消防联动控制器

C. 激光测距仪　　　　　　　　D. 钢卷尺

E. 交流电压表

三、判断题

1. 应急照明控制器主电源应设置明显的永久性标识,并应使用电源插头直接与消防电源连接;应急照明控制器与其外接备用电源之间应直接连接。 ( )

2. 系统功能检查前,应确保集中电源的蓄电池组、灯具自带的蓄电池连续充电48h。 ( )

3. 系统内所有的非持续型灯具的光源应应急点亮,持续型灯具的光源应由节

电点亮模式转入应急点亮模式。高危险场所灯具光源应急点亮的响应时间不应大于0.25s。 （　　）

培训单元6　检查、测试防火卷帘和防火门

一、单项选择题

1. 下列不属于防火卷帘帘板（面）安装质量要求和检查的是（　　）。

   A. 钢质防火卷帘帘板装配完毕后应平直，不应有孔洞或缝隙；相邻帘板串接后应转动灵活，无脱落

   B. 钢质防火卷帘帘板两端挡板或防窜机构应装配牢固，卷帘运行时，相邻帘板窜动量不应大于2mm

   C. 单帘面卷帘的两根导轨应互相平行，双帘面卷帘不同帘面的导轨也应互相平行，其平行度误差均不应大于5mm

   D. 无机纤维复合防火卷帘帘面应通过固定件与卷轴相连，帘面两端应安装防风钩

2. 下列不属于防火卷帘导轨安装质量要求和检查的是（　　）。

   A. 导轨顶部应成圆弧形，其长度应保证卷帘正常运行

   B. 钢质防火卷帘帘板两端挡板或防窜机构应装配牢固，卷帘运行时，相邻帘板窜动量不应大于2mm

   C. 卷帘的防烟装置与帘面应均匀紧密贴合，其贴合面长度不应小于导轨长度的80%

   D. 防火卷帘的导轨应安装在建筑结构上，并应采用预埋螺栓、焊接或膨胀螺栓连接。导轨安装应牢固，固定点间距应为600~1000mm

3. 下列不属于防火卷帘控制器安装质量要求和检查的是（　　）。

   A. 与火灾自动报警系统联动的防火卷帘两侧均应安装火灾探测器组和手动按钮盒。当防火卷帘一侧为无人场所时，防火卷帘有人侧应安装火灾探测器组和手动按钮盒

   B. 防火卷帘控制器和手动按钮盒应分别安装在防火卷帘内外两侧的墙壁上，当卷帘一侧为无人场所时，可安装在一侧墙壁上，且应符合设计要求。控制器和手动按钮盒应安装在便于识别的位置，且应标出上升、下降、停止等功能

   C. 防火卷帘控制器及手动按钮盒的安装应牢固可靠，其底边距地面高度宜

为 1.3 ~ 1.5m

  D. 防火卷帘控制器的金属件应有接地点，且接地点应有明显的接地标识，连接地线的螺钉不应作其他紧固用

4. 对于防火卷帘门楣安装质量要求和检查，门楣内的防烟装置与卷帘帘板或帘面表面应均匀紧密贴合，其贴合面长度不应小于门楣长度的80%，非贴合部位的缝隙不应大于（　　）mm。

  A. 1   B. 2   C. 3   D. 4

5. 下列不属于防火门基础安装质量要求和检查的是（　　）。

  A. 设置在变形缝附近的防火门，应安装在楼层数较多的一侧，且门扇开启后不应跨越变形缝

  B. 钢质防火门门框内应充填水泥砂浆，门框与墙体应用预埋钢件或膨胀螺栓等连接牢固，其固定点间距不宜大于600mm

  C. 防火门门框与门扇、门扇与门扇的缝隙处嵌装的防火密封件应牢固、完好

  D. 门扇与门框有合页一侧的配合活动间隙不应大于设计图规定的尺寸公差

6. 对于防火门监控器的安装和检查，电动开门器的手动控制按钮应设置在防火门内侧墙面上，距门不宜超过0.5m，底边距地面高度宜为（　　）m。

  A. 0.9 ~ 1.3 B. 1.3 ~ 1.5 C. 1.5 ~ 1.8 D. 1.0 ~ 1.3

二、多项选择题

1. 下列属于防火卷帘导轨安装质量要求和检查的是（　　）。

  A. 导轨顶部应成圆弧形，其长度应保证卷帘正常运行

  B. 钢质防火卷帘帘板两端挡板或防窜机构应装配牢固，卷帘运行时，相邻帘板窜动量不应大于2mm

  C. 钢质防火卷帘帘板装配完毕后应平直，不应有孔洞或缝隙；相邻帘板串接后应转动灵活，无脱落

  D. 导轨的滑动面应光滑、平直。帘板或帘面、滚轮在导轨内运行时应平稳、顺畅，不应有碰撞和冲击现象

  E. 单帘面卷帘的两根导轨应互相平行，双帘面卷帘不同帘面的导轨也应互相平行，其平行度误差均不应大于5mm

2. 下列属于防火卷帘防护罩（箱体）安装质量要求和检查的是（　　）。

  A. 防护罩尺寸的大小应与防火卷帘洞口宽度和卷帘卷起后的尺寸相适应，并应保证卷帘卷满后与防护罩仍保持一定的距离，不应相互碰撞

  B. 防护罩靠近卷门机处，应留有检修口

C. 卷轴与支架板应牢固地安装在混凝土结构或预埋钢件上

D. 卷轴在正常使用时的挠度应小于卷轴的 1/400

E. 防护罩的耐火性能应与防火卷帘相同

三、判断题

1. 检查、测试防火门，触发防火分区内 2 只手动火灾报警按钮或 1 只火灾探测器和 1 只手动火灾报警按钮，观察常开式防火门关闭情况、防火门监控器有关信息指示变化情况、消防控制室相关控制和信号反馈情况。　　　　　　（　　）

2. 检查、测试防火卷帘操作过程中，应注意观察防火卷帘运行的平稳性以及与地面的接触情况。运行过程中不应出现卡滞、振动和异常声响，不允许有脱轨和明显的倾斜现象。一旦出现上述情况，应立即停止卷帘并切断电源，排除故障后再行操作。　　　　　　　　　　　　　　　　　　　　　　　　　　（　　）

3. 检查、测试防火门只需要采用加烟的方式提供联动触发信号，观察防火卷帘启动和运行情况、防火卷帘控制器有关信息指示变化情况、消防控制室相关控制和信号反馈情况等。设在疏散通道处的防火卷帘，还应对其"两步降"情况进行测试。　　　　　　　　　　　　　　　　　　　　　　　　　　　　（　　）

培训单元7　检查、测试消防供水设施

一、单项选择题

1. 下列不属于消防水箱组成部分的是（　　　）。

 A. 进水闸阀　　　　　　　　　　　B. 出水闸阀

 C. 水位信号装置　　　　　　　　　D. 控制装置

2. 下列不属于下方增压稳压设备组成部分的是（　　　）。

 A. 隔膜式气压罐　　　　　　　　　B. 稳压泵

 C. 水位信号装置　　　　　　　　　D. 控制装置

3. 消防水箱用水主要依靠（　　　）至消防给水管网。

 A. 水泵加压　　B. 气压罐加压　　C. 重力自流　　　D. 虹吸作用

4. 消防水泵重量大于（　　　）t 时，应设置电动起重设备。

 A. 0.5　　　　　B. 1　　　　　　C. 2　　　　　　D. 3

5. 火灾的蔓延速度快、闭式喷头的开放不能及时使喷水有效覆盖着火区域的场所应采用的自动喷水灭火系统是（　　　）。

 A. 干式系统　　B. 雨淋系统　　　C. 水幕系统　　　D. 湿式系统

6. 下列不属于消防增压稳压设备组成部分的是（　　）。

  A. 隔膜式气压罐　　　　　　　　B. 稳压泵

  C. 水位信号装置　　　　　　　　D. 控制装置

7. 消防水泵接合器上不包括（　　）。

  A. 止回阀　　　　B. 减压阀　　　　C. 安全阀　　　　D. 闸阀

8. 消防水泵的出水管上除设有控制阀门、压力表、可曲挠接头外，还应设置（　　）。

  A. 缓闭式止回阀　　　　　　　　B. 排气阀

  C. 试验消火栓　　　　　　　　　D. 末端试水装置

9. 每台消防水泵出水管上应设置（　　）的试验管，并应采取排水设施。

  A. DN50　　　　B. DN65　　　　C. DN80　　　　D. DN100

10. 消防控制室可以通过（　　）自动控制消防水泵的启动，并显示其动作反馈信号。

  A. 直接手动控制盘　　　　　　　B. 总线制手动控制盘

  C. 输入模块　　　　　　　　　　D. 预设控制逻辑

11. （　　）由水源、供水设备、管道、雨淋阀组、过滤器、水雾喷头和火灾自动探测控制设备等组成。

  A. 气体灭火系统　　　　　　　　B. 消火栓系统系统

  C. 自动喷水—泡沫联用系统　　　D. 水喷雾灭火系统

二、多项选择题

1. 下列满足自动喷水灭火系统喷头的静压要求的是（　　）MPa。

  A. 0.05　　　　B. 0.08　　　　C. 0.1　　　　D. 0.12

  E. 0.15

2. 下列关于消防水池（水箱）的说法，错误的是（　　）。

  A. 高位消防水箱出水管的管径至少应为DN100

  B. 高位消防水箱进水管的管径至少应为DN50

  C. 消防水池的进水管的管径至少应为DN150

  D. 消防水池（水箱）应设置就地显示装置

  E. 消防水池（水箱）的溢流管可与生活用水的排水系统直接连接

三、判断题

1. 当消防水池两根补水管的补水流量不一致时，补水能力测试应选择流量较大的补水管进行。　　　　　　　　　　　　　　　　　　　　（　　）

2. 当市政给水管网不能保证室外消防用水设计流量时，消防水池的有效供水时间核算还应考虑室外消防用水不足部分。 （ ）

3. 测试稳压泵的工作情况时，观察稳压泵供电应正常，自动、手动启停应正常；关掉主电源，主、备用电源源能正常切换；测试稳压泵的控制符合设计要求，启停次数 1h 内应不大于 20 次，且交替运行功能正常。 （ ）

培训单元 8 检查、测试消火栓系统

一、单项选择题

1. 下列不符合室内消火栓栓口压力测试要求的是 （ ）。
    A. 测量时，特别是测量静压时，开启阀门应缓慢，避免压力冲击造成测量装置损坏
    B. 静压测量完成后，缓慢旋于端盖泄压
    C. 使消防水泵控制柜处于手动状态
    D. 使用后，擦净放阀

2. 消防水池进水管应根据其有效容积和补水时间确定，补水时间不宜超过 （ ） h。
    A. 100   B. 70   C. 60   D. 48

3. 室内消火栓栓口动压力不应大于 （ ） MPa。
    A. 0.8   B. 0.7   C. 0.6   D. 0.5

4. PS60 固定式消防水炮规定工作压力是 （ ） MPa。
    A. 0.6   B. 1.2   C. 1.6   D. 2.6

5. 当建筑高度不超过 100m 时，高层建筑最不利点消火栓静水压力不应低于 （ ） MPa。
    A. 0.05   B. 0.07   C. 0.1   D. 0.15

6. 消防控制室可以通过直接手动控制盘控制消火栓系统的 （ ） 启、停，并反馈其动作反馈信号。
    A. 稳压泵   B. 增压泵   C. 消防水泵   D. 信号阀

7. PS 系列固定式消防水炮仰角是 （ ）。
    A. 60°   B. 70°   C. 80°   D. 90°

8. PS 系列固定式消防水炮水平转角是 （ ）。
    A. 90°   B. 120°   C. 180°   D. 360°

二、多项选择题

1. 下列关于测试室内消火栓压力的步骤中，叙述错误的是（　　　）。

    A. 检查确认消防泵组电气控制柜处于手动运行模式，选择最不利点室内消火栓测试压力

    B. 打开消火栓箱门并取出水带，一头与消火栓栓口连接后，沿地面拉直水带，另一头与消火栓试水接头连接。连接时注意保持试水接头压力表正面朝下

    C. 开启消火栓，小幅度开启试水接头，观察有水流出后，关闭试水接头，观察并记录接头压力表指示读数

    D. 缓慢开启试水接头至全开，消防水泵启动并正常运转后，记录接头压力表稳定读数

    E. 测试完毕后，停止水泵，关闭消火栓，卸下试水接头，排除余水后卸下水带

2. 测试室内消火栓系统联动功能时，下列动作信号能联动启动消火栓泵的是（　　　）。

    A. 一只火灾探测器和一只手动火灾报警按钮

    B. 两只火灾探测器

    C. 两只消火栓按钮

    D. 一只消火栓按钮和一只火灾探测器

    E. 一只消火栓按钮和一只手动火灾报警按钮

三、判断题

1. 测试消火栓时，特别是在测量栓口静压时，开启阀门应缓慢，避免压力冲击造成检测装置损坏；放水时不应压折水带。（　　　）

2. 消火栓栓口的静压不应大于0.7MPa，超过则应采取分区供水措施。（　　　）

3. 测试室内消火栓系统联动功能时，检查确认消防泵组电气控制柜处于手动运行模式，消防联动控制处于手动允许状态。（　　　）

培训单元9　检查、测试防烟排烟系统

一、单项选择题

1. 机械排烟系统主要是由挡烟构件、（　　　）、防火排烟阀门、排烟道、排烟风机、排烟出口及防排烟控制器等组成。

    A. 排烟口　　　　B. 挡烟垂壁　　　　C. 挡烟隔墙　　　　D. 送风口

2. 在消防控制室应能控制正压送风系统的（　　　）、送风机等设备动作，并显示其反馈信号。

　　A. 挡烟垂壁　　　　B. 防火阀　　　　C. 电动送风口　　D. 百叶送风口

3. 消防控制室可以通过直接手动控制盘控制排烟系统的（　　　）启、停，并显示其动作反馈信号。

　　A. 排烟风机　　　　　　　　　　B. 排烟阀

　　C. 排烟窗　　　　　　　　　　　D. 排烟防火阀

4. 火灾时排烟系统启动后，排烟风机入口处的（　　　）在280℃关闭后直接联动排烟风机停止。

　　A. 排烟阀　　　　　B. 防火阀　　　　C. 排烟阀　　　　D. 排烟防火阀

5. 消防控制室应能关闭（　　　）和常开防火门，并显示其动作反馈信号。

　　A. 防火卷帘　　　B. 排烟阀　　　　C. 送风阀　　　　D. 挡烟垂壁

6. 消防控制室可以通过总线制手动控制盘控制防烟系统的（　　　）启、停，并反馈其动作反馈信号。

　　A. 送风阀　　　　　B. 送风机　　　　C. 防火阀　　　　D. 电动送风口

二、多项选择题

1. 下列关于防烟排烟系统组件的安装质量要求和检查方法属于对风管要求的是（　　　）。

　　A. 风管接口的连接应严密、牢固，垫片厚度不应小于3mm，不应凸入管内和凸出到法兰外

　　B. 排烟风管法兰垫片应为不燃材料，薄钢板法兰风管应采用螺栓连接

　　C. 风管与风机的连接宜采用法兰连接，或采用不燃材料的柔性短管连接，当风机仅用于防烟、排烟时，不宜采用柔性连接

　　D. 风管与风机连接若有转弯处宜加装导流叶片，保证气流顺畅

　　E. 送风口、排烟阀或排烟口的安装位置应符合国家标准和设计要求，并应固定牢靠，表面平整、不变形，调节灵活；排烟口距可燃物或可燃构件的距离不应小于1.5m

2. 下列关于防烟排烟系统组件的安装质量要求和检查方法属于对排烟防火阀的要求的是（　　　）。

　　A. 排烟口距可燃物或可燃构件的距离不应小于1.5m

　　B. 常闭送风口、排烟阀或排烟口的手动驱动装置应固定安装在明显可见、距楼地面1.3～1.5m便于操作的位置

C. 阀门应顺气流方向关闭，防火分区隔墙两侧的排烟防火阀距墙端面不应大于 200mm

D. 手动和电动装置应灵活、可靠，阀门关闭严密

E. 应设独立的支、吊架，当风管采用不燃材料防火隔热时，阀门安装处应有明显标识

3. 下列关于风机的安装质量要求和检查方法的要求正确的是（　　　）。

A. 风机外壳至墙壁或其他设备的距离不应小于 800mm

B. 风机应设在混凝土或钢架基础上，且不应设置减振装置；若排烟系统与通风空调系统共用且需要设置减振装置时，不应使用橡胶减振装置

C. 吊装风机的支、吊架应焊接牢固、安装可靠，其结构形式和外形尺寸应符合设计或设备技术文件要求

D. 风机驱动装置的外露部位应装设防护罩

E. 直通大气的进、出风口应装设防护网或采取其他安全设施，并应设防雨措施

三、判断题

1. 活动挡烟垂壁与建筑结构（柱或墙）面的缝隙不应大于 60mm，由两块或两块以上的挡烟垂帘组成的连续性挡烟垂壁各块之间不应有缝隙，搭接宽度不应小于 60mm。　　　　　　　　　　　　　　　　　　　　　　　　　　　（　　　）

2. 送风口、排烟阀或排烟口的安装位置应符合国家标准和设计要求，并应固定牢靠，表面平整、不变形，调节灵活；排烟口距可燃物或可燃构件的距离不应小于 1.5m。　　　　　　　　　　　　　　　　　　　　　　　　　　　　（　　　）

3. 排烟防火阀门应逆气流方向关闭，防火分区隔墙两侧的排烟防火阀距墙端面不应大于 200mm。　　　　　　　　　　　　　　　　　　　　　　　　（　　　）

4. 测量风口风速时，系统务必处于火灾发生时的全部工作状态，如应当在防烟分区内的排烟口全开的情况下测量，而非仅打开一个排烟口进行测量。（　　　）

答案与解析

培训模块一　设施监控

培训项目1　设施巡检

培训单元1　判断火灾自动报警系统工作状态

一、单项选择题

1.【答案】B

【解析】火灾自动报警系统的工作状态主要包括：主/备用电源工作状态，火警指示状态，设备反馈指示状态，设备启动指示状态，消声状态，屏蔽状态，系统故障状态，主/备用电源故障状态，通信故障状态等。工作状态可通过面板指示灯、提示音和文字等方式显示出来。

2.【答案】C

【解析】1. 主电源工作

1）正常状态。主电源工作指示灯（绿色）点亮，控制器由 AC 220V 电源供电工作。选项 A 正确。

2）故障状态。主电源工作指示灯熄灭，控制器主电源故障指示灯（黄色）点亮。选项 B 正确。

2. 备用电源工作

1）正常状态。主电源工作正常时，备用电源不工作，备用电源工作指示灯（绿色）熄灭；主电源断电时，备用电源工作指示灯点亮。选项 C 错误。

2）故障状态。当备用电源出现故障时，备用电源工作指示灯熄灭，控制器备用电源故障指示灯（黄色）点亮。选项 D 正确。

3.【答案】D

【解析】集中火灾报警控制器的主要功能如下：

1）火灾报警功能。控制器应能直接或间接地接收来自火灾探测器及其他火灾报警触发器件的火灾报警信号，发出火灾报警声、光信号，指示火灾发生部位，记录火灾报警时间。选项 A 正确。

2）故障报警功能。当控制器内部、控制器与其连接的部件间发生故障时，控制器应能显示故障部位、故障类型等所有故障信息。选项 B 正确。

3）自检功能。控制器应能检查设备本身的火灾报警功能，且在自检期间，受其控制的外接设备和输出接点均不应动作。自检功能也不能影响非自检部位、探测区和控制器本身的火灾报警功能。选项 D 错误。

4）电源功能。控制器的电源部分应具有主电源和备用电源转换装置。选项 C 正确。

4. 【答案】A

【解析】消防联动控制器的主要功能如下：

1）控制功能。消防联动控制器应能按设定的逻辑直接或间接控制其连接的各类受控消防设备。选项 B 正确。

2）故障报警功能。当发生故障时，消防联动控制器应发出与火灾报警信号有明显区别的故障声、光信号。选项 A 错误。

3）自检功能。消防联动控制器应能检查本机的功能，在执行自检功能期间，其受控设备均不应动作。选项 C 正确。

4）信息显示与查询功能。消防联动控制器可以采用数字和/或字母（字符）显示相关信息。选项 D 正确。

5. 【答案】D

【解析】消防控制室图形显示装置的主要功能如下：

1）图形显示功能。消防控制室图形显示装置应能显示建筑总平面布局图、每个保护对象的建筑平面图、系统图等。选项 D 错误。

2）火灾报警和联动状态显示功能。当有火灾报警信号、联动信号输入时，消防控制室图形显示装置应能显示报警部位对应的建筑位置、建筑平面图，在建筑平面图上指示报警部位的物理位置，记录报警时间、报警部位等信息。选项 A 正确。

3）故障状态显示。消防控制室图形显示装置应能接收控制器及其他消防设备（设施）发出的故障信号，并显示故障状态信息。选项 B 正确。

4）通信故障报警功能。消防控制室图形显示装置在与控制器及其他消防设备（设施）之间不能正常通信时，应发出与火灾报警信号有明显区别的故障声、光信号。选项 C 正确。

6.【答案】A

【解析】集中火灾报警控制器、消防联动控制器、消防控制室图形显示装置的功能如下：

火灾自动报警系统肩负着探测火灾早期特征、发出火灾报警信号，为人员疏散、防止火灾蔓延和启动自动灭火设备提供控制与指示的消防任务。系统中的集中火灾报警控制器、消防联动控制器、消防控制室图形显示装置一般应设置在消防控制室内或有人值班的房间和场所。选项 A 正确。

7.【答案】A

【解析】集中火灾报警控制器是火灾自动报警系统中用于接收、显示和传递火灾报警信号，发出控制信号，并具有其他辅助功能的控制指示设备。集中火灾报警控制器主要包括：显示板（含显示屏）、指示灯、开关和按钮、打印机、主板、输入/输出控制板、音响器件、网络接口组件、电源装置（含电池）、外壳等器件。选项 A 正确。

8.【答案】B

【解析】集中火灾报警控制器的主要功能如下：

1）火灾报警功能。控制器应能直接或间接地接收来自火灾探测器及其他火灾报警触发器件的火灾报警信号，发出火灾报警声、光信号，指示火灾发生部位，记录火灾报警时间。

2）火灾报警控制功能。控制器在火灾报警状态下应有火灾声和/或光警报器控制输出，还可设置其他控制输出。选项 B 正确。

9.【答案】D

【解析】集中火灾报警控制器的主要功能之一是：自检功能。控制器应能检查设备本身的火灾报警功能，且在自检期间，受其控制的外接设备和输出接点均不应动作。自检功能也不能影响非自检部位、探测区和控制器本身的火灾报警功能。选项 D 正确。

10.【答案】B

【解析】集中火灾报警控制器的主要功能：自检功能。控制器应能检查设备本身的火灾报警功能，且在自检期间，受其控制的外接设备和输出接点均不应动作。自检功能也不能影响非自检部位、探测区和控制器本身的火灾报警功能。选项 B 正确。

11.【答案】D

【解析】集中火灾报警控制器的主要功能：信息显示与查询功能。控制器信息显示按火灾报警、监管报警及其他状态顺序由高至低排列信息显示等级，高等级的状态信息应优先显示，低等级状态信息显示不应影响高等级状态信息显示，显示的信息应与对应的状态一致且易于辨识。选项 D 正确。

12. 【答案】A

【解析】集中火灾报警控制器的主要功能：故障报警功能。当控制器内部、控制器与其连接的部件间发生故障时，控制器应能显示故障部位、故障类型等所有故障信息。选项 A 正确。

13. 【答案】B

【解析】集中火灾报警控制器的主要功能如下：

1）火灾报警功能。控制器应能直接或间接地接收来自火灾探测器及其他火灾报警触发器件的火灾报警信号，发出火灾报警声、光信号，指示火灾发生部位，记录火灾报警时间。选项 B 正确。

2）火灾报警控制功能。控制器在火灾报警状态下应有火灾声和/或光警报器控制输出，还可设置其他控制输出。

14. 【答案】C

【解析】集中火灾报警控制器的主要功能之一是系统兼容功能。区域控制器和集中控制器之间应能相互收、发相关信息和/或指令。选项 C 正确。

15. 【答案】A

【解析】消防联动控制器是消防联动控制系统的核心组件。它通过接收火灾报警控制器发出的火灾报警信息，按预设逻辑对建筑中设置的自动消防系统（设施）进行联动控制。选项 A 正确。

16. 【答案】C

【解析】消防联动控制器的主要功能如下：

1）控制功能。消防联动控制器应能按设定的逻辑直接或间接控制其连接的各类受控消防设备。

2）故障报警功能。当发生故障时，消防联动控制器应发出与火灾报警信号有明显区别的故障声、光信号。

3）自检功能。消防联动控制器应能检查本机的功能，在执行自检功能期间，其受控设备均不应动作。

4）信息显示与查询功能。消防联动控制器可以采用数字和/或字母（字符）显示相关信息。

5）电源功能。消防联动控制器的电源部分应具有主电源和备用电源转换装置。当主电源断电时，能自动转换到备用电源；当主电源恢复时，能自动转换到主电源。选项 C 正确。

17.【答案】A

【解析】消防联动控制器的主要功能如下：

1）控制功能。消防联动控制器应能按设定的逻辑直接或间接控制其连接的各类受控消防设备。

2）故障报警功能。当发生故障时，消防联动控制器应发出与火灾报警信号有明显区别的故障声、光信号。

3）自检功能。消防联动控制器应能检查本机的功能，在执行自检功能期间，其受控设备均不应动作。

4）信息显示与查询功能。消防联动控制器可以采用数字和/或字母（字符）显示相关信息。选项 A 正确。

18.【答案】D

【解析】消防控制室图形显示装置：消防控制室图形显示装置用于传输、接收、显示和记录保护区域内的火灾探测报警与各相关控制系统，以及系统中的各类消防设备（设施）运行的动态信息和消防管理信息。

主要由以下两部分组成：

1）硬件。计算机主机（含 CPU、内存、显卡、串行口等）、硬盘、喇叭、液晶显示器、外壳等。

2）软件。消防控制室图形显示装置内所装软件要符合《消防控制室图形显示装置软件通用技术要求》中规定的显示、操作、信息记录、信息传输和维护等要求。选项 D 正确。

19.【答案】B

【解析】消防控制室图形显示装置的主要功能如下：

1）图形显示功能。消防控制室图形显示装置应能显示建筑总平面布局图、每个保护对象的建筑平面图、系统图等。

2）火灾报警和联动状态显示功能。当有火灾报警信号、联动信号输入时，消防控制室图形显示装置应能显示报警部位对应的建筑位置、建筑平面图，在建筑平面图上指示报警部位的物理位置，记录报警时间、报警部位等信息。选项 B 正确。

20.【答案】A

【解析】火灾自动报警系统的工作状态及判断方法：火灾自动报警系统的工作

状态主要包括：主/备用电源工作状态，火警指示状态，设备反馈指示状态，设备启动指示状态，消声状态，屏蔽状态，系统故障状态，主/备用电源故障状态，通信故障状态等。工作状态可通过面板指示灯、提示音和文字等方式显示出来。选项A正确。

21.【答案】A

【解析】通过面板指示灯判断火灾自动报警控制器的工作状态。火警指示（红色）：探测器发生火警后，指示灯亮。选项A正确。

22.【答案】D

【解析】通过面板指示灯判断火灾自动报警控制器的工作状态。

屏蔽指示（黄色）：总线上有设备处于隔离状态时，指示灯亮。选项D正确。

23.【答案】D

【解析】通过面板指示灯判断火灾自动报警控制器的工作状态。

系统故障（黄色）：系统程序处于故障状态时，指示灯亮。选项D正确。

24.【答案】B

【解析】通过面板指示灯判断火灾自动报警控制器的工作状态。

主电源故障（黄色）：控制器主电源发生故障时，指示灯亮。选项B正确。

25.【答案】C

【解析】通过面板指示灯判断火灾自动报警控制器的工作状态。

备用电源故障（黄色）：控制器备用源发生故障时，指示灯亮。选项C正确。

26.【答案】D

【解析】通过面板指示灯判断火灾自动报警控制器的工作状态。

启动指示（红色）：控制器发出控制模块启动命令后，指示灯亮。选项D正确。

27.【答案】A

【解析】通过面板指示灯判断火灾自动报警控制器的工作状态。

反馈指示（红色）：控制模块收到联动设备反馈信号时，指示灯亮。选项A正确。

28.【答案】D

【解析】通过面板指示灯判断火灾自动报警控制器的工作状态。

监管报警（红色）：有监管设备报警时，指示灯亮。选项D正确。

29.【答案】B

【解析】通过面板指示灯判断火灾自动报警控制器的工作状态。

主电源工作（绿色）：控制器使用主电源工作时，指示灯亮。选项 B 正确。

30.【答案】C

【解析】通过面板指示灯判断火灾自动报警控制器的工作状态。

备用电源工作（绿色）：控制器使用备用电源工作时，指示灯亮。选项 C 正确。

31.【答案】D

【解析】通过面板指示灯判断火灾自动报警控制器的工作状态。

延时指示（红色）：控制模块启动延时过程中，指示灯亮。选项 D 正确。

32.【答案】C

【解析】通过面板指示灯判断火灾自动报警控制器的工作状态。

消声指示（绿色）：消除控制器报警声音信号后，指示灯亮。选项 C 正确。

33.【答案】C

【解析】通过面板指示灯判断火灾自动报警控制器的工作状态。

气体喷洒（红色）：收到气体喷洒反馈信号时，指示灯亮。选项 C 正确。

34.【答案】B

【解析】通过面板指示灯判断火灾自动报警控制器的工作状态。

全局手动（绿色）：控制器所有控制模块处于"手动"启动方式时，指示灯亮。选项 B 正确。

35.【答案】A

【解析】通过面板指示灯判断火灾自动报警控制器的工作状态。

全局自动（绿色）：控制器所有控制模块处于"自动"启动方式时，指示灯亮。选项 A 正确。

36.【答案】A

【解析】通过面板指示灯判断火灾自动报警控制器的工作状态。

输出禁止（黄色）：控制器所有控制模块处于禁止输出时，指示灯亮。选项 A 正确。

37.【答案】A

【解析】通过面板指示灯判断火灾自动报警控制器的工作状态。

漏电报警（红色）：有漏电设备报警时，指示灯亮。选项 A 正确。

38.【答案】C

【解析】通过面板指示灯判断火灾自动报警控制器的工作状态。

通信故障（黄色）：主控部分与多功能板或节点设备发生通信故障时，指示灯亮。选项 C 正确。

39.【答案】A

【解析】通过面板指示灯判断火灾自动报警控制器的工作状态。

本机发送（红色）：控制器联网本机有信号发送时，指示灯闪亮。选项 A 正确。

40.【答案】C

【解析】通过面板指示灯判断火灾自动报警控制器的工作状态。

本机接收（红色）：控制器联网本机接收到其他控制器发送的信号时，指示灯闪亮。选项 C 正确。

41.【答案】B

【解析】通过面板指示灯判断火灾自动报警控制器的工作状态。

漏电断电（红色）：有漏电设备断电时，指示灯亮。选项 B 正确。

42.【答案】D

【解析】通过面板指示灯判断火灾自动报警控制器的工作状态。

公共故障（黄色）：控制器任何一部分发生故障时，指示灯亮。选项 D 正确。

43.【答案】D

【解析】主电源工作：主电源工作指示灯（绿色）点亮，控制器由 AC 220V 电源供电。选项 D 正确。

44.【答案】B

【解析】通过面板指示灯判断火灾自动报警控制器的工作状态。

主电源工作（绿色）：控制器使用主电源工作时，指示灯亮。选项 B 错误。

45.【答案】B

【解析】查看主电源工作状态。

1）正常状态：主电源工作指示灯（绿色）点亮，控制器由 AC 220V 电源供电工作。

2）故障状态：主电源工作指示灯熄灭，控制器主电源故障指示灯（黄色）、公共故障指示灯（黄色）点亮。选项 B 正确。

46.【答案】D

【解析】查看备用电源工作状态。

1）正常状态：主电源工作正常时，备用电源不工作，备用电源工作指示灯（绿色）熄灭；主电源断电时，备用电源工作指示灯点亮。

2）故障状态：当备用电源出现故障时，备用电源工作指示灯熄灭，控制器备用电源故障指示灯（黄色）、公共故障指示灯（黄色）点亮。选项 D 正确。

47.【答案】B

【解析】火灾自动报警系统的工作状态及判断方法。

火灾自动报警系统的工作状态主要包括主/备用电源工作状态、火警指示状态、设备反馈指示状态、设备启动指示状态、消声状态、屏蔽状态、系统故障状态、主/备用电源故障状态、通信故障状态等。工作状态可通过面板指示灯、提示音和文字等方式显示出来。选项 B 正确。

二、多项选择题

1.【答案】ABC

【解析】集中火灾报警控制器主要包括显示板（含显示屏）、指示灯、开关和按钮、打印机、主板、输入/输出控制板、音响器件、网络接口组件、电源装置（含电池）、外壳等器件。

2.【答案】ABCD

【解析】集中火灾报警控制器的主要功能如下：

1）火灾报警功能。控制器应能直接或间接地接收来自火灾探测器及其他火灾报警触发器件的火灾报警信号，发出火灾报警声、光信号，指示火灾发生部位，记录火灾报警时间。选项 B 正确。

2）火灾报警控制功能。控制器在火灾报警状态下应有火灾声和/或光警报器控制输出，还可设置其他控制输出。选项 C 正确。

3）故障报警功能。当控制器内部、控制器与其连接的部件间发生故障时，控制器应能显示故障部位、故障类型等所有故障信息。

4）自检功能。控制器应能检查设备本身的火灾报警功能，且在自检期间，受其控制的外接设备和输出接点均不应动作。自检功能也不能影响非自检部位、探测区和控制器本身的火灾报警功能。选项 A 正确。

5）信息显示与查询功能。控制器信息显示按火灾报警、监管报警及其他状态顺序由高至低排列信息显示等级，高等级的状态信息应优先显示，低等级状态信息显示不应影响高等级状态信息显示，显示的信息应与对应的状态一致且易于辨识。选项 D 正确。

6）电源功能。控制器的电源部分应具有主电源和备用电源转换装置。

7）系统兼容功能。区域控制器和集中控制器之间应能相互收、发相关信息和/或指令。

8）软件控制功能（仅适用于软件实现控制功能的控制器）。控制器应能监视程序运行和其存储器内容，当出错时应发出故障信号。在程序执行出错时，控制器应进入安全状态。

3. 【答案】ABCD

【解析】消防联动控制器的主要功能如下：

1）控制功能。消防联动控制器应能按设定的逻辑直接或间接控制其连接的各类受控消防设备。选项 A 正确。

2）故障报警功能。当发生故障时，消防联动控制器应发出与火灾报警信号有明显区别的故障声、光信号。选项 B 正确。

3）自检功能。消防联动控制器应能检查本机的功能，在执行自检功能期间，其受控设备均不应动作。选项 C 正确，选项 E 错误。

4）信息显示与查询功能。消防联动控制器可以采用数字和/或字母（字符）显示相关信息。选项 D 正确。

5）电源功能。消防联动控制器的电源部分应具有主电源和备用电源转换装置。当主电源断电时，能自动转换到备用电源；当主电源恢复时，能自动转换到主电源。

4. 【答案】AB

【解析】1. 主电源工作

1）正常状态

主电源工作指示灯（绿色）点亮，控制器由 AC 220V 电源供电。选项 A 正确。

2）故障状态

主电源工作指示灯熄灭，控制器主电源故障指示灯（黄色）点亮。选项 B 正确，选项 E 错误。

2. 备用电源工作

1）正常状态

主电源工作正常时，备用电源不工作，备用电源工作指示灯（绿色）熄灭；主电源断电时，备用电源工作指示灯点亮。选项 C 错误。

2）故障状态

当备用电源出现故障时，备用电源工作指示灯熄灭，控制器备用电源故障指示灯（黄色）点亮。

火灾自动报警系统的控制器不可以长时间处于备用电源工作状态，否则将导致蓄电池亏电损坏。选项 D 错误。

5. 【答案】ABC

【解析】火灾自动报警系统的工作状态及判断方法。

火灾自动报警系统的工作状态主要包括主/备用电源工作状态、火警指示状态、设备反馈指示状态、设备启动指示状态、消声状态、屏蔽状态、系统故障状态、主/备用电源故障状态、通信故障状态等。工作状态可通过面板指示灯、提示音和文字等方式显示出来。

6. 【答案】BCD

【解析】集中火灾报警控制器的主要功能有火灾报警功能、火灾报警控制功能、故障报警功能、自检功能、信息显示与查询功能、电源功能、系统兼容功能、软件控制功能。

消防联动控制器的主要功能有控制功能、故障报警功能、自检功能、信息显示与查询功能、电源功能。

7. 【答案】AC

【解析】消防控制室图形显示装置的主要功能有图形显示功能、火灾报警和联动状态显示功能、故障状态显示、通信故障报警功能、信息记录功能。

三、判断题

1. 【答案】正确

【解析】集中火灾报警控制器、消防联动控制器、消防控制室图形显示装置的功能：火灾自动报警系统肩负着探测火灾早期特征、发出火灾报警信号，为人员疏散、防止火灾蔓延和启动自动灭火设备提供控制与指示的消防任务。

2. 【答案】正确

【解析】集中火灾报警控制器的火灾报警功能：控制器应能直接或间接地接收来自火灾探测器及其他火灾报警触发器件的火灾报警信号，发出火灾报警声/光信号，指示火灾发生部位，记录火灾报警时间。

3. 【答案】正确

【解析】集中火灾报警控制器的火灾报警控制功能：控制器在火灾报警状态下应有火灾声和/或光警报器控制输出，还可设置其他控制输出。

4. 【答案】正确

【解析】集中火灾报警控制器的故障报警功能：当控制器内部、控制器与其连接的部件间发生故障时，控制器应能显示故障部位、故障类型等所有故障信息。

5. 【答案】错误

【解析】集中火灾报警控制器的自检功能：控制器应能检查设备本身的火灾报警功能，且在自检期间，受其控制的外接设备和输出接点均不应动作。自检功能也不能影响非自检部位、探测区和控制器本身的火灾报警功能。

6.【答案】正确

【解析】集中火灾报警控制器的信息显示与查询功能：控制器信息显示按火灾报警、监管报警及其他状态顺序由高至低排列信息显示等级，高等级状态信息应优先显示，低等级状态信息显示不应影响高等级状态信息显示，显示的信息应与对应的状态一致且易于辨识。

7.【答案】正确

【解析】集中火灾报警控制器的电源功能：控制器的电源部分应具有主电源和备用电源转换装置。

8.【答案】正确

【解析】消防联动控制器的信息显示与查询功能：消防联动控制器可以采用数字和/或字母（字符）显示相关信息。

9.【答案】正确

【解析】消防控制室图形显示装置用于传输、接收、显示和记录保护区域内的火灾探测报警与各相关控制系统，以及系统中的各类消防设备（设施）运行的动态信息和消防管理信息。

10.【答案】错误

【解析】消防控制室图形显示装置的图形显示功能：消防控制室图形显示装置应能显示建筑总平面布局图、每个保护对象的建筑平面图、系统图等。

11.【答案】正确

【解析】火灾自动报警系统的工作状态及判断方法中火灾自动报警系统的工作状态主要包括主/备用电源工作状态、火警指示状态、设备反馈指示状态、设备启动指示状态、消声状态、屏蔽状态、系统故障状态、主/备用电源故障状态、通信故障状态等。

12.【答案】正确

【解析】火灾自动报警系统控制器的电源工作状态的检查方法：火灾自动报警系统控制器的电源工作状态分为主电源工作状态和备用电源工作状态。一般来讲，火灾自动报警系统控制器的主、备用电源开关位于火灾自动报警系统控制器的背面，打开控制器背板，就可以看到主电源开关和备用电源开关。

13.【答案】错误

【解析】备用电源工作：故障状态。当备用电源出现故障时，备用电源工作指示灯熄灭，控制器备用电源故障指示灯（黄色）、公共故障指示灯（黄色）点亮。

14.【答案】正确

【解析】火灾自动报警系统控制器不可长时间处于备用电源工作状态，否则将导致蓄电池亏电损坏。

15.【答案】错误

【解析】通过面板指示灯判断火灾自动报警控制器的工作状态。火警指示（红色）：探测器发生火警后，指示灯亮。

16.【答案】正确

【解析】主电源工作（正常状态）：主电源工作指示灯（绿色）点亮，控制器由 AC 220V 电源供电。

17.【答案】错误

【解析】火灾自动报警系统控制器的电源工作状态分为主电源工作状态和备用电源工作状态两种。

18.【答案】正确

【解析】系统中的集中火灾报警控制器、消防联动控制器、消防控制室图形显示装置一般应设置在消防控制室内或有人值班的房间和场所。

19.【答案】错误

【解析】消防联动控制器通过接收火灾报警控制器发出的火灾报警信息，按预设逻辑对建筑中设置的自动消防系统（设施）进行联动控制。

培训单元2 判断自动喷水灭火系统工作状态

一、单项选择题

1.【答案】B

【解析】自动喷水灭火系统的分类：自动喷水灭火系统是以水为灭火剂，在火灾发生时，可不依赖于人工干预，自动完成火灾探测、报警、启动系统和喷水控（灭）火的系统，是应用范围最广、用量最多且造价低廉的自动灭火系统之一。

根据所安装喷头的结构形式不同，自动喷水灭火系统可分为闭式系统和开式系统两大类；根据系统的用途和配置情况不同，自动喷水灭火系统又可分为湿式系统、干式系统、预作用系统、重复启闭预作用系统、雨淋系统、水幕系统等。

2.【答案】A

【解析】采用闭式洒水喷头的自动喷水灭火系统称为闭式系统，主要有湿式系统、干式系统、预作用系统、重复启闭预作用系统。

3.【答案】D

【解析】 采用开式洒水喷头的自动灭火系统称为开式系统，主要有雨淋系统、水幕系统。

4. **【答案】** A

【解析】 1. 闭式喷头

闭式喷头是具有释放机构的洒水喷头，其喷水口平时由热敏感元件组成的释放机构封闭，发生火灾时受热开启。闭式喷头承担着探测火灾、启动系统和喷水灭火的任务，是闭式自动喷水灭火系统的关键组件，主要应用于湿式、干式和预作用自动喷水灭火系统。使用闭式喷头灭火或防护冷却的系统属于闭式系统。选项 B、选项 C、选项 D 错误。

2. 开式喷头

开式喷头是无释放机构的洒水喷头，其喷水口保持常开状态。开式喷头承担着喷水灭火的任务，是开式自动喷水灭火系统的重要组成部分，主要应用于雨淋、水幕及水喷雾自动喷水灭火系统。湿式、干式自动喷水灭火系统和重复启闭预作用系统用的都是闭式喷头，属于闭式系统；雨淋系统和水幕系统用的是开式喷头，属于开式系统。使用开式喷头灭火或防护冷却的系统属于开式系统。选项 A 正确。

5. **【答案】** C

【解析】 水幕系统主要用于防火分隔和防护冷却系统，喷头使用的是开式喷头，属于开式系统。干式系统、湿式系统和重复启闭预作用系统使用的都是闭式喷头，属于闭式系统。

6. **【答案】** A

【解析】 1. 闭式喷头

闭式喷头是具有释放机构的洒水喷头，其喷水口平时由热敏感元件组成的释放机构封闭，发生火灾时受热开启。闭式喷头承担着探测火灾、启动系统和喷水灭火的任务，是闭式自动喷水灭火系统的关键组件，主要应用于湿式、干式和预作用自动喷水灭火系统。使用闭式喷头灭火或防护冷却的系统属于闭式系统。选项 B、选项 C、选项 D 错误。

2. 开式喷头

开式喷头是无释放机构的洒水喷头，其喷水口保持常开状态。开式喷头承担着喷水灭火的任务，是开式自动喷水灭火系统的重要组成部分，主要应用于雨淋、水幕及水喷雾自动喷水灭火系统。湿式、干式自动喷水灭火系统和重复启闭预作用系统用的都是闭式喷头，属于闭式系统；雨淋系统和水幕系统用的是开式喷头，属于开式系统。使用开式喷头灭火或防护冷却的系统属于开式系统。选项 A 正确。

139

7.【答案】B

【解析】1. 闭式喷头

闭式喷头是具有释放机构的洒水喷头,其喷水口平时由热敏感元件组成的释放机构封闭,发生火灾时受热开启。闭式喷头承担着探测火灾、启动系统和喷水灭火的任务,是闭式自动喷水灭火系统的关键组件,主要应用于湿式、干式和预作用自动喷水灭火系统。使用闭式喷头灭火或防护冷却的系统属于闭式系统。选项 A、选项 C、选项 D 错误。

2. 开式喷头

开式喷头是无释放机构的洒水喷头,其喷水口保持常开状态。开式喷头承担着喷水灭火的任务,是开式自动喷水灭火系统的重要组成部分,主要应用于雨淋、水幕及水喷雾自动喷水灭火系统。湿式、干式自动喷水灭火系统和重复启闭预作用系统用的都是闭式喷头,属于闭式系统;雨淋系统和水幕系统用的是开式喷头,属于开式系统。使用开式喷头灭火或防护冷却的系统属于开式系统。选项 B 正确。

8.【答案】B

【解析】报警阀组是使水能够自动单方向流入喷水系统配水管道并同时进行报警的阀组。湿式自动喷水灭火系统应采用湿式报警阀组,准工作状态时配接的配水管道内充满了用于启动系统的有压水。

9.【答案】A

【解析】报警阀组是使水能够自动单方向流入喷水系统配水管道并同时进行报警的阀组。湿式自动喷水灭火系统应采用湿式报警阀组,准工作状态时配接的配水管道内充满了用于启动系统的有压水。干式自动喷水灭火系统应采用干式报警阀组,准工作状态时配接的配水管道内充满了用于启动系统的有压气体。

10.【答案】C

【解析】预作用系统:准工作状态时配水管道内不充水,火灾发生时,由火灾自动报警系统、充气管道上的压力开关联锁控制预作用装置和启动消防水泵,向配水管道供水,喷头受热开放后即能喷水灭火。该系统综合了湿式系统和干式系统的优点,可有效避免因喷头误动作而造成的水渍损失。

11.【答案】A

【解析】雨淋系统:火灾发生时,由火灾自动报警系统或传动管控制自动开启雨淋报警阀组并启动消防水泵,与该雨淋报警阀组连接的所有开式喷头同时喷水灭火。

12.【答案】A

【解析】干式系统：准工作状态时配水管道内充满用于启动系统的有压气体，火灾发生时，喷头受热开放，配水管道排气充水后喷水。灭火系统响应速度比湿式系统慢，适用于环境温度低于4℃或高于70℃的场所，不采暖的场所可以安装干式系统。

13. 【答案】C

【解析】干式系统：准工作状态时配水管道内充满用于启动系统的有压气体，火灾发生时，喷头受热开放，配水管道排气充水后喷水。灭火系统响应速度比湿式系统慢，适用于环境温度低于4℃或高于70℃的场所，高温场所可以安装干式系统。

14. 【答案】B

【解析】水幕系统：该系统不具备直接灭火的能力，主要用于火灾发生时通过密集喷洒形成水墙或水帘来阻隔火蔓延及热扩散，或直接喷洒到被保护对象上来冷却、降温。

15. 【答案】B

【解析】雨淋系统适用于以下几方面：

1）火灾的水平蔓延速度快、闭式喷头的开放不能及时使喷水有效覆盖着火区域的场所。

2）室内净空高度超过闭式系统最大允许净空高度，且必须迅速扑救初期火灾的场所。

3）严重危险级Ⅱ级场所。

16. 【答案】D

【解析】预作用系统适用于以下几方面：

1）系统处于准工作状态时严禁误喷的场所。

2）系统处于准工作状态时严禁配水管道充水的场所。

3）用于替代干式系统的场所。

17. 【答案】D

【解析】预作用系统适用于以下几方面：

1）系统处于准工作状态时严禁误喷的场所。

2）系统处于准工作状态时严禁配水管道充水的场所。

3）用于替代干式系统的场所。

18. 【答案】D

【解析】雨淋系统适用于以下几方面：

1）火灾的水平蔓延速度快、闭式喷头的开放不能及时使喷水有效覆盖着火区域的场所。

2）室内净空高度超过闭式系统最大允许净空高度，且必须迅速扑救初期火灾的场所。

3）严重危险级Ⅱ级场所。

19.【答案】C

【解析】水幕系统适用于以下几方面：

1）设置防火卷帘或防火幕等简易防火分隔物的上部。

2）不能使用防火墙分隔的开口部位（如舞台口）。

3）相邻建筑物之间的防火间距不能满足要求时，建筑物外墙上的门、窗、洞口处。

4）石油化工企业中的防火分区或生产装置、设备之间。

5）其他需要进行水幕保护或防火隔断的部位。

20.【答案】C

【解析】水幕系统：该系统不具备直接灭火的能力，主要用于火灾发生时通过密集喷洒形成水墙或水帘来阻隔火蔓延及热扩散，也就是防火分隔水幕或直接喷洒到被保护对象上来冷却、降温，也就是防护冷却水幕。

21.【答案】D

【解析】水幕系统：该系统不具备直接灭火的能力，主要用于火灾发生时通过密集喷洒形成水墙或水帘来阻隔火蔓延及热扩散，或直接喷洒到被保护对象上来冷却、降温。

22.【答案】C

【解析】报警阀组是使水能够自动单方向流入喷水系统配水管道同时进行报警的阀组。湿式自动喷水灭火系统应采用湿式报警阀组，准工作状态时配接的配水管道内充满了用于启动系统的有压水，主要由湿式报警阀、延迟器、水力警铃、控制阀、压力开关等组成。

23.【答案】C

【解析】水力警铃是一种能发出声响的水力驱动报警装置，安装在报警阀组的报警管路上，是报警阀组的主要组件之一。

24.【答案】C

【解析】压力开关是一种压力传感器，其作用是将系统中的水压信号转换为电信号。火灾发生时，为保证系统稳定可靠地供水，应由系统管网压力开关、报警阀组压力开关等直接控制消防水泵的启动并向消防控制中心反馈其动作信号。

25.【答案】B

【解析】延迟器安装在湿式报警阀后的报警管路上,是可最大限度减少因水源压力波动或冲击而造成误报警的一种容积式装置。

26.【答案】B

【解析】自动喷水灭火系统组件的工作状态:该系统正常工作状态是指火灾发生时洒水喷头动作喷水以及日常开展各种功能检查和测试等工作时的状态。当系统处于不同工作情形时,系统各组件的工作状态也不同。如火灾发生时,报警阀开启,打通输水通道;水力警铃动作并发出声报警信号,该声响在3m远处声强不低于70dB;压力开关动作,联锁启动消防水泵,并向火灾自动报警系统发出压力开关动作信号。

27.【答案】D

【解析】消防供水设施通常包括消防水源、高位消防水箱、增(稳)压设施、消防水泵和消防水泵接合器,主要用于为自动喷水灭火系统提供水量和水压保证,是自动喷水灭火系统的重要组成部分。

28.【答案】A

【解析】干式自动喷水灭火系统主要由闭式喷头、干式报警阀组、充气和气压维持设备、水流指示器、末端试水装置、管道及供水设施等组成。

29.【答案】B

【解析】湿式自动喷水灭火系统主要由闭式喷头、湿式报警阀组、水流指示器、末端试水装置、管道和供水设施等组成。

30.【答案】D

【解析】末端试水装置由试水阀、压力表、试水接头等组成。其作用是检验自动喷水灭火系统的可靠性,测试系统能否在开放一只喷头的最不利条件下可靠报警并正常启动,测试水流指示器、报警阀、压力开关、水力警铃的动作是否正常,配水管道是否畅通,以及系统最不利点处的工作压力等,也可以检测干式系统和预作用系统的充水时间。

31.【答案】D

【解析】检查判断报警阀组的工作状态,做法如下:

1)检查报警阀组组件的齐全性和外观完整性。

2)检查各管路阀门启闭状态和各处压力表指示。

3)测试报警阀、延迟器、压力开关和水力警铃的动作情况。

正常工况下报警阀组各控制阀启闭状态如下图所示。泄水阀：常闭，报警阀试验时打开；报警管路控制阀：常开；警铃试验阀：常闭，警铃试验时打开；水源侧管路控制阀（信号阀）：常开。

32.【答案】C

【解析】自动喷水灭火系统工作状态的检查判断，可以沿水流方向依序进行。以湿式系统为例，检查判断消防供水设施的工作状态，做法如下：

1）检查消防供水设施组件的齐全性、外观完整性、系统和组件标识。

2）检查就地水位显示装置，核校有效储水量。

3）检查各管路及气压罐压力表指示，进、出水等管路阀门的启闭状态和锁定情况。

4）检查消防泵组电气控制柜的供电和各项切换功能，手动/自动转换开关应处于自动位置。

5）测试消防泵组手动启停功能和稳压泵自动启停功能。

选项 C 为检查判断末端试水装置工作状态的检查项目。

33.【答案】D

【解析】检查判断末端试水装置工作状态，做法如下：

1）检查末端试水装置组件的齐全性和外观完整性。

2）检查工作环境和排水设施设置情况。

3）测试末端试水装置功能。

选项 D 为管网附件的检查项目。

34.【答案】A

【解析】在湿式和干式自动喷水灭火系统中，闭式喷头担负着探测火灾、启动系统和喷水灭火的任务，其喷水口平时由热敏感元件组成的释放机构封闭，火灾发生时受热开启。

35.【答案】B

【解析】延迟器安装在湿式报警阀后的报警管路上，是可最大限度减少因水源压力波动或冲击而造成误报警的一种容积式装置。

二、多项选择题

1. 【答案】ACE

【解析】湿式自动喷水系统中，水源侧管路控制阀和系统侧管路控制阀平时需要处于常开状态，如果关闭则无法正常向系统供水；报警管路控制阀平时也需要处于常开状态，如果关闭则系统发生火灾时水无法进入到报警管路，水力警铃和压力开关无法正常动作。报警阀的泄水阀，平时需要处于关闭状态，警铃试验阀平时常闭，测试时打开。

2. 【答案】AB

【解析】自动喷水灭火系统的分类：

根据所安装喷头的结构形式不同，自动喷水灭火系统可分为闭式系统和开式系统两大类；根据系统的用途和配置情况不同，自动喷水灭火系统又可分为湿式系统、干式系统、预作用系统、重复启闭预作用系统、雨淋系统、水幕系统等。

3. 【答案】AB

【解析】1. 闭式喷头

闭式喷头是具有释放机构的洒水喷头，其喷水口平时由热敏感元件组成的释放机构封闭，发生火灾时受热开启。闭式喷头承担着探测火灾、启动系统和喷水灭火的任务，是闭式自动喷水灭火系统的关键组件，主要应用于湿式、干式和预作用自动喷水灭火系统。使用闭式喷头灭火或防护冷却的系统属于闭式系统。选项C、选项D、选项E错误。

2. 开式喷头

开式喷头是无释放机构的洒水喷头，其喷水口保持常开状态。开式喷头承担着喷水灭火的任务，是开式自动喷水灭火系统的重要组成部分，主要应用于雨淋、水幕及水喷雾自动喷水灭火系统。湿式、干式自动喷水灭火系统和重复启闭预作用系统用的都是闭式喷头，属于闭式系统；雨淋系统和水幕系统用的是开式喷头，属于开式系统。使用开式喷头灭火或防护冷却的系统属于开式系统。选项A、选项B正确。

4. 【答案】BCD

【解析】选项A选湿式系统，选项E选雨淋系统。选项B、选项C、选项D都属于预作用自动灭火系统的应用场合。

5. 【答案】BCDE

【解析】 1. 闭式喷头

闭式喷头是具有释放机构的洒水喷头，其喷水口平时由热敏感元件组成的释放机构封闭，发生火灾时受热开启。闭式喷头承担着探测火灾、启动系统和喷水灭火的任务，是闭式自动喷水灭火系统的关键组件，主要应用于湿式、干式和预作用自动喷水灭火系统。使用闭式喷头灭火或防护冷却的系统属于闭式系统。选项 B、选项 C、选项 D、选项 E 正确。

2. 开式喷头

开式喷头是无释放机构的洒水喷头，其喷水口保持常开状态。开式喷头承担着喷水灭火的任务，是开式自动喷水灭火系统的重要组成部分，主要应用于雨淋、水幕及水喷雾自动喷水灭火系统。湿式、干式自动喷水灭火系统和重复启闭预作用系统用的都是闭式喷头，属于闭式系统；雨淋系统和水幕系统用的是开式喷头，属于开式系统。使用开式喷头灭火或防护冷却的系统属于开式系统。选项 A 错误。

6. **【答案】** ACDE

【解析】 湿式自动喷水灭火系统主要由闭式喷头、湿式报警阀组、水流指示器、末端试水装置、管道和供水设施等组成。

7. **【答案】** ABCDE

【解析】 末端试水装置的试验功能：

末端试水装置由试水阀、压力表、试水接头等组成，其作用是检验自动喷水灭火系统的可靠性，测试系统能否在开放一只喷头的最不利条件下可靠报警并正常启动，测试水流指示器、报警阀、压力开关、水力警铃的动作是否正常，配水管道是否畅通，以及系统最不利点处的工作压力等，也可以用于检测干式系统和预作用系统的充水时间。

8. **【答案】** ABCDE

【解析】 自动喷水灭火系统的工作状态：

自动喷水灭火系统的工作状态可以简单划分为系统正常工作状态、准工作状态（也称系统日常待命时的状态，伺应状态）和故障状态。

9. **【答案】** ABCE

【解析】 湿式自动喷水灭火系统主要由闭式喷头、报警阀组、水流报警装置（水流指示器或压力开关）等组件，以及管道和供水设施等组成。

10. **【答案】** CD

【解析】 1. 报警阀

湿式报警阀是只允许水流入湿式灭火系统并在规定压力、流量下驱动配套部件报警的一种单向阀,是湿式报警阀组的核心组件。选项 D 正确。

干式报警阀是在其出口侧充入压缩气体,当气压低于某一定值时能使水自动流入配水管道并进行报警的单向阀,是干式报警阀组的核心组件。

2. 延迟器

延迟器安装在湿式报警阀后的报警管路上,是可最大限度减少因水源压力波动或冲击而造成误报警的一种容积式装置。选项 C 正确。

3. 压力开关

压力开关是一种压力传感器,其作用是将系统中的水压信号转换为电信号。火灾发生时,为保证系统稳定可靠地供水,应由系统管网压力开关、报警阀组压力开关等,直接控制消防水泵的启动并向消防控制中心反馈其动作信号。选项 A 错误。

4. 水力警铃

水力警铃是一种能发出声响的水力驱动报警装置,安装在报警阀组的报警管路上,是报警阀组的主要组件之一。选项 B 错误。

5. 水流指示器

在自动喷水灭火系统中,水流指示器是将水流信号转换成电信号的一种水流报警装置,水流指示器的功能是及时报告发生火灾的部位。

三、判断题

1. 【答案】正确

【解析】自动喷水灭火系统是以水为灭火剂,在火灾发生时,可不依赖于人工干预,自动完成火灾探测、报警、启动系统和喷水控(灭)火的系统,是应用范围最广、用量最多且造价低廉的自动灭火系统之一。

2. 【答案】正确

【解析】湿式、干式自动喷水灭火系统主要由闭式喷头、报警阀组、水流报警装置(水流指示器或压力开关)等组件,以及管道和供水设施等组成。

3. 【答案】错误

【解析】报警阀组是使水能够自动单方向流入喷水系统配水管道同时进行报警的阀组。湿式自动喷水灭火系统应采用湿式报警阀组,准工作状态时配接的配水管道内充满了用于启动系统的有压水。

4. 【答案】错误

【解析】报警阀组是使水能够自动单方向流入喷水系统配水管道同时进行报警

的阀组。湿式自动喷水灭火系统应采用湿式报警阀组，准工作状态时配接的配水管道内充满了用于启动系统的有压水。干式自动喷水灭火系统应采用干式报警阀组，准工作状态时配接的配水管道内充满了用于启动系统的有压气体。

5.【答案】正确

【解析】湿式报警阀是只允许水流入湿式灭火系统并在规定压力、流量下驱动配套部件报警的一种单向阀，是湿式报警阀组的核心组件。

6.【答案】正确

【解析】报警阀组是使水能够自动单方向流入喷水系统配水管道同时进行报警的阀组。

7.【答案】错误

【解析】湿式报警阀是只允许水流入湿式灭火系统并在规定压力、流量下驱动配套部件报警的一种单向阀，是湿式报警阀组的核心组件。

干式报警阀是在其出口侧充入压缩气体，当气压低于某一定值时能使水自动流入配水管道并进行报警的单向阀，是干式报警阀组的核心组件。

8.【答案】正确

【解析】水力警铃是一种能发出声响的水力驱动报警装置，安装在报警阀组的报警管路上，是报警阀组的主要组件之一。

9.【答案】正确

【解析】延迟器安装在湿式报警阀后的报警管路上，是可最大限度减少因水源压力波动或冲击而造成误报警的一种容积式装置。

10.【答案】正确

【解析】压力开关是一种压力传感器，其作用是将系统中的水压信号转换为电信号。火灾发生时，为保证系统稳定可靠地供水，应由系统管网压力开关、报警阀组压力开关等直接控制消防水泵的启动并向消防控制中心反馈其动作信号。

11.【答案】正确

【解析】消防供水设施通常包括消防水源、高位消防水箱、增（稳）压设施、消防水泵和消防水泵接合器，主要用于为自动喷水灭火系统提供水量和水压保证，是自动喷水灭火系统的重要组成部分。

12.【答案】正确

【解析】水流指示器是将水流信号转换为电信号的一种报警装置，一般安装在自动喷水灭火系统的分区配水管上，其作用是监测和指示开启喷头所在的位置分区，产生动作信号。

13. 【答案】错误

【解析】自动喷水灭火系统组件的工作状态：

系统正常工作状态是指火灾发生时洒水喷头动作喷水以及日常开展各种功能检查和测试等工作时的状态。当系统处于不同工作情形时，系统各组件的工作状态也不同。准工作状态（也称系统日常待命时的状态、伺应状态）。

14. 【答案】错误

【解析】自动喷水灭火系统组件的工作状态：

系统正常工作状态是指火灾发生时洒水喷头动作喷水以及日常开展各种功能检查和测试等工作时的状态。当系统处于不同工作情形时，系统各组件的工作状态也不同。如火灾发生时，受高温烟气作用喷头动作喷水，且出水压力不低于0.05MPa。

15. 【答案】正确

【解析】自动喷水灭火系统组件的工作状态：

系统正常工作状态是指火灾发生时洒水喷头动作喷水以及日常开展各种功能检查和测试等工作时的状态。当系统处于不同工作情形时，系统各组件的工作状态也不同。如火灾发生时，报警阀开启，打通输水通道；水力警铃动作并发出声报警信号，该声响在3m远处声强不低于70dB；压力开关动作，联锁启动消防水泵，并向火灾自动报警系统发出压力开关动作信号。

16. 【答案】正确

【解析】闭式喷头：在湿式和干式自动喷水灭火系统中，闭式喷头担负着探测火灾、启动系统和喷水灭火的任务，其喷水口平时由热敏感元件组成的释放机构封闭，火灾发生时受热开启。

17. 【答案】错误

【解析】根据所安装喷头的结构形式不同，自动喷水灭火系统可分为闭式系统和开式系统两大类；根据系统的用途和配置情况不同，自动喷水灭火系统又可分为湿式系统、干式系统、预作用系统、重复启闭预作用系统、雨淋系统、水幕系统等。

18. 【答案】错误

【解析】水流指示器是将水流信号转换为电信号的一种报警装置，一般安装在自动喷水灭火系统的分区配水管上，其作用是监测和指示开启喷头所在的位置分区，产生动作信号。

培训单元3　判断防烟排烟系统工作状态

一、单项选择题

1.【答案】B

【解析】防烟系统可分为自然通风系统和机械加压送风系统。建筑高度大于50m的公共建筑、工业建筑和建筑高度大于的住宅建筑，其防烟楼梯间、独立前室、共用前室、合用前室及消防电梯前室应采用机械加压送风系统。建筑高度小于或等于50m的公共建筑、工业建筑和建筑高度小于或等于100m的住宅建筑，其防烟楼梯间、独立前室、共用前室、合用前室（除共用前室与消防电梯前室合用外）及消防电梯前室应采用自然通风系统；当不能设置自然通风系统时，应采用机械加压送风系统。

2.【答案】A

【解析】防烟系统可分为自然通风系统和机械加压送风系统。建筑高度大于50m的公共建筑、工业建筑和建筑高度大于的住宅建筑，其防烟楼梯间、独立前室、共用前室、合用前室及消防电梯前室应采用机械加压送风系统。建筑高度小于或等于50m的公共建筑、工业建筑和建筑高度小于或等于100m的住宅建筑，其防烟楼梯间、独立前室、共用前室、合用前室（除共用前室与消防电梯前室合用外）及消防电梯前室应采用自然通风系统；当不能设置自然通风系统时，应采用机械加压送风系统。

3.【答案】A

【解析】机械加压送风系统主要由送风机、风道、送风口以及电气控制柜等组成。

4.【答案】A

【解析】机械排烟系统主要由挡烟壁（活动式或固定式挡烟垂壁，或挡烟隔墙、挡烟梁）、排烟口、排烟防火阀、排烟阀（或带有排烟阀的排烟口）、排烟道、排烟风机和排烟出口等组成。

5.【答案】D

【解析】排烟系统是通过采用自然排烟或机械排烟的方式，将房间、走道等空间的火灾烟气排至建筑物外的系统。

6.【答案】B

【解析】建筑高度超过50m的公共建筑和建筑高度超过100m的住宅，其排烟系统应竖向分段独立设置，且公共建筑每段高度不应超过 50m，住宅建筑每段高度不应超过 100m。

7. 【答案】C

【解析】建筑高度超过 50m 的公共建筑和建筑高度超过 100m 的住宅，其排烟系统应竖向分段独立设置，且公共建筑每段高度不应超过 50m，住宅建筑每段高度不应超过 100m。

8. 【答案】D

【解析】挡烟设施主要有活动式或固定式挡烟垂壁或挡烟隔墙、挡烟梁。

9. 【答案】C

【解析】排烟防火阀是安装在机械排烟系统的管道上，平时呈开启状态，火灾时当排烟管道内烟气温度达到 280℃ 时关闭，并在一定时间内能满足漏烟量和耐火完整性要求，起隔烟阻火作用的阀门，一般由阀体、叶片、执行机构和温感器等部件组成。

10. 【答案】A

【解析】实施主/备用电源切换时，双电源转换开关应处于手动控制状态，测试完成后，恢复自动控制。

11. 【答案】B

【解析】建筑高度大于 50m 的公共建筑、工业建筑和建筑高度大于 100m 的住宅建筑，其防烟楼梯间、独立前室、共用前室、合用前室及消防电梯前室应采用机械加压送风系统。

12. 【答案】C

【解析】防烟系统是通过采用自然通风方式，防止火灾烟气在楼梯间、前室、避难层（间）等空间内积聚，或通过采用机械加压送风方式阻止火灾烟气侵入楼梯间、前室、避难层（间）等空间的系统。

当房间满足一定条件时，应设置排烟系统。

13. 【答案】D

【解析】机械加压送风机可采用中、低压离心风机或轴流风机。

14. 【答案】A

【解析】挡烟垂壁是用不燃材料制成，垂直安装在建筑顶棚、梁或吊顶下，能在火灾时形成一定蓄烟空间的挡烟分隔设施。按安装方式不同，可分为固定式挡烟垂壁和活动式挡烟垂壁，按挡烟部件的刚度性能不同，可分为柔性挡烟垂壁和刚性挡烟垂壁。选项 B、选项 C 正确。

排烟防火阀安装在机械排烟系统的管道上，平时呈开启状态。选项 A 错误。

排烟阀安装在机械排烟系统各支管端部（烟气吸入口）处，平时呈关闭状态并满足漏风量要求。选项 D 正确。

15. 【答案】B

【解析】排烟防火阀关闭和复位操作顺序如下图所示。

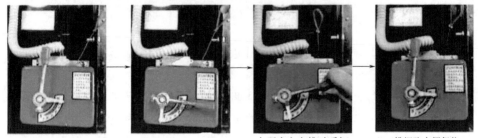

| 拉动拉环 | 排烟防火阀关闭 | 向开启方向推动手柄 | 排烟防火阀复位 |

16. 【答案】C

【解析】排烟阀是安装在机械排烟系统各支管端部（烟气吸入口）处，平时呈关闭状态并满足漏风量要求，火灾时可手动和电动启闭，起排烟作用的阀门，一般由阀体、叶片、执行机构等部件组成。

17. 【答案】D

【解析】送风口分为常开式、常闭式和自垂百叶式。常开式送风口即普通的固定叶片式百叶风口；常闭式送风口采用手动或电动开启，常用于前室或合用前室；自垂百叶式送风口平时靠百叶重力自行关闭，加压时自行开启，常用于防烟楼梯间。

二、多项选择题

1. 【答案】ABC

【解析】挡烟设施主要有活动式或固定式挡烟垂壁或挡烟隔墙、挡烟梁。

2. 【答案】ABC

【解析】机械防烟排烟系统的工作状态由构成系统的各组件工作状态决定，结合各组件在整个系统中的地位与作用、对系统整体功能的影响程度等因素，可通过开展组件外观检查、功能测试，综合利用直观判断、分析判断和技术比对等方法，做出检查判断结论。

3. 【答案】ABCD

【解析】检查判断排烟防火阀的工作状态，做法如下：

1）检查排烟防火阀组件的齐全性和外观完整性。

2）检查排烟防火阀的产品标识和安装方向。

3）检查排烟防火阀的当前启闭状态。

4）测试排烟防火阀的现场关闭功能和复位功能。

4.【答案】ABCD

【解析】检查判断送风（排烟）口工作状态，做法如下：

1）检查送风（排烟）口组件的齐全性和外观完整性。

2）测试送风（排烟）口的安装质量。

3）检查板式排烟口远程控制执行器（也称远距离控制执行器）的设置情况。

4）检查执行器的手动操控性能和信号反馈情况。

5.【答案】ABC

【解析】送风口分为常开式、常闭式和自垂百叶式。

6.【答案】BD

【解析】机械排烟系统主要由挡烟壁（活动式或固定式挡烟垂壁，或挡烟隔墙、挡烟梁）、排烟防火阀、排烟阀（或带有排烟阀的排烟口）、排烟道、排烟风机和排烟出口等组成。

三、判断题

1.【答案】错误

【解析】防烟系统是通过采用自然通风方式，防止火灾烟气在楼梯间、前室、避难层（间）等空间内积聚，或通过采用机械加压送风方式阻止火灾烟气侵入楼梯间、前室、避难层（间）等空间的系统。

2.【答案】正确

【解析】排烟系统是通过采用自然排烟或机械排烟的方式，将房间、走道等空间的火灾烟气排至建筑物外的系统，以控制建筑内的有烟区域保持一定能见度。

3.【答案】正确

【解析】机械排烟系统主要由挡烟壁（活动式或固定式挡烟垂壁，或挡烟隔墙、挡烟梁）、排烟防火阀、排烟阀（或带有排烟阀的排烟口）、排烟道、排烟风机和排烟出口等组成。

4.【答案】正确

【解析】机械加压送风系统主要由送风机、风道、送风口以及电气控制柜等组成。

5.【答案】错误

【解析】排烟阀是安装在机械排烟系统各支管端部（烟气吸入口）处，平时呈关闭状态并满足漏风量要求，火灾时可手动和电动启闭，起排烟作用的阀门，一般由阀体、叶片、执行机构等部件组成。

6.【答案】错误

【解析】排烟防火阀是安装在机械排烟系统的管道上，平时呈开启状态，火灾时当排烟管道内烟气温度达到280℃时关闭，并在一定时间内能满足漏烟量和耐火完整性要求，起隔烟阻火作用的阀门，一般由阀体、叶片、执行机构和温感器等部件组成。

7.【答案】错误

【解析】防烟系统是通过采用自然通风方式，防止火灾烟气在楼梯间、前室、避难层（间）等空间内积聚，或通过采用机械加压送风方式阻止火灾烟气侵入楼梯间、前室、避难层（间）等空间的系统。

8.【答案】正确

【解析】排烟系统是通过采用自然排烟或机械排烟的方式，将房间、走道等空间的火灾烟气排至建筑物外的系统。

9.【答案】错误

【解析】排烟防火阀安装在机械排烟系统的管道上，平时呈开启状态，火灾时当排烟管道内烟气温度达到280℃时关闭。

10.【答案】错误

【解析】排烟阀是安装在机械排烟系统各支管端部（烟气吸入口）处，平时呈关闭状态并满足漏风量要求，火灾时可手动和电动启闭，起排烟作用的阀门，一般由阀体、叶片、执行机构等部件组成。

11.【答案】错误

【解析】挡烟垂壁是用不燃材料制成，垂直安装在建筑顶棚、梁或吊顶下，能在火灾时形成一定蓄烟空间的挡烟分隔设施。

培训单元4 判断其他消防设施工作状态

一、单项选择题

1.【答案】C

【解析】电气火灾监控系统由电气火灾监控设备、剩余电流式电气火灾监控探测器、测温式电气火灾监控探测器、故障电弧探测器、图形显示装置等组成，如下图所示。

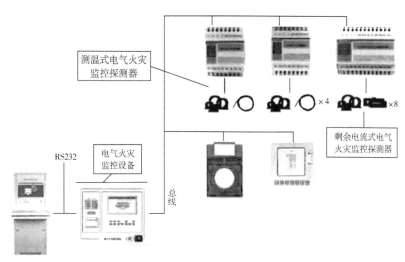

2. 【答案】A

【解析】电气火灾监控设备满足我国现行标准《电气火灾监控系统 第一部分：电气火灾监控设备》GB 14287.1，是电气火灾监控系统的核心控制单元，能为连接的电气火灾监控探测器供电。

3. 【答案】B

【解析】可燃气体探测报警系统由可燃气体报警控制器、可燃气体探测器、图形显示装置和火灾声光警报器等组成，如下图所示，当保护区域内可燃气体发生泄漏时能够发出报警信号，从而预防因燃气泄漏而引发的火灾和爆炸事故的发生。

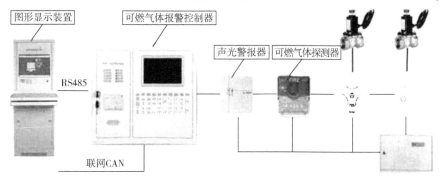

4. 【答案】C

【解析】可燃气体报警控制器是可燃气体探测报警系统的核心控制单元，能为所连接的可燃气体探测器供电、显示可燃气体浓度及接收可燃气体探测器发出的报警信号，并经过转换和处理发出声光报警信号，同时监测可燃气体探测器的状态、电源供电情况、连接线路情况，而且还是与监管人员进行人机交互的重要设备之一。

5. 【答案】A

【解析】剩余电流式电气火灾监控探测器配接模块满足我国现行标准《电气火灾监控系统 第二部分：剩余电流式电气火灾监控探测器》GB 14287.2，是检测低压配电线路中剩余电流的电气火灾监控探测器，以设置在低压配电系统首端为基本原则，宜设置在第一级配电柜（箱）的出线端；在供电线路泄漏电流大于500mA时，宜设置在其下一级配电柜（箱）。剩余电流式电气火灾监控探测器不宜设置在IT系统配电线路和消防配电线路中。

6. 【答案】C

【解析】电气火灾监控设备主要功能如下：

1）监控报警。电气火灾监控设备应能接收来自电气火灾监控探测器的监控报警信号，并在10s内发出声、光报警信号，指示报警部位，显示报警时间；应能实时接收来自电气火灾监控探测器测量的剩余电流值和温度值，剩余电流值和温度值应可查询。

2）故障报警。当电气火灾监控设备与电气火灾监控探测器之间的连接线断路、短路时，电气火灾监控设备应能在100s内发出与监控报警信号有明显区别的声、光故障信号，显示故障部位。

7. 【答案】A

【解析】电气火灾监控设备应能接收来自电气火灾监控探测器的监控报警信号，并在10s内发出声、光报警信号，指示报警部位，显示报警时间。

8. 【答案】D

【解析】当被监视部位温度达到报警设定值（可自行设定，要求设定范围在45～140T）时，测温式电气火灾监控探测器应能在40s内发出报警信号，点亮报警指示灯，向电气火灾监控设备发送报警信号。

9. 【答案】B

【解析】当被探测线路在1s内发生14个及以上半周期的故障电弧时，故障电弧探测器应能在30s内发出报警信号，点亮报警指示灯，向电气火灾监控设备发送报警信号。

10. 【答案】C

【解析】当有故障发生时，控制器面板上相应的黄色故障灯长亮，蜂鸣器同步报出故障声（长鸣），故障继电器输出信号，可通过控制器上、下键查询实时故障类型。

11.【答案】A

【解析】检查判断末端配电装置的工作状态时，注意事项如下：

1）注意安全防护，避免发生危险，开机前先闭合主电源空气开关再闭合备用电源开关，关机前先断开备用电源开关再断开主电源空气开关。

2）每次操作完成后，应恢复到正常工作状态。

3）操作人员应具备用电源工作业证，或在专业电工的指导下操作。

12.【答案】B

【解析】在判断可燃气体探测报警系统的工作状态时，操作步骤如下：

1）主机开机正常运行时，指示灯面板的主电源工作指示灯应为绿灯常亮。通过指示灯、文字等信息能够判断出可燃气体报警控制器处于主电源工作状态。

2）打开可燃气体报警控制器备用电源，关闭可燃气体报警控制器主电源，可燃气体报警控制器报有主电源故障事件，同时主电源故障灯点亮、备用电源工作灯点亮。通过指示灯、文字等信息能够判断出可燃气体报警控制器处于备用电源工作、主电源故障状态。

3）打开可燃气体报警控制器主电源，关闭可燃气体报警控制器备用电源，可燃气体报警控制器报有备用电源故障事件，同时备用电源故障灯点亮、主电源工作灯点亮。通过指示灯、文字等信息能够判断出可燃气体报警控制器处于主电源工作、备用电源故障状态。

4）使独立式可燃气体报警控制器或可燃气体探测器发出报警信号，可燃气体报警控制器应有报警事件发生，并有具体发生时间、具体发生位置。通过指示灯、文字等信息能够判断出可燃气体报警控制器处于报警指示状态。

5）断开可燃气体报警控制器和点型可燃气体探测器之间的连接线，可燃气体报警控制器应有故障事件发生，并有具体发生时间、具体发生位置。通过指示灯、文字等信息能够判断出可燃气体报警控制器处于系统故障、通信故障状态等。

6）填写"建筑消防设施巡查记录表"。

二、多项选择题

1.【答案】ABCD

【解析】消防设备末端配电装置外观如下左图所示，一般有1号电源指示灯、1号电源合闸指示灯、2号电源指示灯、2号电源合闸指示灯。

其装置由配电箱、按钮、指示灯、转换开关、断路器、电源线路等器件组成，如下右图所示。

消防设备末端配电装置外观

1—1 号电源指示灯　2—1 号电源合闸指示灯

3—2 号电源指示灯　4—2 号电源合闸指示灯

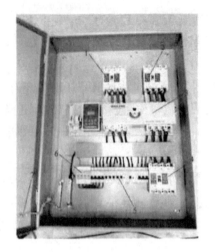

消防设备末端配电装置组成

1—1 号电源断路器　2—2 号电源断路器

3—双电源转换开关　4—1 号输出电源

5—2 号输出电源　6—空气开关

7—面板外壳接地端子

2.【答案】ABC

【解析】电气火灾监控设备主要功能如下:

1）监控报警。电气火灾监控设备应能接收来自电气火灾监控探测器的监控报警信号，并在 10s 内发出声、光报警信号，指示报警部位，显示报警时间；应能实时接收来自电气火灾监控探测器测量的剩余电流值和温度值，剩余电流值和温度值应可查询。

2）故障报警。当电气火灾监控设备与电气火灾监控探测器之间的连接线断路、短路时，电气火灾监控设备应能在 100s 内发出与监控报警信号有明显区别的声、光故障信号，显示故障部位。

3）自检。电气火灾监控设备应能对本机及所配接的电气火灾监控探测器进行功能检查，在执行自检期间，与其连接的外接设备不应动作，还应能手动检查其音响器件和面板上所有指示灯、显示器的工作状态。

3.【答案】ABC

【解析】电气火灾监控系统由电气火灾监控设备、剩余电流式电气火灾监控探测器、测温式电气火灾监控探测器、故障电弧探测器、图形显示装置等组成。

4.【答案】ABCD

【解析】可燃气体探测报警系统由可燃气体报警控制器、可燃气体探测器、图形显示装置和火灾声光警报器等组成。

三、判断题

1. 【答案】正确

【解析】电气火灾监控设备应满足我国现行标准《电气火灾监控系统 第一部分：电气火灾监控设备》GB 14287.1，是电气火灾监控系统的核心控制单元，能为连接的电气火灾监控探测器供电。电气火灾监控设备能集中处理并显示各传感器监测到的各种状态、报警信息、故障报警，指示报警部位及类型，储存历史数据、状态与事件等内容，上传给图形显示装置，同时具有对电气火灾监控探测器的状态、电源供电情况、连接线路情况进行监测的功能，而且还是与监管人员进行人机交互的重要设备之一。

2. 【答案】错误

【解析】剩余电流式电气火灾监控探测器配接模块应满足我国现行标准《电气火灾监控系统 第二部分：剩余电流式电气火灾监控探测器》GB 14287.2，是检测低压配电线路中剩余电流的电气火灾监控探测器，以设置在低压配电系统首端为基本原则，宜设置在第一级配电柜（箱）的出线端；在供电线路泄漏电流大于500mA 时，宜设置在其下一级配电柜（箱）。剩余电流式电气火灾监控探测器不宜设置在 IT 系统配电线路和消防配电线路中。

3. 【答案】正确

【解析】测温式电气火灾监控探测器配接模块应满足我国现行标准《电气火灾监控系统 第三部分：测温式电气火灾监控探测器》GB 14287.3，是检测低压配电线路中线路温度的电气火灾监控探测器，应设置在电缆接头、端子、重点发热部件等部位。保护对象为 1000V 及以下的配电线路，测温式电气火灾监控探测器应采用

接触式布置；保护对象为 1000V 以上的供电线路，测温式电气火灾监控探测器宜选择光栅光纤测温式或红外测温式电气火灾监控探测器，光栅光纤测温式电气火灾监控探测器应直接设置在保护对象的表面。

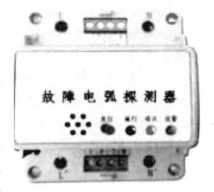

故障电弧探测器

4. 【答案】正确

【解析】故障电弧探测器如右图所示，应满足我国现行标准《电气火灾监控系统 第四部分：故障电弧探测器》GB 14287.4，是能够区分低压配电线路中操作正常电弧和故障电弧，消除

电气火灾隐患的电气火灾监控探测器。

5. 【答案】错误

【解析】电气火灾监控设备主要功能如下：

1）监控报警。电气火灾监控设备应能接收来自电气火灾监控探测器的监控报警信号，并在10s内发出声、光报警信号，指示报警部位，显示报警时间；应能实时接收来自电气火灾监控探测器测量的剩余电流值和温度值，剩余电流值和温度值应可查询。

2）故障报警。当电气火灾监控设备与电气火灾监控探测器之间的连接线断路、短路时，电气火灾监控设备应能在100s内发出与监控报警信号有明显区别的声、光故障信号，显示故障部位。

3）自检。电气火灾监控设备应能对本机及所配接的电气火灾监控探测器进行功能检查，在执行自检期间，与其连接的外接设备不应动作，还应能手动检查其音响器件和面板上所有指示灯、显示器的工作状态。

6. 【答案】正确

【解析】当独立式可燃气体探测报警器探测到可燃气体泄漏或内部故障时，根据泄漏程度报警状态指示灯闪烁，同时发出声音报警信号。

7. 【答案】正确

【解析】消防设备电源末端切换就是消防设备的两个电源相互切换，互为备用电源的一种供电形式。其中一个作为主电源另一个作为备用电源，当主电源损坏或故障时备用电源通过末端切换装置自动投入使用；当备用电源损坏或故障时，主电源故障排除后，通过末端切换装置又切换到主电源供电形式。

8. 【答案】正确

【解析】检查判断末端配电装置的工作状态时，注意事项如下：

1）注意安全防护，避免发生危险，开机前先闭合主电源空气开关再闭合备用电源开关，关机前先断开备用电源开关再断开主电源空气开关。

2）每次操作完成后，应恢复到正常工作状态。

3. 操作人员应具备用电源工作业证，或在专业电工的指导下操作。

9. 【答案】错误

【解析】剩余电流式电气火灾监控探测器配接模块应满足我国现行标准《电气火灾监控系统　第二部分：剩余电流式电气火灾监控探测器》GB 14287.2，是用来检测低压配电线路中剩余电流的电气火灾监控探测器，以设置在低压配电系统首端为基本原则，宜设置在第一级配电柜（箱）的出线端；在供电线路泄漏电流大于

500mA 时，宜设置在其下一级配电柜（箱）。

10.【答案】正确

【解析】保护对象为 1000V 及以下的配电线路，测温式电气火灾监控探测器应采用接触式布置；保护对象为 1000V 以上的供电线路，测温式电气火灾监控探测器宜选择光栅光纤测温式或红外测温式电气火灾监控探测器，光栅光纤测温式电气火灾监控探测器应直接设置在保护对象的表面。

11.【答案】错误

【解析】采用可燃气体传感器检测可燃气体的泄漏浓度，将气体浓度转换成相应的电压信号，当环境中可燃气体浓度升高达到报警设定值时，点型可燃气体探测器向可燃气体报警控制器发出报警信号，自身红色指示灯长亮。

12.【答案】错误

【解析】检查判断末端配电装置的工作状态时，注意事项如下：

1）注意安全防护，避免发生危险，开机前先闭合主电源空气开关再闭合备用电源开关，关机前先断开备用电源开关再断开主电源空气开关。

2）每次操作完成后，应恢复到正常工作状态。

3）操作人员应具备用电源工作业证，或在专业电工的指导下操作。

培训项目 2　报警信息处置

培训单元 1　区分集中火灾报警控制器的信号类型

一、单项选择题

1.【答案】C

【解析】集中火灾报警系统由火灾探测器、手动火灾报警按钮、火灾声光警报器、消防应急广播、消防专用电话、消防控制室图形显示装置、集中火灾报警控制器、消防联动控制器等组成。

2.【答案】B

【解析】火灾探测器及其他火灾报警触发器件触发后，集中火灾报警控制器能直接或间接地接收来自火灾探测器及其他火灾报警触发器件的火灾报警信号，发出火灾报警声、光信号，指示火灾发生部位，记录火灾报警时间，并予以保持，直至手动复位。

3.【答案】D

【解析】集中火灾报警控制器在接收到火灾探测器或其他火灾报警触发器件发出的火灾报警信号后，根据预定的控制逻辑向相关消防联动控制装置发出控制信号，控制各类消防设备实现人员疏散、限制火势蔓延和自动灭火等消防保护功能。

4.【答案】A

【解析】集中火灾报警控制器在接收到火灾探测器或其他火灾报警触发器件发出的火灾报警信号后，根据预定的控制逻辑向相关消防联动控制装置发出控制信号，控制各类消防设备实现人员疏散、限制火势蔓延和自动灭火等消防保护功能。

5.【答案】D

【解析】集中火灾报警控制器在接收到火灾探测器或其他火灾报警触发器件发出的火灾报警信号后，根据预定的控制逻辑向相关消防联动控制装置发出控制信号，控制各类消防设备实现人员疏散、限制火势蔓延和自动灭火等消防保护功能。

6.【答案】D

【解析】集中火灾报警控制器能直接或间接地接收来自除火灾报警、故障信号之外的其他输入信号，发出与火灾报警信号有明显区别的监管报警声、光信号。对于联动型火灾报警控制器，有时也把压力开关、水流指示器、信号蝶阀等传递的信号设为监管信号。

7.【答案】D

【解析】当火灾报警控制器火警信息的光指示信号不能自动清除时，要通过手动复位键操作进行清除。

8.【答案】A

【解析】集中火灾报警控制器对火灾探测器等设备可以进行单独屏蔽、解除屏蔽（取消屏蔽、释放）操作。当屏蔽后，该设备的功能丧失，控制器可以指示屏蔽部位。

9.【答案】C

【解析】当集中火灾报警控制器内部、控制器与其连接的部件间发生故障时，控制器能在100s内发出与火灾报警信号有明显区别的故障声、光信号，指示系统故障。

10.【答案】C

【解析】触发火灾报警触发器件发出火灾报警信号，使集中火灾报警控制器处于火警状态。常用火灾报警触发设备有感烟、感温探测器、手动火灾报警按钮、红外火焰探测器等。

11.【答案】D

【解析】触发火灾报警触发器件发出火灾报警信号，使集中火灾报警控制器处于火警状态。常用火灾报警触发设备有感烟、感温探测器、手动火灾报警按钮、红外火焰探测器等。

12. 【答案】 D

【解析】触发双信号，使集中火灾报警控制器根据预定的控制逻辑向相关消防联动控制装置发出控制信号。常用的火灾联动设备有风机、水泵、切电模块、排烟系统、卷帘门等。

13. 【答案】 C

【解析】集中火灾报警控制器对火灾探测器等设备可以进行单独屏蔽、解除屏蔽（取消屏蔽、释放）操作。当屏蔽后，集中火灾报警控制器可以指示屏蔽部位。

14. 【答案】 B

【解析】集中火灾报警控制器在接收到火灾探测器或其他火灾报警触发器件发出的火灾报警信号后，根据预定的控制逻辑向相关消防联动控制装置发出控制信号，控制各类消防设备实现人员疏散、限制火势蔓延和自动灭火等消防保护功能。

15. 【答案】 A

【解析】接通电源后，集中火灾报警控制器根据系统状况可以发出火警、联动、监管、屏蔽和故障报警等信号。

16. 【答案】 D

【解析】火灾探测器及其他火灾报警触发器件触发后，集中火灾报警控制器能直接或间接地接收来自火灾探测器及其他火灾报警触发器件的火灾报警信号，发出火灾报警声、光信号，指示火灾发生部位，记录火灾报警时间，并予以保持，直至手动复位。选项 B 正确。

集中火灾报警控制器在接收到火灾探测器或其他火灾报警触发器件发出的火灾报警信号后，根据预定的控制逻辑向相关消防联动控制装置发出控制信号，控制各类消防设备实现人员疏散、限制火势蔓延和自动灭火等消防保护功能。选项 A 正确。

集中火灾报警控制器能直接或间接地接收来自除火灾报警、故障信号之外的其他输入信号，发出与火灾报警信号有明显区别的监管报警声、光信号。对于联动型火灾报警控制器，有时也把压力开关、水流指示器、信号蝶阀等传递的信号设为监管信号。选项 C 正确。

当集中火灾报警控制器内部、控制器与其连接的部件间发生故障时，控制器能在 100s 内发出与火灾报警信号有明显区别的故障声、光信号，指示系统故障。选项 D 错误。

二、多项选择题

1. 【答案】ABCE

【解析】触发双信号，使集中火灾报警控制器根据预定的控制逻辑向相关消防联动控制装置发出控制信号。常用火灾联动设备有风机、水泵、切电模块、排烟系统、卷帘门等。

2. 【答案】ABCE

【解析】触发火灾报警触发器件发出火灾报警信号，使集中火灾报警控制器处于火警状态。常用火灾报警触发设备有感烟、感温探测器、手动火灾报警按钮、红外火焰探测器等。

3. 【答案】ABC

【解析】触发火灾监管设备向集中火灾报警控制器发出监管信号。常用火灾监管设备有压力开关、水流指示器、信号蝶阀等。

4. 【答案】ABCDE

【解析】集中火灾报警系统由火灾探测器、手动火灾报警按钮、火灾声光警报器、消防应急广播、消防专用电话、消防控制室图形显示装置、集中火灾报警控制器、消防联动控制器等组成。

5. 【答案】ABCDE

【解析】接通电源后，集中火灾报警控制器根据系统状况可以发出火警、联动、监管、屏蔽和故障报警等信号，监控界面如下图所示。

监控界面

6.【答案】ABC

【解析】集中火灾报警控制器在接收到火灾探测器或其他火灾报警触发器件发出的火灾报警信号后，根据预定的控制逻辑向相关消防联动控制装置发出控制信号，控制各类消防设备实现人员疏散、限制火势蔓延和自动灭火等消防保护功能。

7.【答案】ACD

【解析】对于联动型火灾报警控制器，有时也把压力开关、水流指示器、信号蝶阀等传递的信号设为监管信号。

8.【答案】BCD

【解析】触发双信号，使集中火灾报警控制器根据预定的控制逻辑向相关消防联动控制装置发出控制信号。常用火灾联动设备有风机、水泵、切电模块、排烟系统、卷帘门等。

三、判断题

1.【答案】正确

【解析】火灾探测器及其他火灾报警触发器件被触发后，集中火灾报警控制器能直接或间接地接收来自火灾探测器及其他火灾报警触发器件的火灾报警信号，发出火灾报警声、光信号，指示火灾发生部位，记录火灾报警时间，并予以保持，直至手动复位。

2.【答案】错误

【解析】集中火灾报警控制器在接收到火灾探测器或其他火灾报警触发器件发出的火灾报警信号后，根据预定的控制逻辑向相关消防联动控制装置发出控制信号，控制各类消防设备实现人员疏散、限制火势蔓延和自动灭火等消防保护功能。

3.【答案】正确

【解析】集中火灾报警控制器能直接或间接地接收来自除火灾报警、故障信号之外的其他输入信号，发出与火灾报警信号有明显区别的监管报警声、光信号。对于联动型火灾报警控制器，有时也把压力开关、水流指示器、信号蝶阀等传递的信号设为监管信号。

4.【答案】错误

【解析】集中火灾报警控制器对火灾探测器等设备可以进行单独屏蔽、解除屏蔽（取消屏蔽、释放）操作。当屏蔽后，控制器可以指示屏蔽部位。

5.【答案】错误

【解析】当集中火灾报警控制器内部、控制器与其连接的部件间发生故障时，控制器能在100s内发出与火灾报警信号有明显区别的故障声、光信号，指示系统故障。

6. 【答案】正确

【解析】触发火灾监管设备向集中火灾报警控制器发出监管信号。常用火灾监管设备有压力开关、水流指示器、信号蝶阀等。

7. 【答案】错误

【解析】触发火灾报警触发器件发出火灾报警信号，使集中火灾报警控制器处于火警状态。常用火灾报警触发设备有感烟感温探测器、手动火灾报警按钮、红外火焰探测器等。

8. 【答案】错误

【解析】火灾探测器及其他火灾报警触发器件触发后，集中火灾报警控制器能直接或间接地接收来自火灾探测器及其他火灾报警触发器件的火灾报警信号，发出火灾报警声、光信号，指示火灾发生部位，记录火灾报警时间，并予以保持，直至手动复位。

9. 【答案】错误

【解析】火灾探测器及其他火灾报警触发器件触发后，集中火灾报警控制器能直接或间接地接收来自火灾探测器及其他火灾报警触发器件的火灾报警信号，发出火灾报警声、光信号，指示火灾发生部位，记录火灾报警时间，并予以保持，直至手动复位。

10. 【答案】正确

【解析】集中火灾报警控制器在接收到火灾探测器或其他火灾报警触发器件发出的火灾报警信号后，根据预定的控制逻辑向相关消防联动控制装置发出控制信号，控制各类消防设备实现人员疏散、限制火势蔓延和自动灭火等消防保护功能。

培训单元2　报警信息处置方法

一、单项选择题

1. 【答案】A

【解析】找到控制面板显示屏，在控制面板显示屏的右侧有信息显示列表，在列表上可以看到火警信息，同时可以看到编号和报警地点名称。

2. 【答案】A

【解析】通过"火警监管"查看：在控制面板显示屏上找到"火警监管"图标，点击"火警监管"图标，显示出火警监管信息。点击显示屏第一栏"火警监管"后面的［点此切换］。切换到"所有火警"列表，即可查看所有的火警信息。

3. 【答案】C

【解析】在平面图的右侧有楼层信息列表，如下图所示。可以用鼠标点击选择所需查看的楼层平面图及相关信息。

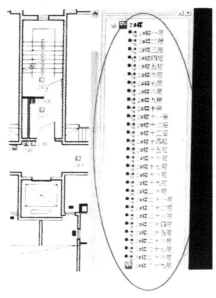

平面图右侧的楼层信息列表

4. 【答案】D

【解析】当火警发生时，第一个信息标识"火警"就会显示红色，同时报警详细信息会在上方信息栏以文字形式显示出来，在平面图中可以看到报警位置和编号。

5. 【答案】A

【解析】在图形显示装置的平面图下方显示有各种状态信息，包括火警、监管、反馈、联动、屏蔽、故障、信息传输、主电源、备用电源等信息。

6. 【答案】B

【解析】通过集中火灾报警控制器和消防控制室图形显示装置查看报警信息确定报警部位的操作如下：

1）在集中火灾报警控制器控制面板显示屏右侧的信息显示列表上查看火警信息，可以同时看到报警编号和位置名称。选项B错误。

2）在集中火灾报警控制器控制面板的显示屏上找到"火警监管"图标，并点击图标，显示火警监管信息。选项A正确。

3）点击显示屏第一栏"火警监管"后面的［点此切换］，查看所有的火警信息和报警部位。选项C正确。

4）找到消防控制室图形显示装置，查看楼层平面图下方的火警状态信息。看"火警"信息标识是否显示红色，信息栏中有没有显示报警详细信息。

5）在楼层平面图中找到报警位置和编号。

6）记录检查情况。选项 D 正确。

7．【答案】B

【解析】通过集中火灾报警控制器和消防控制室图形显示装置查看报警信息确定报警部位的操作如下：

1）在集中火灾报警控制器控制面板显示屏右侧的信息显示列表上查看火警信息，可以同时看到报警编号和位置名称。

2）在集中火灾报警控制器控制面板的显示屏上找到"火警监管"图标，并点击图标，显示火警监管信息。

3）点击显示屏第一栏"火警监管"后面的［点此切换］，查看所有的火警信息和报警部位。

4）找到消防控制室图形显示装置，查看楼层平面图下方的火警状态信息。看"火警"信息标识是否显示红色，信息栏中有没有显示报警详细信息。

5）在楼层平面图中找到报警位置和编号。

6）记录检查情况。

8．【答案】D

【解析】找到消防控制室图形显示装置，显示屏上一般都有各楼层平面示意图，上面标明了各消防设施的名称、类型、所在位置等信息。

9．【答案】A

【解析】通过集中火灾报警控制器和消防控制室图形显示装置查看报警信息确定报警部位的操作如下：

1）在集中火灾报警控制器控制面板显示屏右侧的信息显示列表上查看火警信息，可以同时看到报警编号和位置名称。

2）在集中火灾报警控制器控制面板的显示屏上找到"火警监管"图标，并点击图标，显示火警监管信息。

3）点击显示屏第一栏"火警监管"后面的［点此切换］，查看所有的火警信息和报警部位。

4）找到消防控制室图形显示装置，查看楼层平面图下方的火警状态信息。看"火警"信息标识是否显示红色，信息栏中有没有显示报警详细信息。

5）在楼层平面图中找到报警位置和编号。

6）记录检查情况。

二、多项选择题

1. 【答案】AC

【解析】通过集中火灾报警控制器查看报警信息和确定报警部位的操作方法如下：

1）通过信息显示列表查看。

2）通过"火警监管"查看。

2. 【答案】BCD

【解析】找到消防控制室图形显示装置，显示屏上一般都有各楼层平面示意图，上面标明了各消防设施的名称、类型、所在位置等信息。

三、判断题

1. 【答案】错误

【解析】在图形显示装置的平面图下方显示有各种状态信息，包括火警、监管、反馈、联动、屏蔽、故障、信息传输、主电源、备用电源等信息。某种状态发生时，相应的信息标识会根据异常信息类型用不同的颜色显示，并同时显示定位信息。

2. 【答案】错误

【解析】当火警发生时，第一个信息标识"火警"就会显示红色，同时报警详细信息会在上方信息栏以文字形式显示出来，在平面图中可以看到报警位置和编号。

3. 【答案】正确

【解析】在集中火灾报警控制器控制面板显示屏右侧的信息显示列表上查看火警信息，可以同时看到报警编号和位置名称。

4. 【答案】正确

【解析】找到消防控制室图形显示装置，显示屏上一般都有各楼层平面示意图，上面标明了各消防设施的名称、类型、所在位置等信息。

5. 【答案】正确

【解析】通过信息显示列表查看报警信息和确定报警部位的操作方法：找到控制面板显示屏，在控制面板显示屏的右侧有信息显示列表，在列表上可以看到火警信息，同时可以看到编号和报警地点名称。

培训模块二　设施操作

培训项目1　火灾自动报警系统操作

培训单元1　切换集中火灾报警控制器和消防联动控制器工作状态

一、单项选择题

1.【答案】B

【解析】控制器处于手动状态时，当集中火灾报警控制器、消防联动控制器收到火灾报警信息时，会在屏幕上显示火灾发生的位置信息、点亮火警指示灯、发出火警报警声，但不会联动启动声光报警、消防广播及所控制的现场消防设备。

2.【答案】A

【解析】某集中火灾报警控制器、消防联动控制器处于手动状态时，如下图所示。

1）显示屏状态：显示"手动"。

2）指示灯状态："手动"指示灯点亮（绿色）。

某集中火灾报警控制器、消防联动控制器处于手动状态时

3.【答案】C

【解析】某集中火灾报警控制器、消防联动控制器处于手动状态时，如第2题图所示。

1）显示屏状态：显示"手动"。

2）指示灯状态："手动"指示灯点亮（绿色）。

4. 【答案】A

【解析】某集中火灾报警控制器、消防联动控制器处于手动状态时，如第2题图所示。

1）显示屏状态：显示"手动"。

2）指示灯状态："手动"指示灯点亮（绿色）。

5. 【答案】A

【解析】控制器处于自动状态时，当集中火灾报警控制器、消防联动控制器收到火灾报警信息时，不但会在屏幕上显示火灾发生的位置信息、点亮火警指示灯、发出火警报警声，还会按照预设的逻辑关系联动启动声光报警、消防广播及所控制的现场消防设备。

6. 【答案】B

【解析】某集中火灾报警控制器、消防联动控制器处于自动状态时。

1）显示屏状态：显示"自动"。

2）指示灯状态："自动"指示灯点亮（绿色）。

7. 【答案】C

【解析】某集中火灾报警控制器、消防联动控制器处于自动状态时。

1）显示屏状态：显示"自动"。

2）指示灯状态："自动"指示灯点亮（绿色）。

8. 【答案】B

【解析】某集中火灾报警控制器、消防联动控制器处于自动状态时。

1）显示屏状态：显示"自动"。

2）指示灯状态："自动"指示灯点亮（绿色）。

9. 【答案】B

【解析】手动/自动切换方式如下：

1）当控制器处于监控状态时，直接按下键盘上的手动/自动切换键，输入系统操作密码后按确认键，控制器将从手动状态切换为自动状态。

2）当控制器处于监控状态时，在系统菜单的操作页面下，按上、下键移动光标选中手动/自动切换选项，或者直接按下手动/自动切换选项对应的快捷数字键，输入系统操作密码后按确认键，控制器将从手动状态切换为自动状态。

3）当控制器处于火警状态时，确认现场发生火灾后，直接按下键盘上的火警确认键，输入系统操作密码后按确认键，控制器将直接从手动状态切换为自动状态。

10.【答案】A

【解析】参见第 9 题解析。

11.【答案】D

【解析】参见第 9 题解析。

12.【答案】B

【解析】参见第 9 题解析。

13.【答案】B

【解析】参见第 9 题解析。

14.【答案】B

【解析】参见第 9 题解析。

15.【答案】A

【解析】当控制器处于火警状态时，确认现场发生火灾后，不允许将控制器从自动状态切换为手动状态。

16.【答案】D

【解析】参见第 9 题解析。

17.【答案】A

【解析】手动状态：当集中火灾报警控制器、消防联动控制器收到火灾报警信息时，会在屏幕上显示火灾发生的位置信息、点亮火警指示灯、发出火警报警声，但不会联动启动声光报警、消防广播及所控制的现场消防设备。

18.【答案】B

【解析】参见第 9 题解析。

19.【答案】B

【解析】参见第 9 题解析。

20.【答案】B

【解析】参见第 9 题解析。

21.【答案】C

【解析】集中火灾报警控制器、消防联动控制器的手动/自动切换操作程序如下：

1）切换控制器的工作状态（手动转自动、自动转手动），并指出对应的特征变化（显示屏、指示灯特征）。

2）在手动状态下，通过按下手动火灾报警按钮或触发烟感报警产生火警信号，将控制器切换为自动状态并指出对应的特征变化（显示屏、指示灯特征）。

3）操作试验后，将系统恢复到正常工作状态。

4）填写"《建筑消防设施巡查记录表》"。

22.【答案】D

【解析】集中火灾报警控制器、消防联动控制器处于手动状态。

1）显示屏状态：显示"手动"。

2）指示灯状态："手动"指示灯点亮。

集中火灾报警控制器、消防联动控制器处于自动状态。

1）显示屏状态：显示"自动"。

2）指示灯状态："自动"指示灯点亮。

二、多项选择题

1.【答案】ABCD

【解析】自动状态：当集中火灾报警控制器、消防联动控制器收到火灾报警信息时，不但会在屏幕上显示火灾发生的位置信息、点亮火警指示灯、发出火警报警声，还会按照预设的逻辑关系联动启动声光报警、消防广播及所控制的现场消防设备。

2.【答案】ACD

【解析】参见单项选择题第9题解析。

三、判断题

1.【答案】错误

【解析】控制器处于自动状态时，当集中火灾报警控制器、消防联动控制器收到火灾报警信息时，不但会在屏幕上显示火灾发生的位置信息、点亮火警指示灯、发出火警报警声，还会按照预设的逻辑关系联动启动声光报警、消防广播及所控制的现场消防设备。

2.【答案】正确

【解析】控制器处于手动状态时，当集中火灾报警控制器、消防联动控制器收到火灾报警信息时，会在屏幕上显示火灾发生的位置信息、点亮火警指示灯、发出火警报警声，但不会联动启动声光报警、消防广播及所控制的现场消防设备。

3.【答案】错误

【解析】控制器处于自动状态时，当集中火灾报警控制器、消防联动控制器收到火灾报警信息时，不但会在屏幕上显示火灾发生的位置信息、点亮火警指示灯、发出火警报警声，还会按照预设的逻辑关系联动启动声光报警、消防广播及所控制的现场消防设备。

4.【答案】正确

【解析】当集中火灾报警控制器、消防联动控制器收到火灾报警信息时，不但会在屏幕上显示火灾发生的位置信息、点亮火警指示灯、发出火警报警声，还会按照预设的逻辑关系联动启动声光报警、消防广播及所控制的现场消防设备。

5.【答案】正确

【解析】某集中火灾报警控制器、消防联动控制器处于自动状态。

1）显示屏状态：显示"自动"。

2）指示灯状态："自动"指示灯点亮（绿色）。

6.【答案】错误

【解析】某集中火灾报警控制器、消防联动控制器处于手动状态。

1）显示屏状态：显示"手动"。

2）指示灯状态："手动"指示灯点亮（绿色）。

7.【答案】正确

【解析】参见单项选择题第9题解析。

8.【答案】错误

【解析】参见单项选择题第9题解析。

9.【答案】错误

【解析】参见单项选择题第9题解析。

10.【答案】正确

【解析】参见单项选择题第9题解析。

11.【答案】正确

【解析】参见单项选择题第9题解析。

12.【答案】错误

【解析】参见单项选择题第9题解析。

13.【答案】错误

【解析】参见单项选择题第9题解析。

14.【答案】错误

【解析】参见单项选择题第9题解析。

15.【答案】错误

【解析】当控制器处于火警状态时，确认现场发生火灾后，不允许将控制器从自动状态切换为手动状态。

16.【答案】正确

【解析】当控制器处于监控状态时，直接按下键盘上的手/自动切换键，输入系统操作密码后按确认键，控制器将从自动状态切换为手动状态。

17. 【答案】正确

【解析】当控制器处于监控状态时，直接按下键盘上的手/自动切换键，输入系统操作密码后按确认键，控制器将从手动状态切换为自动状态。

18. 【答案】错误

【解析】自动状态：当集中火灾报警控制器、消防联动控制器收到火灾报警信息时，不但会在屏幕上显示火灾发生的位置信息、点亮火警指示灯、发出火警报警声，还会按照预设的逻辑关系联动启动声光报警、消防广播及所控制的现场消防设备。

培训单元2　判别现场消防设备工作状态

一、单项选择题

1. 【答案】D

【解析】根据现场消防设备功能的不同，工作状态可分为正常、火警、故障、启动、屏蔽、反馈等。

2. 【答案】D

【解析】设备信息查看分为三种方式，分别为设备查看、分类查看和分区查看。

3. 【答案】A

【解析】LXXX：YYY ZZZ，其中 XXX 表示回路号，YYY 表示配置的设备数，ZZZ 表示发生事件的设备数。L000：064 001，表示 0 回路，一共有 64 个配接设备，有 1 个设备发生事件。

4. 【答案】C

【解析】LXXX：YYY ZZZ，其中 XXX 表示回路号，YYY 表示配置的设备数，ZZZ 表示发生事件的设备数。L000：064 001，表示 0 回路，一共有 64 个配接设备，有 1 个设备发生事件。

5. 【答案】B

【解析】LXXX：YYY ZZZ，其中 XXX 表示回路号，YYY 表示配置的设备数，ZZZ 表示发生事件的设备数。L000：064 001，表示 0 回路，一共有 64 个配接设备，有 1 个设备发生事件。

6. 【答案】D

【解析】位图节点状态背景颜色对应屏幕右侧条目栏信息事件，如红色代表火警状态，绿色代表启动状态，蓝色代表请求状态，灰色代表屏蔽状态等。

7.【答案】B

【解析】设备信息查看分为三种方式，分别为设备查看、分类查看和分区查看。

8.【答案】C

【解析】查看系统中配置的所有设备，第一排圈内黑色的条目为本机所带设备。

9.【答案】C

【解析】根据现场消防设备功能的不同，工作状态可分为正常、火警、故障、启动、屏蔽、反馈等。

10.【答案】C

【解析】无论是在位图显示还是列表显示下，点击相应的节点设备会显示设备的详细信息。此界面根据设备类型的不同显示信息和按键功能有所不同。

11.【答案】A

【解析】接通集中火灾报警控制器、消防联动控制器的电源，检查确认集中火灾报警控制器、消防联动控制器处于正常工作（监视）状态，显示屏、指示灯、系统工作状态、自检、复位、消声、扬声器等应正常。

12.【答案】D

【解析】操作程序如下：

1）接通集中火灾报警控制器、消防联动控制器的电源，检查确认集中火灾报警控制器、消防联动控制器处于正常工作（监视）状态，显示屏、指示灯、系统工作状态、自检、复位、消声、扬声器等应正常。

2）确认需要查看工作状态的现场消防设备所在回路号和地址号。

3）进入"设备查看"页面，根据现场消防设备类型、回路号、地址号进行筛选。

4）辨识并指出现场消防设备的工作状态。

5）操作试验后，恢复系统到正常工作状态。

6）记录检查试验情况。

二、多项选择题

1.【答案】ABCDE

【解析】根据现场消防设备功能的不同，工作状态可分为正常、火警、故障、启动、屏蔽、反馈等。

2.【答案】ABCD

【解析】位图节点状态背景颜色对应屏幕右侧条目栏信息事件，如红色代表火警状态，绿色代表启动状态，蓝色代表请求状态，灰色代表屏蔽状态等。

3. 【答案】AB

【解析】位图节点状态背景颜色对应屏幕右侧条目栏信息事件，如红色代表火警状态，绿色代表启动状态，蓝色代表请求状态，灰色代表屏蔽状态等。

4. 【答案】BD

【解析】T 为报警类型，H 为手动按钮，W 为水流指示器，D 为楼层显示器，G 为气体火灾。

三、判断题

1. 【答案】错误

【解析】根据现场消防设备功能的不同，工作状态可分为正常、火警、故障、启动、屏蔽、反馈等。

2. 【答案】正确

【解析】LXXX：YYY ZZZ，其中 XXX 表示回路号，YYY 表示配置的设备数，ZZZ 表示发生事件的设备数。L000：064 001，表示 0 回路，一共有 64 个配接设备，有 1 个设备发生事件。

3. 【答案】正确

【解析】位图节点状态背景颜色对应屏幕右侧条目栏信息事件，如红色代表火警状态，绿色代表启动状态，蓝色代表请求状态，灰色代表屏蔽状态等。

4. 【答案】正确

【解析】无论是在位图显示还是列表显示下，点击相应的节点设备会显示设备的详细信息。

5. 【答案】错误

【解析】操作火灾报警控制器或消防联动控制器，查看现场消防设备工作状态，在主机上点击一个有负载的回路，在位图显示方式下，J 为监管类型，P 为监管压力开关，W 为监管水流指示器，M 为模块类型，G 为气体灭火，B 为消防广播，S 为声光警报。

6. 【答案】错误

【解析】查看现场消防设备工作状态，在主机上点开"设备查看"界面，再点击切换位图和列表显示，点击切换键，回路配接设备位图显示切换为列表显示，列表显示可以方便地查看每一个地址的详细信息。

7. 【答案】错误

【解析】查看系统中配置的所有设备，第二排蓝色的条目为网络上所带设备（如有网络设备连接）。

8.【答案】正确

【解析】点击切换键，回路配接设备位图显示切换为列表显示，列表显示可以方便地查看每一个地址的详细信息，如下表所示。

000-045 X017Y018	模块类设备地址描述信息 013-14-015 暗室	疏散指示 P01-013	请求
000-046 X017Y010	模块类设备地址描述信息 013-14-015 暗室	声光警报 P01-014 1P01-014	请求
000-047 X017Y010	模块类设备地址描述信息 013-14-015 暗室	新风机 P01-015 1P01-015	请求
000-04 H X023Y024	多线输出类设备地址描述信息 019-20-021 车间	电源 P P002-000 P02-000	请求
000-049 X023Y024	多线输出类设备地址描述信息 019-20-021 车间	消防泵 P [0B] P02-001	请求

第一列为回路—地址以及设备所在的 X 和 Y 分区，第二列为描述信息和楼层位置等信息，第三列为设备类型以及对应的盘号键值，第四列为当前状态。

培训单元 3 查询历史信息

一、单项选择题

1.【答案】C

【解析】历史记录包括火警记录、设备故障记录、请求记录、启动记录、反馈记录、操作记录、监管记录、气灭记录和其他故障记录。如下图所示。

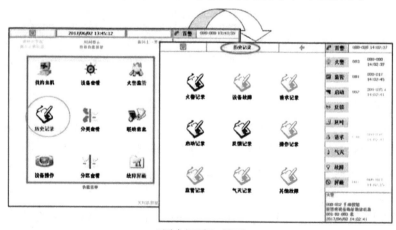

"历史记录"界面

2. 【答案】C

【解析】历史记录包括火警记录、设备故障记录、请求记录、启动记录、反馈记录、操作记录、监管记录、气灭记录和其他故障记录，每种数量最多为1000条。

3. 【答案】C

【解析】进入事件"历史记录"界面，选择相应的事件点击按键后，显示所有此事件的列表，点击相应设置可以查看详细信息。在每种记录列表中，点击功能按键两次可以打印当前显示的10条记录。

4. 【答案】B

【解析】操作程序如下：

1）接通集中火灾报警控制器、消防控制室图形显示装置的电源，检查确认集中火灾报警控制器、消防控制室图形显示装置处于正常工作（监视）状态。

2）进入集中火灾报警控制器历史记录查询界面，查看控制器上反映的历史信息。

3）进入消防控制室图形显示装置历史记录查询界面，查看显示装置上都反映了哪些历史记录信息，通过历史记录组合筛选的方式查询所需要的历史记录信息。

4）操作试验后，将系统恢复到正常工作（监视）状态。

5）记录检查试验情况。

5. 【答案】B

【解析】查询历史信息操作流程图如下图所示。

6. 【答案】C

【解析】通过消防控制室图形显示装置查询历史信息运行消防控制室图形显示装置软件，点击"查看"选项，有三个子菜单，分别为"报警历史记录查询""操作和系统记录查询""设备（设施）查询"。

二、多项选择题

1. 【答案】ACD

【解析】运行消防控制室图形显示装置软件，点击"查看"选项，显示三个子菜单，分别为"报警历史记录查询""操作和系统记录查询""设备（设施）查询"。如下图所示。

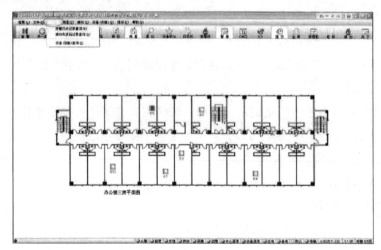

2. 【答案】ABCD

【解析】点击"报警历史记录查询",可查询火警、监管、反馈及是否消除、启动及是否停止、故障及是否恢复、屏蔽及是否解除、其他事件。可按不同时间段、设施、楼层等条件查询,也可打印。

三、判断题

1. 【答案】错误

【解析】历史记录包括火警记录、设备故障记录、请求记录、启动记录、反馈记录、操作记录、监管记录、气灭记录和其他故障记录,每种数量最多为 1000 条,存满后新事件产生时会覆盖一个最远的事件。

2. 【答案】正确

【解析】运行主界面下点击"历史记录",进入事件"历史记录"界面。选择相应的事件点击按键后,显示所有此事件的列表,点击相应设置可以查看详细信息。

3. 【答案】错误

【解析】不能通过区域显示器查询历史信息,可以通过集中火灾报警控制器查询历史信息,也可以通过消防控制室图形显示装置查询历史信息。

培训单元 4　操作总线控制盘

一、单项选择题

1. 【答案】B

【解析】直线控制一般采用多线控制,即采用独立的手动控制单元,每个控制单元通过直接连接的导线和控制模块对应控制一个受控消防设备，属于点对点控制方式。选项 A 错误。

直接控制是指控制信号通过消防联动控制器本身的输出接点或模块直接作用到连接的消防电动装置，进而实现对受控消防设备的控制。选项 B 正确。

间接控制是指控制信号通过消防电气控制装置间接作用到连接的消防电动装置，进而实现对受控消防设备的控制。选项 C 错误。

总线控制是指在总线上配接消防联动模块，当消防联动控制器接收到火灾报警信号并满足预设的逻辑时，发出启动信号，通过总线上所配接的控制模块完成消防联动控制功能。选项 D 错误。

2. 【答案】C

【解析】直线控制一般采用多线控制，即采用独立的手动控制单元，每个控制单元通过直接连接的导线和控制模块对应控制一个受控消防设备，属于点对点控制方式。选项 A 错误。

直接控制是指控制信号通过消防联动控制器本身的输出接点或模块直接作用到连接的消防电动装置，进而实现对受控消防设备的控制。选项 B 错误。

间接控制是指控制信号通过消防电气控制装置间接作用到连接的消防电动装置，进而实现对受控消防设备的控制。选项 C 正确。

总线控制是指在总线上配接消防联动模块，当消防联动控制器接收到火灾报警信号并满足预设的逻辑时，发出启动信号，通过总线上所配接的控制模块完成消防联动控制功能。选项 D 错误。

3. 【答案】D

【解析】直线控制一般采用多线控制，即采用独立的手动控制单元，每个控制单元通过直接连接的导线和控制模块对应控制一个受控消防设备，属于点对点控制方式。选项 A 错误。

直接控制是指控制信号通过消防联动控制器本身的输出接点或模块直接作用到连接的消防电动装置，进而实现对受控消防设备的控制。选项 B 错误。

间接控制是指控制信号通过消防电气控制装置间接作用到连接的消防电动装置，进而实现对受控消防设备的控制。选项 C 错误。

总线控制是指在总线上配接消防联动模块，当消防联动控制器接收到火灾报警信号并满足预设的逻辑时，发出启动信号，通过总线上所配接的控制模块完成消防联动控制功能。选项 D 正确。

4. 【答案】A

【解析】直线控制一般采用多线控制，即采用独立的手动控制单元，每个控制单元通过直接连接的导线和控制模块对应控制一个受控消防设备，属于点对点控制方式。选项 A 正确。

直接控制是指控制信号通过消防联动控制器本身的输出接点或模块直接作用到连接的消防电动装置，进而实现对受控消防设备的控制。选项 B 错误。

间接控制是指控制信号通过消防电气控制装置间接作用到连接的消防电动装置，进而实现对受控消防设备的控制。选项 C 错误。

总线控制是指在总线上配接消防联动模块，当消防联动控制器接收到火灾报警信号并满足预设的逻辑时，发出启动信号，通过总线上所配接的控制模块完成消防联动控制功能。选项 D 错误。

5.【答案】A

【解析】直线控制一般采用多线控制，即采用独立的手动控制单元，每个控制单元通过直接连接的导线和控制模块对应控制一个受控消防设备，属于点对点控制方式。

6.【答案】A

【解析】总线控制是指在总线上配接消防联动模块，当消防联动控制器接收到火灾报警信号并满足预设的逻辑时，发出启动信号，通过总线上所配接的控制模块完成消防联动控制功能。

7.【答案】A

【解析】如果"启动"指示灯处于闪烁状态，表示总线控制盘手动控制单元已发出启动指令，等待反馈；如果"启动"指示灯处于常亮状态，表示现场设备已启动成功。

8.【答案】B

【解析】如果"反馈"指示灯处于熄灭状态，表示现场设备启动信息没有反馈回来；如果"反馈"指示灯处于常亮状态，表示现场设备已启动成功并已将启动信息反馈回来。

9.【答案】A

【解析】有的总线控制盘设有手动锁，用于选择手动工作模式，可设置为手动允许或手动禁止两种工作状态。

在手动"禁止"状态下，工作指示灯处于红灯运行状态，不能通过总线控制盘手动启动火灾声光警报器、消防广播、加压送风口、加压送风机排烟阀、排烟机，释放防火卷帘，关闭常开型防火门，切断非消防电源和迫降电梯等。

10.【答案】B

【解析】有的总线控制盘设有手动锁，用于选择手动工作模式，可设置为手动允许或手动禁止两种工作状态。

在手动"允许"状态下，工作指示灯处于绿灯运行状态，通过总线控制盘可以手动启动火灾声光警报器、消防广播、加压送风口、加压送风机排烟阀、排烟机、释放防火卷帘，关闭常开型防火门，切断非消防电源和迫降电梯等。

11.【答案】D

【解析】通过总线控制盘可以手动启动火灾声光警报器、消防广播、加压送风口、加压送风机排烟阀、排烟机，释放防火卷帘，关闭常开型防火门，切断非消防电源和迫降电梯。探测器是自动探测火灾发生的特征参数，不受消防联动控制器控制。

12.【答案】B

【解析】总线控制盘的每一个按键对应一个总线控制模块。选项A正确。

对消防设备的控制是由控制模块实现的。选项B错误。

消防联动控制器按预设逻辑和时序通过控制模块自动控制消防设备动作，或通过操作总线控制盘的按键、控制模块手动控制消防设备的动作。选项C、选项D正确。

13.【答案】A

【解析】对于一些需要及时操作的受控消防设备，可以通过总线控制盘进行控制。选项A错误。

总线控制盘具有对每个受控消防设备进行手动控制的功能。一台集中火灾报警控制器（联动型）可以设置多个总线控制盘。总线控制盘为启动和停止受控消防设备提供了一种便捷的手动操作方式，可以代替复杂的菜单操作。

14.【答案】C

【解析】总线控制盘操作面板上设有多个手动控制单元，每个单元包括一个操作按钮和两个状态指示灯。选项A、选项B错误。

每个操作按钮均可通过逻辑编程实现对各类、各分区、各具体设备的控制。选项C正确。

每个操作按钮分别对应一个启动指示灯和一个反馈指示灯，分别用于提示按钮状态、显示设备运行状态。有的总线控制盘设有手动锁，用于选择手动工作模式，可设置为手动允许或手动禁止两种工作状态。

15.【答案】D

【解析】如果面板设有手动锁，操作前要通过面板钥匙将手动工作模式操作权限切换至"允许"状态,此时"允许"指示灯常亮。

按下控制防火卷帘的操作按钮,如果"启动"指示灯处于闪烁状态,表示总线控制盘手动控制单元已发出启动指令,等待反馈;当"启动"指示灯处于常亮状态时,表示现场防火卷帘已启动成功;当"反馈"指示灯处于常亮状态时,表示现场防火卷帘已启动成功并已将启动信息反馈回来。

16.【答案】D

【解析】"允许"状态,工作指示灯处于绿灯运行状态。选项A错误。

"禁止"状态,工作指示灯处于红灯运行状态。选项B错误。

如果"启动"指示灯处于闪烁状态,表示总线控制盘手动控制单元已发出启动指令,等待反馈;如果"启动"指示灯处于常亮状态,表示现场设备已启动成功。选项C错误。

如果"反馈"指示灯处于熄灭状态,表示现场设备启动信息没有反馈回来;如果"反馈"指示灯处于常亮状态,表示现场设备已启动成功并已将启动信息反馈回来。选项D正确。

二、多项选择题

1.【答案】ABD

【解析】消防联动控制器常用的联动控制方式主要有以下几种:

1)自动控制和手动控制。

2)直接控制和间接控制。

3)总线控制和直线控制。

2.【答案】ACD

【解析】目前火灾报警控制系统主要采用总线控制盘,其信号线由两根线组成,信号与供电共用一个总线,同时负责火灾探测器、手动火灾报警按钮和火灾声光警报器以及各类模块的通信和供电。

三、判断题

1.【答案】正确

【解析】为了提高消防联动控制系统的工作可靠性,在对每个受控消防设备设置自动控制方式的同时,还设置了手动控制方式。

2.【答案】正确

【解析】在自动控制状态下,可以插入手动操作,控制受控消防设备的启动或停止。

3.【答案】错误

【解析】为了提高消防联动控制系统的工作可靠性，在对每个受控消防设备设置自动控制方式的同时，还设置了手动控制方式。在自动控制状态下，可以插入手动操作，控制受控消防设备的启动或停止。

4. 【答案】正确

【解析】总线控制是指在总线上配接消防联动模块，当消防联动控制器接收到火灾报警信号并满足预设的逻辑时，发出启动信号，通过总线上所配接的控制模块完成消防联动控制功能。

5. 【答案】正确

【解析】直线控制一般采用多线控制，即采用独立的手动控制单元，每个控制单元通过直接连接的导线和控制模块对应控制一个受控消防设备，属于点对点控制方式。

6. 【答案】错误

【解析】直线控制一般采用多线控制，即采用独立的手动控制单元，每个控制单元通过直接连接的导线和控制模块对应控制一个受控消防设备，属于点对点控制方式。

7. 【答案】错误

【解析】目前火灾报警控制系统主要采用总线控制盘，其信号线由两根线组成，信号与供电共用一个总线，同时负责火灾探测器、手动火灾报警按钮和火灾声光警报器以及各类模块的通信和供电。

8. 【答案】正确

【解析】目前火灾报警控制系统主要采用总线控制盘，其信号线由两根线组成，信号与供电共用一个总线，同时负责火灾探测器、手动火灾报警按钮和火灾声光警报器以及各类模块的通信和供电。

9. 【答案】正确

【解析】总线控制盘的每一个按键对应一个总线控制模块，对消防设备的控制是由控制模块实现的。即消防联动控制器按预设逻辑和时序通过控制模块自动控制消防设备动作，或通过操作总线控制盘的按键、控制模块手动控制消防设备的动作。

10. 【答案】正确

【解析】如果"启动"指示灯处于闪烁状态，表示总线控制盘手动控制单元已发出启动指令，等待反馈；如果"启动"指示灯处于常亮状态，表示现场设备已启动成功。

11. 【答案】正确

【解析】如果"反馈"指示灯处于熄灭状态，表示现场设备启动信息没有反馈回来；如果"反馈"指示灯处于常亮状态，表示现场设备已启动成功并已将启动信息反馈回来。

12. 【答案】错误

【解析】总线控制盘为启动和停止受控消防设备提供了一种便捷的手动操作方式，可以代替复杂的菜单操作。

13. 【答案】错误

【解析】为了提高消防联动控制系统的工作可靠性，在对每个受控消防设备设置自动控制方式的同时，还设置了手动控制方式。在自动控制状态下，可以插入手动操作，控制受控消防设备的启动或停止。

14. 【答案】正确

【解析】消防联动控制器对消防设备的间接控制是指控制信号通过消防电气控制装置间接作用到连接的消防电动装置，进而实现对受控消防设备的控制。

15. 【答案】错误

【解析】直线控制一般采用多线控制，即采用独立的手动控制单元，每个控制单元通过直接连接的导线和控制模块对应控制一个受控消防设备，属于点对点控制方式。

培训单元5　操作多线控制盘

一、单项选择题

1. 【答案】A

【解析】为确保操作受控消防设备的可靠性，对于一些重要联动设备（如消防泵组、防烟和排烟风机）的控制，除采用联动控制方式外，火灾报警控制器还应采用多线控制盘控制方式，实现直接手动控制。

2. 【答案】B

【解析】手动"允许"状态下，工作指示灯处于绿灯运行状态，通过多线控制盘可以手动直接启动消防泵组、防烟和排烟风机等设备。

3. 【答案】A

【解析】手动"禁止"状态下，工作指示灯处于红灯运行状态，不能通过多线控制盘手动直接启动消防泵组、防烟和排烟风机等设备。

4. 【答案】A

【解析】多线控制盘如果"启动"指示灯处于闪烁状态，表示多线控制盘手动控制单元已发出启动指令，等待反馈；如果"启动"指示灯处于常亮状态，表示现场设备已启动成功。

5.【答案】B

【解析】多线控制盘如果"启动"指示灯处于闪烁状态，表示多线控制盘手动控制单元已发出启动指令，等待反馈；如果"启动"指示灯处于常亮状态，表示现场设备已启动成功。

6.【答案】B

【解析】多线控制盘如果"反馈"指示灯处于熄灭状态，表示现场设备启动信息没有反馈回来；如果"反馈"指示灯处于常亮状态，表示现场设备已启动成功并已将启动信息反馈回来。

7.【答案】B

【解析】多线控制盘如果"反馈"指示灯处于熄灭状态，表示现场设备启动信息没有反馈回来；如果"反馈"指示灯处于常亮状态，表示现场设备已启动成功并已将启动信息反馈回来。

8.【答案】B

【解析】多线控制盘如果"反馈"指示灯处于熄灭状态，表示现场设备启动信息没有反馈回来；如果"反馈"指示灯处于常亮状态，表示现场设备已启动成功并已将启动信息反馈回来。

9.【答案】A

【解析】多线控制盘如果"启动"指示灯处于闪烁状态，表示多线控制盘手动控制单元已发出启动指令，等待反馈；如果"启动"指示灯处于常亮状态，表示现场设备已启动成功。

10.【答案】C

【解析】如果"故障"指示灯处于熄灭状态，表示多线控制盘功能处于正常状态；如果"故障"指示灯处于黄色常亮状态，表示多线控制盘功能处于异常状态。

11.【答案】C

【解析】如果"故障"指示灯处于熄灭状态，表示多线控制盘功能处于正常状态；如果"故障"指示灯处于黄色常亮状态，表示多线控制盘功能处于异常状态。

12.【答案】B

【解析】如果"故障"指示灯处于熄灭状态，表示多线控制盘功能处于正常状态；如果"故障"指示灯处于黄色常亮状态，表示多线控制盘功能处于异常状态。

13. 【答案】D

【解析】如果多线控制盘"反馈"指示灯处于熄灭状态，表示现场设备启动信息没有反馈回来；如果"反馈"指示灯处于常亮状态，表示现场设备已启动成功并已将启动信息反馈回来。选项 A、选项 B 正确。

如果多线控制盘"故障"指示灯处于熄灭状态，表示多线控制盘功能处于正常状态；如果"故障"指示灯处于黄色常亮状态，表示多线控制盘功能处于异常状态。选项 C 正确，选项 D 错误。

14. 【答案】B

【解析】如果多线控制盘"启动"指示灯处于闪烁状态，表示多线控制盘手动控制单元已发出启动指令，等待反馈；如果"启动"指示灯处于常亮状态，表示现场设备已启动成功。

如果多线控制盘"反馈"指示灯处于熄灭状态，表示现场设备启动信息没有反馈回来；如果"反馈"指示灯处于常亮状态，表示现场设备已启动成功并已将启动信息反馈回来。

如果多线控制盘"故障"指示灯处于熄灭状态，表示多线控制盘功能处于正常状态；如果"故障"指示灯处于黄色常亮状态，表示多线控制盘功能处于异常状态。

15. 【答案】D

【解析】多线控制盘的手动启动与消防联动控制器是否正常无关，只需确保多线控制盘的电源打开，手动工作模式处于"允许"状态即可。

16. 【答案】A

【解析】多线控制盘操作面板上设有多个手动控制单元，每个单元包括一个操作按钮和启动、反馈、故障三个状态指示灯。

17. 【答案】B

【解析】操作程序如下：

1）接通电源，多线控制盘正常运行，绿色工作指示灯应处于常亮状态。

2）通过面板钥匙将手动工作模式操作权限由"禁止"切换至"允许"状态，"允许"指示灯常亮。

3）在多线控制盘上查找到控制该消防水泵的手动控制单元。

4）按下控制该地下室消防水泵的启动操作按钮，如果"启动"指示灯处于闪烁状态，表示多线控制盘手动控制单元已发出启动指令，等待反馈；当"启动"指示灯处于常亮状态时，表示现场排烟机已启动成功；当"反馈"指示灯处于常亮状态时，表示现场排烟机已启动成功并已将启动信息反馈回来。

5）操作结束后，将系统恢复到正常工作状态。

6）填写"建筑消防设施巡查记录表"。

18.【答案】D

【解析】多线控制盘的手动锁用于选择手动工作模式操作权限，"允许"和"禁止"状态可根据需要通过面板钥匙手动切换，多线控制盘的手动锁在手动"禁止"工作模式下，总线控制盘的操作不受影响。

二、多项选择题

1.【答案】ABCD

【解析】为确保操作受控消防设备的可靠性，对于一些重要联动设备（如消防泵组、防烟和排烟风机）的控制，除采用联动控制方式外，火灾报警控制器还应采用多线控制盘控制方式，实现直接手动控制。

预作用系统的联动控制设计，应符合下列规定：手动控制方式，应将预作用阀组和快速排气阀入口前的电动阀的启动和停止按钮，用专用线路直接连接至设置在消防控制室内的消防联动控制器的手动控制盘，直接手动控制喷淋消防泵的启动、停止及预作用阀组和电动阀的开启。

2.【答案】BCE

【解析】多线控制盘操作面板上设有多个手动控制单元，每个单元包括一个操作按钮和启动、反馈、故障三个状态指示灯，每个操作按钮均可控制具体设备的动作。每个操作按钮分别对应一个启动指示灯和一个反馈指示灯，分别用于提示按键状态、显示设备运行状态。

3.【答案】ABCD

【解析】为确保操作受控消防设备的可靠性，对于一些重要联动设备（如送风机、消防泵组、防烟和排烟风机）的控制，除采用联动控制方式外，火灾报警控制器还应采用多线控制盘控制方式，实现直接手动控制。

三、判断题

1.【答案】正确

【解析】为确保操作受控消防设备的可靠性，对于一些重要联动设备（如消防泵组、防烟和排烟风机）的控制，除采用联动控制方式外，火灾报警控制器还应采用多线控制盘控制方式，实现直接手动控制。

2.【答案】正确

【解析】多线控制盘的操作按钮与消防泵组（喷淋泵组、消火栓泵组）、防烟和排烟风机的控制柜控制按钮直接用控制线或控制电缆连接，实现对现场设备的手动控制。

3. 【答案】正确

【解析】多线控制盘每个操作按钮对应一个控制输出，控制喷淋泵组、消火栓泵组、防烟和排烟风机等消防设备的启动，可根据需要按下目标操作按钮启动对应的消防设备。

4. 【答案】正确

【解析】多线控制盘的手动启动与消防联动控制器是否正常无关，只需确保多线控制盘的电源打开，手动工作模式处于"允许"状态即可。

5. 【答案】错误

【解析】多线控制盘的手动启动与消防联动控制器是否正常无关，只需确保多线控制盘的电源打开，手动工作模式处于"允许"状态即可。

6. 【答案】正确

【解析】在"允许"状态下，工作指示灯处于绿灯运行状态，通过多线控制盘可以手动直接启动消防泵组、防烟和排烟风机等设备。

7. 【答案】错误

【解析】在"允许"状态下，工作指示灯处于绿灯运行状态，通过多线控制盘可以手动直接启动消防泵组、防烟和排烟风机等设备。

8. 【答案】正确

【解析】在"禁止"状态下，工作指示灯处于红灯运行状态，不能通过多线控制盘手动直接启动消防泵组、防烟和排烟风机等设备。

9. 【答案】正确

【解析】"启动"状态：如果"启动"指示灯处于闪烁状态，表示多线控制盘手动控制单元已发出启动指令，等待反馈；如果"启动"指示灯处于常亮状态，表示现场设备已启动成功。

10. 【答案】正确

【解析】"反馈"状态：如果"反馈"指示灯处于熄灭状态，表示现场设备启动信息没有反馈回来；如果"反馈"指示灯处于常亮状态，表示现场设备已启动成功并已将启动信息反馈回来。

11. 【答案】错误

【解析】"反馈"状态：如果"反馈"指示灯处于熄灭状态，表示现场设备启动信息没有反馈回来；如果"反馈"指示灯处于常亮状态，表示现场设备已启动成功并已将启动信息反馈回来。

12.【答案】正确

【解析】"故障"状态：如果"故障"指示灯处于熄灭状态，表示多线控制盘功能处于正常状态；如果"故障"指示灯处于黄色常亮状态，表示多线控制盘功能处于异常状态。

13.【答案】错误

【解析】"故障"状态：如果"故障"指示灯处于熄灭状态，表示多线控制盘功能处于正常状态；如果"故障"指示灯处于黄色常亮状态，表示多线控制盘功能处于异常状态。

14.【答案】错误

【解析】多线制控制盘也称为多线制手动控制盘或直接手动控制盘。

15.【答案】错误

【解析】多线控制盘与火灾报警控制器连接，一台火灾报警控制器（联动型）可设置多个多线控制盘。

16.【答案】错误

【解析】多线控制盘每个操作按钮对应一个控制输出，控制喷淋泵组、消火栓泵组、防烟和排烟风机等消防设备的启动，可根据需要按下目标操作按钮启动对应的消防设备。

培训单元6　测试线型火灾探测器的火警和故障报警功能

一、单项选择题

1.【答案】A

【解析】线型光束感烟火灾探测器是指应用光束被烟雾粒子吸收而减弱的原理探测火灾的线型感烟探测器，包括发射器和接收器两部分。

2.【答案】A

【解析】线型光束感烟火灾探测器分为激光光束线型感烟火灾探测器和红外光束线型感烟火灾探测器两种类型。

3.【答案】C

【解析】线型感温火灾探测器是指对某一连续线路周围温度和/或温度变化响应的线型火灾探测器。它将温度值信号或温度单位时间内变化量信号转换为电信号并输出报警信号以达到探测火灾的目的。

4.【答案】A

【解析】按敏感部件形式分类，线型感温火灾探测器可分为缆式、空气管式、分布式光纤、光栅光纤和线式多点型线型感温探测器。

5.【答案】B

【解析】按动作性能分类，线型感温火灾探测器可分为定温、差温和差定温线型感温探测器。

6.【答案】C

【解析】按可恢复性能分类，线型感温火灾探测器可分为可恢复式和不可恢复式线型感温探测器。

7.【答案】D

【解析】按定位方式分类，线型感温火灾探测器可分为分布定位和分区定位线型感温火灾探测器。

8.【答案】B

【解析】按探测报警功能分类，线型感温火灾探测器可分为探测型和探测报警型线型感温火灾探测器。

9.【答案】A

【解析】线型光束感烟火灾探测器的设置应符合下列规定：探测器的光束轴线至顶棚的垂直距离宜为 0.3~1.0m，距地高度不宜超过 20m。

10.【答案】C

【解析】线型光束感烟火灾探测器的设置应符合下列规定：探测器的光束轴线至顶棚的垂直距离宜为 0.3~1.0m，距地高度不宜超过 20m。

11.【答案】D

【解析】线型光束感烟火灾探测器的设置应符合下列规定：相邻两组探测器的水平距离不应大于 14m。

12.【答案】D

【解析】线型光束感烟火灾探测器的设置应符合下列规定：探测器的发射器和接收器之间的距离不宜超过 100m。

13.【答案】A

【解析】线型光束感烟火灾探测器包括发射器和接收器两部分。发射器和接收器相对安装，当探测器光路上出现烟雾时，会使到达接收器的信号减弱。当减光率达到预设值时，探测器就会产生报警信号。

线型光束感烟火灾探测器分为激光光束线型感烟火灾探测器和红外光束线型感烟火灾探测器两种类型。目前，广泛使用的是红外光束线型感烟火灾探测器。红外光束线型感烟火灾探测器又分为对射型和反射型两种。

14.【答案】D

【解析】无遮挡的大空间或有特殊要求的房间，宜选择线型光束感烟火灾探测器。

15.【答案】B

【解析】下列场所或部位，宜选择线型光纤感温火灾探测器：除液化石油气外的石油储罐。

16.【答案】A

【解析】下列场所或部位，宜选择线型缆式感温火灾探测器：电缆隧道、电缆竖井、电缆夹层、电缆桥架。

17.【答案】C

【解析】线型光束感烟火灾探测器的设置应符合下列规定：

1）探测器的光束轴线至顶棚的垂直距离宜为 $0.3 \sim 1.0m$，距地高度不宜超过20m。

2）相邻两组探测器的水平距离不应大于14m。

3）探测器应设置在固定结构上。

4）探测器的设置应保证其接收端避开日光和人工光源的直接照射。

18.【答案】B

【解析】线型感温火灾探测器的设置应符合下列规定：

1）探测器在保护电缆、堆垛等类似保护对象时，应采用接触式布置；在各种皮带输送装置上设置时，宜设置在装置的过热点附近。

2）设置在顶棚下方的线型感温火灾探测器，至顶棚的距离宜为0.1m。探测器的保护半径应符合点型感温火灾探测器的保护半径要求；探测器至墙壁的距离宜为 $1 \sim 1.5m$。

3）光栅光纤感温火灾探测器每个光栅的保护面积和保护半径应符合点型感温火灾探测器的保护面积和保护半径要求。

4）设置线型感温火灾探测器的场所有联动要求时，宜采用两只不同火灾探测器的报警信号组合。

二、多项选择题

1.【答案】AE

【解析】无遮挡的大空间或有特殊要求的房间，宜选择线型光束感烟火灾探测器。选项A、选项E正确。

符合下列条件之一的场所，不宜选择线型光束感烟火灾探测器：

1）有大量粉尘、水雾滞留的场所。选项 B 错误。

2）可能产生蒸汽和油雾的场所。选项 C 错误。

3）在正常情况下有烟滞留的场所。选项 D 错误。

4）固定探测器的建筑结构由于振动等原因会产生较大位移的场所。

2.【答案】ABCD

【解析】无遮挡的大空间或有特殊要求的房间，宜选择线型光束感烟火灾探测器。选项 E 错误。

符合下列条件之一的场所，不宜选择线型光束感烟火灾探测器：

1）有大量粉尘、水雾滞留的场所。选项 A 正确。

2）可能产生蒸汽和油雾的场所。选项 B 正确。

3）在正常情况下有烟滞留的场所。选项 C 正确。

4）固定探测器的建筑结构由于振动等原因会产生较大位移的场所。选项 D 正确。

3.【答案】ABCD

【解析】下列场所或部位宜选择线型缆式感温火灾探测器：

1）电缆隧道、电缆竖井、电缆夹层、电缆桥架。选项 A 正确。

2）不易安装点型探测器的夹层、闷顶。选项 B 正确。

3）各种皮带输送装置。选项 C 正确。

4）其他因环境恶劣不适合点型探测器安装的场所。选项 D 正确。

下列场所或部位，宜选择线型光纤感温火灾探测器：除液化石油气外的石油储罐。选项 E 错误。

4.【答案】ABCD

【解析】下列场所或部位宜选择线型光纤感温火灾探测器：

1）除液化石油气外的石油储罐。选项 A 正确。

2）需要设置线型感温火灾探测器的易燃易爆场所。选项 B 正确。

3）需要实时监测环境温度的地下空间等场所。选项 C 正确。

4）公路隧道、敷设动力电缆的铁路隧道和城市地铁隧道等。选项 D 正确。

各种皮带输送装置宜选择线型缆式感温火灾探测器。选项 E 错误。

5.【答案】ACD

【解析】线型感温火灾探测器由敏感部件和与其相连接的信号处理单元及终端组成。

6. 【答案】BDE

【解析】按敏感部件形式分类，线型感温火灾探测器可分为缆式、空气管式、分布式光纤、光栅光纤和线式多点型线型感温探测器。

三、判断题

1. 【答案】错误

【解析】线型火灾探测器是相对于点型火灾探测器而言的，是指连续探测某一路线周围火灾参数的火灾探测器，主要分为线型感烟火灾探测器和线型感温火灾探测器等类型。

2. 【答案】正确

【解析】线型火灾探测器是相对于点型火灾探测器而言的，是指连续探测某一路线周围火灾参数的火灾探测器，主要分为线型感烟火灾探测器和线型感温火灾探测器等类型。

3. 【答案】正确

【解析】线型感温火灾探测器是指对某一连续线路周围温度和/或温度变化响应的线型火灾探测器。

4. 【答案】正确

【解析】线型感温火灾探测器的敏感部件可分为感温电缆、空气管、感温光纤、光纤光栅及其接续部件、点式感温元件及其接续部件等。

5. 【答案】错误

【解析】按动作性能分类，线型感温火灾探测器可分为定温、差温和差定温线型感温探测器。

6. 【答案】错误

【解析】设置线型感温火灾探测器的场所有联动要求时，宜采用两只不同火灾探测器的报警信号组合。

7. 【答案】正确

【解析】设置在顶棚下方的线型感温火灾探测器，至顶棚的距离宜为 0.1m。探测器的保护半径应符合点型感温火灾探测器的保护半径要求；探测器至墙壁的距离宜为 1~1.5m。

8. 【答案】错误

【解析】将减光值为 0.4dB 的滤光片置于线型光束感烟火灾探测器的光路中并尽可能靠近接收器，30s 内火灾报警器应发出火警信号，探测器报警确认灯点亮。

9. 【答案】错误

【解析】选择减光值为 11.5dB 的滤光片,将滤光片置于线型光束感烟火灾探测器的发射器与接收器之间,并尽可能靠近接收器的光路上,线型光束感烟火灾探测器应发出火灾报警或故障报警信号。

10. 【答案】错误

【解析】测试线型感温火灾探测器火灾报警、故障报警,在距离终端盒 0.3m 以外的部位,使用温度不低于 54°C 的热水持续对线型缆式感温火灾探测器的感温电缆进行加热,线型感温火灾探测器应在 30s 以内发出火灾报警信号,探测器红色报警确认灯点亮,火灾报警控制器显示火警信号。

11. 【答案】正确

【解析】拆除连接处理信号单元与终端盒之间任一端线型感温火灾探测器的感温电缆,线型感温火灾探测器黄色故障报警确认灯点亮,火灾报警控制器显示故障报警信号。

培训单元7 测试火灾显示盘功能

一、单项选择题

1. 【答案】A

【解析】直流供电型火灾显示盘通常采用 DC 24V,由火灾报警控制器或独立的消防应急电源供电。

2. 【答案】B

【解析】火灾显示盘应设置在出入口等明显和便于操作的部位。当采用壁挂方式安装时,其底边距地高度宜为 1.3~1.5m。

3. 【答案】C

【解析】消声指示灯用于指示火灾显示盘是否处于消声状态,灯亮表示处于消声状态。

4. 【答案】A

【解析】通信指示灯用于指示火灾显示盘与火灾报警控制器通信是否正常,当火灾报警控制器巡检火灾显示盘时,通信指示灯闪烁一次。

5. 【答案】B

【解析】火灾显示盘应能接收与其连接的火灾报警控制器发出的火灾报警信号,并在火灾报警控制器发出火灾报警信号后 3s 内发出火灾报警声、光信号,显示火灾发生部位。

6. 【答案】B

【解析】具有接收火灾报警控制器传来的火灾探测器、手动火灾报警按钮及其他火灾报警触发器件的故障信号的火灾显示盘，应在火灾报警控制器发出故障信号后3s内发出故障声、光信号，并指示故障发生部位。

7.【答案】A

【解析】火灾显示盘的信息显示应按火灾报警、监管报警、故障的顺序由高至低排列显示等级，高等级的信息应优先显示，低等级信息显示不应影响高等级信息显示，显示的信息应与对应的状态一致且易于辨识。

8.【答案】B

【解析】采用主电源为220V、50Hz交流电源供电的火灾显示盘应具有主电源和备用电源转换等功能，主电源应能保证火灾显示盘在火灾报警状态下连续工作4h，且应有过流保护措施。

9.【答案】C

【解析】火灾显示盘设置工作状态指示灯，以红色指示灯指示火灾报警状态、监管报警状态，黄色指示灯指示故障状态，绿色指示灯指示电源正常工作状态和系统正常运行状态。

10.【答案】A

【解析】火灾显示盘设置工作状态指示灯，以红色指示灯指示火灾报警状态、监管报警状态，黄色指示灯指示故障状态，绿色指示灯指示电源正常工作状态和系统正常运行状态；消声指示灯用于指示火灾显示盘是否处于消声状态，灯亮表示处于消声状态；通信指示灯用于指示火灾显示盘与火灾报警控制器通信是否正常，当火灾报警控制器巡检火灾显示盘时，通信指示灯闪烁一次。

11.【答案】B

【解析】火灾显示盘应具有火灾报警显示、故障显示、自检、信息显示与查询、电源等功能。

12.【答案】D

【解析】火灾显示盘的信息显示应按火灾报警、监管报警、故障的顺序由高至低排列显示等级，高等级的信息应优先显示，低等级信息显示不应影响高等级信息显示，显示的信息应与对应的状态一致且易于辨识。

13.【答案】B

【解析】火灾显示盘面板上一般只有消声键，可以现场对火灾显示盘进行消声，复位要到火灾报警控制器上操作。

火灾显示盘光报警信号在火灾报警控制器复位之前不能手动消除，声报警信号可以按火灾显示盘面板上的消声键消除。

二、多项选择题

1.【答案】BCD

【解析】火灾显示盘按显示方式不同，可分为数字式、汉字/英文式和图形式三种。

2.【答案】BCE

【解析】每个报警区域宜设置一台火灾显示盘。当一个报警区域包括多个楼层时，宜在每个楼层设置一台仅显示本楼层的火灾显示盘。

火灾显示盘应设置在出入口等明显和便于操作的部位。当采用壁挂方式安装时，其底边距地高度宜为 1.3 ~ 1.5 m。

3.【答案】ABCD

【解析】火灾显示盘应具有火灾报警显示、故障显示、自检、信息显示与查询、电源等功能。

采用主电源为 220V、50Hz 交流电源供电的火灾显示盘应具有主电源和备用电源转换等功能。而直流供电型火灾显示盘不具有主电源和备用电源转换功能。选项E错误。

三、判断题

1.【答案】正确

【解析】火灾显示盘，又称为区域显示器、楼层显示器，是火灾自动报警系统中报警和故障信息的现场分显设备，用来指示所辖区域内现场报警触发设备/模块的报警和故障信息，并向该区域发出火灾报警信号，从而使火灾报警信息能够迅速地通报到发生火灾危险的现场。

2.【答案】正确

【解析】火灾显示盘按显示方式不同，可分为数字式、汉字/英文式和图形式三种。

3.【答案】正确

【解析】火灾显示盘按供电方式不同，可分为直流供电型和交流供电型两类。

4.【答案】错误

【解析】每个报警区域宜设置一台火灾显示盘。当一个报警区域包括多个楼层时，宜在每个楼层设置一台仅显示本楼层的火灾显示盘。

5.【答案】正确

【解析】消声指示灯用于指示火灾显示盘是否处于消声状态，灯亮表示处于消声状态。

6. 【答案】错误

【解析】通信指示灯用于指示火灾显示盘与火灾报警控制器通信是否正常，当火灾报警控制器巡检火灾显示盘时，通信指示灯闪烁一次。

7. 【答案】错误

【解析】火灾显示盘应具有手动检查其音响器件、面板上所有指示灯和显示器等工作状态的功能。

8. 【答案】正确

【解析】火灾显示盘的信息显示应按火灾报警、监管报警、故障的顺序由高至低排列显示等级，高等级的信息应优先显示，低等级信息显示不应影响高等级信息显示，显示的信息应与对应的状态一致且易于辨识。

9. 【答案】错误

【解析】火灾显示盘光报警信号在火灾报警控制器复位之前不能手动消除，声报警信号可以按火灾显示盘面板上的消声键消除。

10. 【答案】正确

【解析】将具有故障显示功能的火灾显示盘所辖区域内任意一只感烟火灾探测器或感温火灾探测器从其底座上拆卸下来，火灾显示盘在火灾报警控制器发出故障信号后3s内发出故障声、光信号，指示故障发生部位，黄色故障指示灯点亮。

11. 【答案】正确

【解析】测试火灾显示盘故障报警功能：具有故障显示功能的火灾显示盘应设有专用故障总指示灯，当有故障信号存在时，该指示灯应点亮。

12. 【答案】错误

【解析】测试火灾显示盘消声功能：当模拟所辖区域内火灾报警或故障报警时，火灾显示盘应能接收信号，并发出火灾报警或故障报警声信号，按下火灾显示盘消声键，可消除当前报警声，消声指示灯应点亮，也可按下火灾报警控制器消声键使火灾显示盘消声。

培训项目2　自动灭火系统操作

培训单元1　区分自动喷水灭火系统的类型

一、单项选择题

1. 【答案】B

【解析】湿式自动喷水灭火系统主要由闭式喷头、湿式报警阀组、水流指示器、末端试水装置、管道和供水设施等组成。

2. 【答案】D

【解析】干式自动喷水灭火系统主要由闭式喷头、干式报警阀组、充气和气压维持设备、水流指示器、末端试水装置、管道及供水设施等组成。

3. 【答案】B

【解析】环境温度不低于4℃且不高于70℃的场所，应采用湿式自动喷水灭火系统。

4. 【答案】A

【解析】环境温度低于4℃或高于70℃的场所，应采用干式自动喷水灭火系统。

5. 【答案】A

【解析】干式系统是准工作状态时配水管道内充满了用于启动系统的有压气体的闭式系统。

6. 【答案】B

【解析】湿式自动喷水灭火系统是准工作状态时配水管道内充满了用于启动系统的有压水的闭式系统。

7. 【答案】A

【解析】干式自动喷水灭火系统应采用干式报警阀组。

8. 【答案】B

【解析】湿式自动喷水灭火系统应采用湿式报警阀组。

9. 【答案】D

【解析】湿式自动喷水灭火系统适用喷头：通用型、直立型、下垂型、边墙型。

10. 【答案】A

【解析】干式自动喷水灭火系统中，应设置充气和气压维持装置。

11. 【答案】C

【解析】消防水箱出水管上的流量开关、消防水泵出水干管上的压力开关或报警阀组的压力开关动作并输出启动消防水泵信号，完成系统的启动。

12. 【答案】D

【解析】干式自动喷水灭火系统主要由闭式喷头、干式报警阀组、充气和气压维持设备、水流指示器、末端试水装置、管道及供水设施等组成。

13. 【答案】A

【解析】湿式、干式自动喷水灭火系统的区分见下表。

湿式、干式自动喷水灭火系统的区分（一）

区分项目	湿式系统	干式系统
适用范围	环境温度不低于4℃且不高于70℃的场所	环境温度低于4℃或高于70℃的场所
出水效率	喷头开启后立即出水	喷头开启后管道排气充水后出水，效率低于湿式系统

14.【答案】B

【解析】湿式、干式自动喷水灭火系统的区分见下表。

湿式、干式自动喷水灭火系统的区分（二）

区分项目	湿式系统	干式系统
系统侧管网压力介质	准工作状态时系统侧管道内充满了用于启动系统的有压水	准工作状态时配水管道内充满了用于启动系统的有压气体
充气和气压维持装置	无	有

15.【答案】A

【解析】湿式、干式自动喷水灭火系统的区分见下表。

湿式、干式自动喷水灭火系统的区分（三）

区分项目	湿式系统	干式系统
适用喷头	通用型、直立型、下垂型、边墙型	直立型、干式下垂型

二、多项选择题

1.【答案】ABCDE

【解析】湿式自动喷水灭火系统主要由闭式喷头、湿式报警阀组、水流指示器、末端试水装置、管道和供水设施等组成。

2.【答案】ABCDE

【解析】干式自动喷水灭火系统主要由闭式喷头、干式报警阀组、充气和气压维持设备、水流指示器、末端试水装置、管道及供水设施等组成。

3.【答案】ABCDE

【解析】湿式、干式自动喷水灭火系统的区分见下表。

湿式、干式自动喷水灭火系统的区分（四）

区分项目	湿式系统	干式系统
适用范围	环境温度不低于4℃且不高于70℃的场所	环境温度低于4℃或高于70℃的场所
系统侧管网压力介质	准工作状态时系统侧管道内充满了用于启动系统的有压水	准工作状态时配水管道内充满了用于启动系统的有压气体
报警阀组	湿式报警阀组	干式报警阀组
充气和气压维持装置	无	有
适用喷头	通用型、直立型、下垂型、边墙型	直立型、干式下垂型
出水效率	喷头开启后立即出水	喷头开启后管道排气充水后出水，效率低于湿式系统

4.【答案】ABCE

【解析】湿式自动喷水灭火系统适用喷头：通用型、直立型、下垂型、边墙型。

5.【答案】AB

【解析】湿式自动喷水灭火系统主要由闭式喷头、湿式报警阀组、水流指示器、末端试水装置、管道和供水设施等组成。

6.【答案】BDE

【解析】湿式自动喷水灭火系统工作原理：湿式系统在准工作状态时，由消防水箱或稳压泵、气压给水设备等稳压设施维持管道内充水的压力。发生火灾时，火源周围环境温度上升，闭式喷头受热后开启喷水，水流指示器动作并反馈信号至消防控制中心报警控制器，指示起火区域；湿式报警阀系统侧（沿供水方向，报警阀后为系统侧）压力下降，造成湿式报警阀水源侧（沿供水方向，报警阀前为水源侧）压力大于系统侧压力，湿式报警阀被自动打开。报警阀组的压力开关动作并输出启动消防水泵信号。

三、判断题

1.【答案】正确

【解析】湿式自动喷水灭火系统在准工作状态时，由消防水箱或稳压泵、气压给水设备等稳压设施维持管道内充水的压力。

2.【答案】错误

【解析】干式自动喷水灭火系统在发生火灾时，闭式喷头受热开启，管道中的有压气体从喷头喷出，干式报警阀系统侧压力下降，造成干式报警阀水源侧压力大于系统侧压力，干式报警阀被自动打开，压力水进入供水管道，将剩余压缩空气从系统立管顶端或横干管最高处的排气阀或已打开的喷头处喷出，然后喷水灭火。

3.【答案】错误

【解析】湿式自动喷水灭火系统是喷头开启后立即出水，干式自动喷水灭火系统喷头开启后管道排气充水后出水，效率低于湿式自动喷水灭火系统。

4.【答案】错误

【解析】湿式自动喷水灭火系统是准工作状态时配水管道内充满了用于启动系统的有压水的闭式系统。

5.【答案】错误

【解析】干式自动喷水灭火系统是准工作状态时配水管道内充满了用于启动系统的有压气体的闭式系统。

6.【答案】正确

【解析】干式自动喷水灭火系统主要由闭式喷头、干式报警阀组、充气和气压维持设备、水流指示器、末端试水装置、管道及供水设施等组成。

7.【答案】正确

【解析】湿式自动喷水灭火系统主要由闭式喷头、湿式报警阀组、水流指示器、末端试水装置、管道和供水设施等组成。

8.【答案】错误

【解析】干式自动喷水灭火系统在准工作状态时，由消防水箱或稳压泵、气压给水设备等稳压设施维持水源侧管道内充水的压力，系统侧管道内充满有压气体（通常采用压缩空气），报警阀处于关闭状态。

9.【答案】错误

【解析】在发生火灾时，干式自动喷水灭火系统的闭式喷头受热开启，管道中的有压气体从喷头喷出，干式报警阀系统侧压力下降，造成干式报警阀水源侧压力大于系统侧压力，干式报警阀被自动打开，压力水进入供水管道。

10.【答案】正确

【解析】干式自动喷水灭火系统在发生火灾时，闭式喷头受热开启，管道中的有压气体从喷头喷出，压力水进入供水管道，将剩余压缩空气从系统立管顶端或横干管最高处的排气阀或已打开的喷头处喷出。

培训单元2 操作消防泵组电气控制柜

一、单项选择题

1.【答案】A

【解析】当开关处于手动状态时，操作人员通过按下控制柜面板上启动按钮直接启动对应编号的消防水泵，通过按下停止按钮停止消防水泵运转。

2. 【答案】C

【解析】消防水泵控制柜应设置机械应急启泵功能，并应保证在控制柜内的控制线路发生故障时由有管理权限的人员在紧急时启动消防水泵。机械应急启动时，应确保消防水泵在报警5min内正常工作。

3. 【答案】D

【解析】消防泵组的启动方式包括自动启动、手动启动、机械应急启动。

4. 【答案】C

【解析】消防增压、稳压设施主要由泵组、管道阀门及附件、测控仪表、操控柜等组成，稳压型设备还应包括气压罐及附件，其中无负压（叠压）设备应包括稳流补偿器。

5. 【答案】B

【解析】当主泵发生故障时，备用泵自动延时投入。水泵启动时间不应大于2min。

6. 【答案】B

【解析】由控制柜按照预先设定逻辑，定期自动控制消防水泵变频运行，并发出各类巡检信号。巡检周期不宜大于7d，每台消防水泵低速转动的时间不应少于2min。

7. 【答案】A

【解析】火灾紧急情况下，当消防泵组控制柜的控制线路出现故障不能自动启动消防水泵时，操作人员通过机械应急启动开关直接启动消防水泵。

8. 【答案】B

【解析】消防增压稳压设施主要由泵组、管道阀门及附件、测控仪表、操控柜等组成。稳压型设备还应包括气压罐及附件，其中无负压（叠压）设备应包括稳流补偿器。

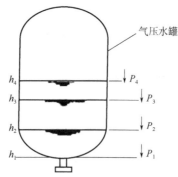

9. 【答案】A

【解析】以常见的设置有气压罐的消防稳压设施为例,在气压罐内预先设定有 P_1、P_2、P_3、P_4 四个压力控制点,通过压力开关(压力变送器)进行控制。其中,P_1 为气压罐止气/充气压力,即补气式气压罐止气装置的动作压力或胶囊式气压罐在罐或胶囊间的充气压力;P_2 为固定消防泵组启动压力;P_3 为稳压压力下限,即稳压泵启泵压力;P_4 为稳压压力上限,即稳压泵停泵压力。

10. 【答案】A

【解析】当火灾发生时,随着灭火设备开启用水,由于稳压泵流量较小,气压罐内的水量持续减少,罐内压力不断下降,当压力持续 10s 低于设定的消防泵组启动压力时,消防泵组自动启动向消防给水管网供水。

稳压泵组的主、备泵应采用交替运行方式。投入消防运行状态后,稳压泵组应停止工作。

11. 【答案】D

【解析】湿式、干式自动喷水灭火系统电气控制柜主要具备启/停泵、主/备泵切换、手/自动转换、双电源切换、巡检、保护、反馈、机械应急启动等功能。

12. 【答案】D

【解析】消防泵组电气控制柜的操作控制与工作状态见下表。

消防泵组电气控制柜的操作控制与工作状态

操作控制	工作状态	接收信号来源、作用
远程手动控制	自动状态	通过消防控制室多线控制盘可远程手动启/停消防水泵
主/备泵切换控制		操作人员通过旋转主/备泵转换开关,可设定火灾时需要立即启动的消防水泵(主泵)以及当主泵发生故障时需要自动接替启动的消防水泵(备泵)。消防水泵应互为备泵
机械应急启泵控制	自动或手动	火灾紧急情况下,当消防泵组控制柜的控制线路出现故障不能自动启动消防水泵时,操作人员通过机械应急启动开关直接启动消防水泵。日常维护时应进行机械应急启动消防水泵的功能测试
现场手动控制	手动状态	操作人员通过按下控制柜面板上启动按钮直接启动对应编号的消防水泵,通过按下停止按钮停止消防水泵运转。日常维护需要手动启动消防水泵进行压力和流量测试时,使用手动控制方式

13. 【答案】C

【解析】转换开关旋至左档位时，代表1号泵为主泵、2号泵为备用泵，简称1主2备；转换开关旋至右档位时，代表2号泵为主泵、1号泵为备用泵，简称2主1备。无论转换开关处于左档位还是右档位，均代表自动运行状态。此时，系统能够实现主泵自动启动的功能，控制柜面板手动控制失效。

二、多项选择题

1.【答案】ABCDE

【解析】当水泵控制柜的开关处于自动状态时，通过消防控制室多线控制盘可远程手动启/停消防水泵；通过消防控制室总线联动；高位消防水箱出水管流量开关、报警阀组压力开关和消防水泵出水干管压力开关，可自动启动消防水泵。

2.【答案】ABCDE

【解析】湿式、干式自动喷水灭火系统电气控制柜主要具备启/停泵、主/备泵切换、手/自动转换、双电源切换、巡检、保护、反馈、机械应急启动等功能。

3.【答案】CDE

【解析】注意事项如下：

1）消防水泵启动后，要密切注意控制柜、消防水泵、管网等设备运行情况，观察控制柜面板指示信息、电动机运转情况、消防水泵进出水管路压力是否正常，电动机和管网是否有异常振动或声响等。如遇异常情况，应紧急停车，并在运行记录表上记下运行情况，需要维修的应尽快报修。

2）长时间启泵操作时，应打开试水管路阀门或开启用水设备，形成泄水通道。

3）爱护设施设备，操作时应力度恰当、动作准确、档位转换清晰柔和，杜绝长按不放、野蛮换档等操作。涉电作业要注意安全，严守操作规程。

4）控制柜在平时应使消防水泵处于自动启泵状态。

4.【答案】BCDE

【解析】消防泵组电气控制柜设置有手动、自动转换开关，当开关处于手动档位时由控制柜面板启/停按钮手动控制水泵启停。当开关处于自动档位时可由多种方式控制水泵启动，具体包括以下几方面：

1）消防控制室总线联动启动。

2）消防控制室多线控制盘操作按钮启动。

3）高位消防水箱出水管流量开关启动。

三、判断题

1.【答案】错误

【解析】消防水泵应能手动启停和自动启动，不能自动停止。

2.【答案】错误

【解析】消防水泵不应设置自动停泵的控制功能，停泵应由具有管理权限的工作人员根据火灾扑救情况确定。

3.【答案】错误

【解析】消防水泵控制柜应设置机械应急启泵功能，并应保证在控制柜内的控制线路发生故障时由有管理权限的人员在紧急时启动消防水泵。机械应急启动时，应确保消防水泵在报警5min内正常工作。

4.【答案】正确

【解析】对于采用临时高压消防给水系统的高层或多层建筑，当高位消防水箱的设置不能满足系统最不利点处的静压要求时，应在建筑消防给水系统中设置增压、稳压设施，并采取配套设置气压罐等防止稳压泵频繁启停的技术措施。

5.【答案】正确

【解析】消防增压、稳压设施按安装位置不同，可分为上置式和下置式两种。

6.【答案】正确

【解析】消防增压、稳压设施按气压罐设置方式不同，可分为立式和卧式两种。

7.【答案】正确

【解析】按所服务的系统不同，可分为消火栓用、自动喷水灭火系统用和消火栓与自动喷水灭火系统合用消防增压、稳压设施等。

8.【答案】正确

【解析】消防水泵控制柜在平时应使消防水泵处于自动启泵状态。

9.【答案】错误

【解析】当主泵发生故障时，备用泵自动延时投入。水泵启动时间不应大于2min。

10.【答案】正确

【解析】在自动状态下，可自动或远程手动启动水泵，多线控制盘远程停止水泵。在手动状态下，可通过控制柜启/停按钮启动、停止水泵。

11.【答案】正确

【解析】控制柜设置有手动启/停每台消防水泵的按钮，并设有远程控制消防水泵启动的输入端子。消防水泵启动运行和停止应正常，指示灯、仪表显示应正常。

12.【答案】正确

【解析】控制柜应具备双电源自动切换功能。消防水泵使用的电源应采用消防电源，双电源切换装置可设置在消防泵组电气控制柜附近，也可以设置在消防泵组电气控制柜内。

13.【答案】正确

【解析】控制柜应具有过载保护、短路保护、过压保护、缺相保护、欠压保护、过热保护功能。出现以上状况时，消防泵组电气控制柜故障灯常亮，并发出故障信号。

14.【答案】正确

【解析】长时间启泵操作时，应打开试水管路阀门或开启用水设备，形成泄水通道。

15.【答案】正确

【解析】根据系统操作控制和维护管理的需要，湿式、干式自动喷水灭火系统电气控制柜主要具备启/停泵、主/备泵切换、手/自动转换、双电源切换、巡检、保护、反馈、机械应急启动等功能。

16.【答案】错误

【解析】消防水泵不设自动停泵的控制功能，其停止应由具有管理权限的工作人员根据火灾扑救情况确定，并通过消防控制室多线控制盘上启/停按钮或水泵房消防泵组电气控制柜上的停止按钮手动实施。

17.【答案】错误

【解析】消防泵组电气控制柜还应设置机械应急启泵功能，并应保证在控制柜内的控制线路发生故障时由有管理权限的人员在紧急时启动消防水泵。机械应急启动时，应确保消防水泵在报警 5min 内正常工作。

18.【答案】错误

【解析】对于采用临时高压消防给水系统的高层或多层建筑，当高位消防水箱的设置不能满足系统最不利点处的静压要求时，应在建筑消防给水系统中设置增压稳压设施。

19.【答案】错误

【解析】消防水泵启动方式中，消防控制室总线联动启动、高位消防水箱出水管流量开关启动、报警阀组压力开关启动和消防水泵出水干管压力开关启动属于自动启动控制，其他方式属于手动启动控制。

培训项目3 其他消防设施操作

培训单元1 使用消防电话

一、单项选择题

1. 【答案】C

【解析】消防电话系统由消防电话总机、消防电话分机、消防电话插孔、消防电话手柄和专用消防电话线路组成。

2. 【答案】A

【解析】消防电话总机应设置在消防控制室内，可以组合安装在柜式或琴台式的火灾报警控制柜内。

3. 【答案】D

【解析】消防电话总机具有通话录音、信息记录查询、自检和故障报警灯功能。

4. 【答案】B

【解析】固定式消防电话分机有被叫振铃和摘机通话的功能，主要用于与消防控制室电话总机进行通话使用。

5. 【答案】A

【解析】消防电话手柄为移动便携式电话，主要是插入电话插孔或手动火灾报警按钮电话插孔与电话总机进行通话。

6. 【答案】B

【解析】消防电话总机能为消防电话分机和消防电话插孔供电，可呼叫任意一部消防电话分机，并能同时呼叫至少两部消防电话分机。选项A正确。

收到消防电话分机呼叫时，消防电话总机能在3s内发出声、光呼叫指示信号。选项B错误。

消防电话总机在通话状态下可以允许或拒绝其他呼叫消防电话分机加入通话。选项C正确。

消防电话总机有录音功能，进行通话时，录音自动开始，并有光信号指示，通话结束，录音自动停止。选项D正确。

7. 【答案】B

【解析】消防电话系统由消防电话总机、消防电话分机、消防电话插孔、消防电话手柄和专用消防电话线路组成。

8. 【答案】B

【解析】当有分机、电话插孔呼叫总机时呼叫灯点亮，总机呼叫分机或电话插孔时呼叫灯点亮。

9. 【答案】C

【解析】在消防电话系统中，供电时电源灯点亮。

10. 【答案】A

【解析】在消防电话系统中，通信正常时通信灯点亮。

11. 【答案】D

【解析】在消防电话系统中，通话状态时通话灯点亮。

12. 【答案】D

【解析】在消防电话系统中，播放录音时播放灯点亮。

13. 【答案】B

【解析】在消防电话系统中，录音时录音灯点亮。

14. 【答案】C

【解析】在消防电话系统中，录音空间不足时录音满灯点亮。

15. 【答案】B

【解析】在消防电话系统中，当有分机呼入时，呼叫灯点亮。

16. 【答案】A

【解析】在消防电话系统中，当主机和分机处于通话状态时，通话灯点亮。

17. 【答案】D

【解析】在消防电话系统中，当设备正常工作时，工作绿色灯常亮。

18. 【答案】C

【解析】在消防电话系统中，当有呼入信号时，按接通键可接通呼入分机。

19. 【答案】D

【解析】在消防电话系统中，按下挂断键，可以挂断正在呼入、通话的分机，或取消当前呼出显示的分机。

二、多项选择题

1. 【答案】ACD

【解析】要挂断通话的消防电话分机，只需再按下其所对应的按键，也可按"挂断"键挂断，还可通过将消防电话主机话筒或消防电话分机话筒挂机的方式来挂断通话。通话结束，消防电话系统恢复正常工作状态。

2. 【答案】BC

【解析】处于通话状态的消防电话总机，当有其他消防电话分机呼入时，发出声、光呼叫指示信号，通话不受影响。消防电话总机有录音功能，进行通话时，录音自动开始，并有光信号指示。

3. 【答案】ABCD

【解析】消防电话总机具有通话录音、信息记录查询、自检和故障报警灯功能。

三、判断题

1. 【答案】正确

【解析】消防电话系统是用于消防控制室与建（构）筑物中各部位，尤其是消防泵房、防排烟机房等与消防作业有关的场所间通话的电话系统。

2. 【答案】正确

【解析】消防电话系统由消防电话总机、消防电话分机、消防电话插孔、消防电话手柄和专用消防电话线路组成，分为总线制和多线制两种形式。

3. 【答案】错误

【解析】处于通话状态的消防电话总机能呼叫任意一部及以上消防电话分机，被呼叫的消防电话分机摘机后，能自动加入通话。

4. 【答案】正确

【解析】消防电话总机能终止与任意消防电话分机的通话，且不影响与其他消防电话分机的通话。

5. 【答案】正确

【解析】消防电话分机本身不具备拨号功能，使用时操作人员将话机手柄拿起即可与消防总机通话。

6. 【答案】错误

【解析】固定式消防电话分机有被叫振铃和摘机通话的功能，主要用于与消防控制室电话总机进行通话使用。

7. 【答案】正确

【解析】消防电话插孔需要通过电话手柄配套使用，可与电话总机进行通话。

8. 【答案】正确

【解析】消防电话总机具有通话录音、信息记录查询、自检和故障报警灯功能。

9. 【答案】错误

【解析】消防电话总机具有通话录音、信息记录查询、自检和故障报警灯功能。

10. 【答案】正确

【解析】消防电话插孔需要通过电话手柄配套使用，可与电话总机进行通话，手动火灾报警按钮也可带有电话插孔。

11.【答案】正确

【解析】处于通话状态的消防电话总机，当有其他消防电话分机呼入时，发出声、光呼叫指示信号，通话不受影响。消防电话总机在通话状态下可以允许或拒绝其他呼叫消防电话分机加入通话。

12.【答案】错误

【解析】消防电话系统设置工作状态指示灯，通过指示灯可以直观地了解消防电话总机、电话分机等设备工作是否正常。

培训单元2 使用消防应急广播

一、单项选择题

1.【答案】D

【解析】消防应急广播系统主要由消防应急广播主机、功放机、分配盘、输出模块、音频线路及扬声器等组成。

2.【答案】A

【解析】消防应急广播主机是进行应急广播的主要设备，非事故情况下也可通过外部输入音源信号（如 CD/MP3 播放器、调谐器等）进行背景音乐广播。

3.【答案】B

【解析】消防应急广播功放机也称消防应急广播功率放大器，是消防应急广播系统的重要组成部分，是一种将来自信号源的电信号进行放大以驱动扬声器发出声音的设备，使用时需配接 CD 或 MP3 播放器。

4.【答案】D

【解析】消防应急广播分配盘可以外接两个扩展键盘，用以增大控制区域数量，还可以同时接入两路功放。

5.【答案】A

【解析】在消防应急广播系统中，当有电源接入时，电源指示灯点亮。

6.【答案】C

【解析】在消防应急广播系统中，当内部晶体管温度超过设定温度极限（90℃）6s 后发生过温故障，过温指示灯常亮。

7.【答案】B

【解析】在消防应急广播系统中，对指示器件和报警声器件进行检查，自检键按下常亮，检查完毕熄灭。

8.【答案】A

【解析】在消防应急广播系统中，当消防应急广播发生故障时，能在100s内发出故障声、光信号。

9.【答案】B

【解析】消防应急广播系统指示灯颜色及功能对照见下表。

表　消防应急广播系统指示灯颜色及功能对照

指示灯	颜色	功能
电源灯	绿色	电源接入时，电源指示灯点亮
过载灯	黄色	当输出功率大于额定功率120%并持续2s后，过载指示灯点亮
过温灯	黄色	当内部晶体管温度超过设定温度极限（90℃）6s后发生过温故障，指示灯常亮
监听灯	绿色	监听打开时常亮，关闭熄灭
消声灯	黄色	平时熄灭，有故障时按下消声键常亮
自检灯	绿色	对指示器件和报警声器件进行检查，按下常亮，检查完毕熄灭

10.【答案】B

【解析】消防应急广播系统中，可手动和自动控制应急广播分区，手动操作优先。

11.【答案】A

【解析】发生火灾时，消防控制室值班人员打开消防应急广播功放机主、备用电源开关，通过操作分配盘或消防联动控制器面板上的按钮选择播送范围，广播时，系统自动录音。

二、多项选择题

1.【答案】AC

【解析】在消防应急广播系统中，可手动和自动控制应急广播分区，手动操作优先。

2.【答案】BC

【解析】扬声器一般分为壁挂式扬声器和吸顶式扬声器。

3.【答案】ABCD

【解析】消防应急广播的基本功能包括应急广播功能、故障报警功能、自检功能和电源功能。

三、判断题

1.【答案】正确

【解析】消防应急广播系统是火灾情况下用于通告火灾报警信息、发出人员疏散语音指示及发生其他灾害与突发事件时发布有关指令的广播设备，也是消防联动控制设备的相关设备之一。

2.【答案】正确

【解析】在消防应急广播系统中，当进行广播时，系统自动录音。

3.【答案】错误

【解析】消防应急广播系统的线路应独立敷设并有耐热保护，不应和其他线路同槽或同管敷设。

4.【答案】错误

【解析】当内部晶体管温度超过设定温度极限（90℃）6s后发生过温故障，过温指示灯常亮。

5.【答案】正确

【解析】消防应急广播能按预定程序向保护区域广播火灾事故有关信息，广播语音清晰，距扬声器正前方3m处应急广播的播放声压级不小于65dB，且不大于115dB。

6.【答案】正确

【解析】消防应急广播发生故障时，能在100s内发出故障声、光信号并且故障声信号应能手动消除。

7.【答案】正确

【解析】扬声器一般分为壁挂式扬声器和吸顶式扬声器。

8.【答案】正确

【解析】消防应急广播系统处于正常工作状态，主机绿色工作状态灯常亮。

9.【答案】错误

【解析】消防应急广播能按预定程序向保护区域广播火灾事故有关信息，广播语音清晰，距扬声器正前方3m处应急广播的播放声压级不小于65dB，且不大于115dB。

培训单元3　手动操作防排烟系统

一、单项选择题

1.【答案】A

【解析】为保证疏散通道不受烟气侵害，使人员能够安全疏散，发生火灾时，加压送风应做到楼梯间压力＞前室压力＞走道压力＞房间压力。

2. 【答案】B

【解析】当防火分区内火灾确认后，应能在15s内联动开启常闭加压送风口和加压送风机。

3. 【答案】A

【解析】风机长时间运转时，应确保相应区域的送风（排烟）口处于开启状态。

4. 【答案】A

【解析】在火灾报警系统中，排烟口或排烟阀开启后由消防联动控制器自动联动控制排烟风机，同时停止该防烟分区的空气调节系统。

5. 【答案】A

【解析】排烟风机入口处的排烟防火阀在280℃关闭后直接联动排烟风机停止。

二、多项选择题

1. 【答案】ABCD

【解析】加压送风机可通过以下方式控制：

1）现场手动启动。

2）通过火灾自动报警系统自动启动。

3）消防控制室手动启动。

4）系统中任一常闭加压送风口开启时，加压风机自动启动。

2. 【答案】ABD

【解析】排烟防火阀可通过以下方式关闭：

1）温控自动关闭。

2）电动关闭。

3）手动关闭。

三、判断题

1. 【答案】错误

【解析】机械加压送风系统应与火灾自动报警系统联动，由加压送风口所在防火分区内的两只独立火灾探测器或一只火灾探测器与一只手动火灾报警按钮的报警信号作为送风口开启和加压送风机启动的联动触发信号。

2. 【答案】正确

【解析】排烟自动控制方式：由满足预设逻辑的报警信号联动排烟口或排烟阀开启。

3. 【答案】正确

【解析】排烟口或排烟阀开启后由消防联动控制器自动联动控制排烟风机,同时停止该防烟分区的空气调节系统,排烟风机入口处的排烟防火阀在280℃关闭后直接联动排烟风机停止。

培训单元4 手动、机械方式释放防火卷帘

一、单项选择题

1. 【答案】D

【解析】对于非疏散通道上设置的防火卷帘,由防火卷帘所在防火分区内任两只独立火灾探测器的报警信号作为防火卷帘下降的联动触发信号,联动控制防火卷帘直接下降到楼板面。

2. 【答案】B

【解析】对于疏散通道上设置的防火卷帘,由防火分区内任两只独立的感烟火灾探测器或任一只专门用于联动防火卷帘的感烟火灾探测器的报警信号联动控制防火卷帘下降至距楼板面1.8m处。

3. 【答案】B

【解析】在防火卷帘的任一侧距防火卷帘纵深0.5~5m内应设置不少于2只专门用于联动防火卷帘的感温火灾探测器。

4. 【答案】A

【解析】手动按钮盒是控制器配套部件,安装在卷帘洞口的两侧,用于控制防火卷帘的上升和下降,同时具备停止功能。手动按钮盒底边距地高度宜为1.3~1.5m。

5. 【答案】C

【解析】温控释放装置是一种温控连锁装置。当温控释放装置的感温元件周围的温度达到73±0.5℃时,温控释放装置动作,牵引开启卷门机的制动机构,松开刹车盘,卷帘依靠自重下降关闭。

6. 【答案】D

【解析】操作防火卷帘时,使用专用钥匙解锁防火卷帘手动控制按钮,设有保护罩的应先打开保护罩;将消防联动控制器设置为"手动允许"状态。

7. 【答案】B

【解析】手动按钮盒是控制器配套部件,安装在卷帘洞口的两侧,用于控制防火卷帘的上升和下降,同时具备停止功能。

二、多项选择题

1. 【答案】ABD

【解析】防火卷帘按启闭方式不同，可分为垂直式防火卷帘、侧向式防火卷帘、水平式防火卷帘。

2.【答案】BCD

【解析】手动按钮盒是控制器配套部件，安装在卷帘洞口的两侧，用于控制防火卷帘的上升和下降，同时具备停止功能。手动按钮盒底边距地高度宜为1.3~1.5m。

三、判断题

1.【答案】错误

【解析】对于疏散通道上设置的防火卷帘，由防火分区内任两只独立的感烟火灾探测器或任一只专门用于联动防火卷帘的感烟火灾探测器的报警信号联动控制防火卷帘下降至距楼板面1.8m处。

2.【答案】正确

【解析】对于非疏散通道上设置的防火卷帘，由防火卷帘所在防火分区内任两只独立火灾探测器的报警信号作为防火卷帘下降的联动触发信号，联动控制防火卷帘直接下降到楼板面。

3.【答案】错误

【解析】当温控释放装置的感温元件周围的温度达到73±0.5℃时，温控释放装置动作，牵引开启卷门机的制动机构，松开刹车盘，卷帘依靠自重下降关闭。

4.【答案】正确

【解析】对于疏散通道上设置的防火卷帘，由防火分区内任两只独立的感烟火灾探测器或任一只专门用于联动防火卷帘的感烟火灾探测器的报警信号联动控制防火卷帘下降至距楼板面1.8m处；由任一只专门用于联动防火卷帘的感温火灾探测器的报警信号联动控制防火卷帘下降到楼板面。

5.【答案】正确

【解析】对于非疏散通道上设置的防火卷帘，由防火卷帘所在防火分区内任两只独立火灾探测器的报警信号作为防火卷帘下降的联动触发信号，联动控制防火卷帘直接下降到楼板面。

培训单元5　操作防火门监控器和常开防火门

一、单项选择题

1.【答案】C

【解析】监控器应能接收来自火灾自动报警系统的火灾报警信号，并在30s内向电动闭门器或电磁释放器发出启动信号，点亮启动总指示灯。

2.【答案】A

【解析】监控器应在电动闭门器、电磁释放器或门磁开关动作后 10s 内收到反馈信号，并有反馈光指示，指示其名称或部位，反馈光指示应保持至受控设备恢复。

3.【答案】C

【解析】有下列故障时，监控器应在 100s 内发出与报警信号有明显区别的声、光故障信号，故障声信号应能手动消除，再有故障信号输入时应能再启动，故障光信号应保持至故障排除：

1）监控器的主电源断电。

2）监控器与电动闭门器、电磁释放器、门磁开关间连接线断路、短路。

3）电动闭门器、电磁释放器、门磁开关的供电电源故障。

4）备用电源与充电器之间的连接线断路、短路。

5）备用电源发生故障。

4.【答案】B

【解析】我国现行标准《防火门监控器》GB 29364 对指示灯颜色做出了统一规定。其中，红色用于指示启动信号、电动闭门器和电磁释放器的动作信号及门磁开关的反馈信号。

5.【答案】A

【解析】我国现行标准《防火门监控器》GB 29364 对指示灯颜色做出了统一规定。黄色用于指示故障、自检状态。

6.【答案】C

【解析】监控器应配有备用电源，并符合下列要求。

（1）备用电源应采用密封、免维护充电电池。

（2）电池容量应保证监控器在下列情况下正常可靠工作 3h：

1）监控器处于通电工作状态。

2）提供防火门开启以及关闭所需的电源。

（3）有防止电池过充电、过放电的功能；在不超过生产厂规定的电池极限放电情况下，应能在 24h 内完成对电池的充电。

7.【答案】D

【解析】监控器应配有备用电源，并符合下列要求。

（1）备用电源应采用密封、免维护充电电池。

（2）电池容量应保证监控器在下列情况下正常可靠工作3h：

1）监控器处于通电工作状态。

2）提供防火门开启以及关闭所需的电源。

（3）有防止电池过充电、过放电的功能；在不超过生产厂规定的电池极限放电情况下，应能在24h内完成对电池的充电。

二、多项选择题

1.【答案】ABDE

【解析】防火门的联动自动关闭，由常开防火门所在防火分区内的两只独立火灾探测器或一只火灾探测器与一只手动火灾报警按钮的报警信号作为常开防火门关闭的联动触发信号。

2.【答案】ACD

【解析】我国现行标准《防火门监控器》GB 29364对指示灯颜色做出了统一规定。其中，红色用于指示启动信号、电动闭门器和电磁释放器的动作信号及门磁开关的反馈信号。黄色用于指示故障、自检状态。绿色用于指示电源工作状态和电磁释放器的反馈信号。

三、判断题

1.【答案】正确

【解析】由常开防火门所在防火分区内的两只独立火灾探测器或一只火灾探测器与一只手动火灾报警按钮的报警信号作为常开防火门关闭的联动触发信号。

2.【答案】错误

【解析】疏散通道上各防火门的开启、关闭及故障状态信号应反馈至防火门监控器和消防控制室。

3.【答案】正确

【解析】根据防火门监控器面板按钮（键）设置情况，按下启动或释放按钮，可控制所有常开式防火门（总启动控制）或对应的常开式防火门（一对一启动控制）关闭。

4.【答案】错误

【解析】监控器应配有备用电源。电池容量应保证监控器正常可靠工作3h。

5.【答案】正确

【解析】监控器应有防火门故障状态总指示灯。防火门处于故障状态时，总指示灯应点亮，并发出声光报警信号。声信号的声压级（正前方1m处）应为65～85dB。故障声信号每分钟至少提示1次，每次持续时间应为1～3s。

培训单元6　操作应急照明控制器

一、单项选择题

1. 【答案】B

【解析】任一台应急照明控制器直接控制灯具的总数量不应大于3200只。

2. 【答案】C

【解析】应急照明控制器的主电源应由消防电源供电，控制器的自带蓄电池电源应至少使控制器在主电源中断后工作3h。

3. 【答案】A

【解析】集中控制型消防应急照明系统的联动应由消防联动控制器联动应急照明控制器实现。

4. 【答案】C

【解析】应急照明控制器接收到火灾报警控制器的火警信号后，应在3s内发出系统自动应急启动信号，控制应急启动输出干接点动作，发出启动声光信号，显示并记录系统应急启动类型和系统应急启动时间。

5. 【答案】C

【解析】自带电源集中控制型应急照明系统由应急照明集中控制器、应急照明配电箱、自带电源集中控制型消防应急灯具及相关附件组成。

6. 【答案】B

【解析】应根据建（构）筑物的规模、使用性质和日常管理及维护难易程度等因素确定消防应急照明和疏散指示系统的类型，并应符合下列规定：设置消防控制室的场所应选择集中控制型系统；设置火灾自动报警系统但未设置消防控制室的场所宜选择集中控制型系统；其他场所可选择非集中控制型系统。

二、多项选择题

1. 【答案】ACD

【解析】消防应急照明灯具按照应急供电方式不同，可分为自带电源型消防应急灯具、集中电源型消防应急灯具、子母型消防应急灯具。

2. 【答案】CD

【解析】消防应急照明灯具按应急控制方式不同，可分为集中控制型消防应急灯具、非集中控制型消防应急灯具。

三、判断题

1. 【答案】正确

【解析】消防应急照明和疏散指示系统按消防应急灯具控制方式的不同，可分为集中控制型系统和非集中控制型系统。

2.【答案】正确

【解析】集中电源集中控制型系统由应急照明集中控制器、应急照明集中电源、集中电源集中控制型消防应急灯具及相关附件组成，其中消防应急灯具可分为持续型或非持续型。

3.【答案】错误

【解析】自带电源集中控制型系统主要由应急照明集中控制器、应急照明配电箱、自带电源集中控制型消防应急灯具及相关附件组成。

4.【答案】正确

【解析】应急照明控制器应设置在消防控制室内或有人值班的场所；系统设置多台应急照明控制器时，起集中控制功能的应急照明控制器应设置在消防控制室内，其他应急照明控制器可设置在电气竖井、配电间等无人值班的场所。

5.【答案】错误

【解析】集中控制型消防应急照明系统的联动由消防联动控制器联动应急照明控制器来实现。

培训单元7　操作紧急迫降按钮迫降电梯

一、单项选择题

1.【答案】A

【解析】当确认火灾后，消防联动控制器应发出联动控制信号强制所有电梯停于首层或电梯转换层。

2.【答案】B

【解析】消防电梯应在消防员入口层（一般为首层）的电梯前室内设置供消防员专用的操作按钮，该按钮应设置在距消防电梯水平距离2m以内、距地面高度1.8~2.1m的墙面上。

3.【答案】C

【解析】迫降功能启动后，对于普通电梯，电梯组中的一台电梯发生故障，不影响其他电梯向指定层的运行。对于消防电梯，井道和机房照明自动点亮，消防电梯脱离同一组群中的所有其他电梯独立运行。到达指定层后，普通电梯"开门停用"，消防电梯"开门待用"。

4.【答案】D

【解析】启动迫降功能后，消防电梯应当停于首层或转换层。

5.【答案】D

【解析】消防控制室应能控制所有电梯全部回降首层。当确认火灾后，消防联动控制器应发出联动控制信号强制所有电梯停于首层或电梯转换层。消防控制室应能显示消防电梯的故障状态和停用状态。发生火灾时，不应立即切断电梯电源，消防电梯电源不得切断。

二、多项选择题

1.【答案】BCD

【解析】消防电梯紧急迫降的方法有消防控制室远程控制迫降、紧急迫降按钮迫降、自动联动控制迫降三种。

2.【答案】ABDE

【解析】迫降功能启动后，对于普通电梯，电梯组中的一台电梯发生故障，不影响其他所有其他电梯独立运行。到达指定层后，普通电梯"开门停用"，消防电梯"开门待用"。

三、判断题

1.【答案】正确

【解析】对于消防电梯，为方便火灾时消防人员接近和快速使用，其迫降要求是使电梯返回到指定层（一般指首层）并保持"开门待用"的状态。

2.【答案】正确

【解析】消防电梯应在消防员入口层（一般为首层）的电梯前室内设置供消防员专用的操作按钮（也称消防员开关、消防电梯开关），为防止非火灾情况下的人员误动，通常设有保护装置。

3.【答案】错误

【解析】由火灾自动报警系统确认火灾后，自动联动控制电梯转入迫降或消防工作状态。电梯运行状态信息和停于首层或转换层的反馈信号应传送给消防控制室显示。

培训模块三 设施保养

培训项目1 火灾自动报警系统保养

培训单元 保养火灾自动报警系统组件

一、单项选择题

1.【答案】D

【解析】接线保养是火灾显示盘的保养项目。

2.【答案】D

【解析】打印机是集中火灾报警控制器、消防联动控制器、消防控制室图形显示装置的保养项目。

3.【答案】D

【解析】接线保养是火灾显示盘的保养项目。

4.【答案】D

【解析】指示灯喇叭保养是火灾显示盘的保养项目。

5.【答案】D

【解析】无备用电源的保养内容。

6.【答案】D

【解析】选项D为控制器的注意事项。

7.【答案】C

【解析】选项C为控制器的注意事项。选项A、选项B为探测器的注意事项。选项D为应将设备恢复到正常工作状态。

8.【答案】D

【解析】选项D为控制器的注意事项。

二、多项选择题

1.【答案】ABCD

【解析】集中火灾报警控制器、消防联动控制器、消防控制室图形显示装置的保养项目有以下几项：

1）外壳外观保养。

2）指示灯保养。

3）显示屏保养。

4）开关按键、键盘、鼠标保养。

5）打印机保养。

2.【答案】ABCD

【解析】火灾显示盘保养项目有以下几项：

1）接线保养。

2）指示灯喇叭保养。

3）显示屏保养。

4）开关、按键保养。

开关按键、键盘、鼠标保养是集中火灾报警控制器、消防联动控制器、消防控制室图形显示装置的保养项目。

3.【答案】ABCD

【解析】线型感烟、感温火灾探测器保养项目有以下几项：

1）外壳外观保养。

2）底座稳定性检查。

3）接线端子检查。

4）探测器功能检查。

开关按键、键盘、鼠标保养是集中火灾报警控制器、消防联动控制器、消防控制室图形显示装置的保养项目。

三、判断题

1.【答案】正确

【解析】集中火灾报警控制器、消防联动控制器、消防控制室图形显示装置外壳外观保养要求为产品标识应清晰、明显，控制器表面应清洁，无腐蚀、涂覆层脱落和起泡现象，外壳无破损。

2.【答案】正确

【解析】集中火灾报警控制器、消防联动控制器、消防控制室图形显示装置指示灯保养要求为指示灯应清晰可见，功能标注清晰、明显。

3.【答案】正确

【解析】火灾显示盘开关、按键保养要求为开关和按键孔隙清洁，功能标注清楚、可读。

4.【答案】错误

【解析】线型感烟、感温火灾探测器报警功能测试的保养方法为将探测器响应阈值标定到探测器出厂设置的阈值，对可恢复的探测器采用专用检测仪器或模拟火灾的办法检查其能否发出火灾报警信号，并在终端盒上模拟故障，检查探测器能否发出故障信号，对不可恢复的线型感温火灾探测器，模拟火灾和故障，检查探测器能否发出火灾报警和故障信号。

5.【答案】错误

【解析】电气火灾监控器外壳外观保养方法为用抹布将壳体及机内设备和线材清洁干净，确保表面无污迹。如果发现柜内有水，应该用干燥的抹布擦拭干净，保证柜体在干燥情况下通电，发现油漆脱落应及时涂补。

6.【答案】正确

【解析】可燃气体报警控制器指示灯保养方法为指示灯和显示屏表面应用湿布擦拭干净，出现指示灯无规则闪烁故障或损坏应及时更换，如显示屏有显示不正常的问题应及时修复。

培训项目2　湿式、干式自动喷水灭火系统保养

培训单元　保养湿式、干式自动喷水灭火系统

一、单项选择题

1.【答案】D

【解析】泵组保养属于消防泵组及电气控制柜保养。

2.【答案】A

【解析】A 水流指示器保养。A 错误。

3.【答案】D

【解析】选项 D 为试验装置保养，系统末端试水装置、楼层试水阀等阀门外观和启闭状态、压力表监测情况。

4.【答案】C

【解析】选项 C 为控制柜功能保养要求。仪表、指示灯、开关、按钮状态正常，标识正确，活动部件运转灵活、无卡滞为控制柜外观保养要求。

5.【答案】C

【解析】手/自动转换、主/备用电源切换功能正常，机械应急启动功能正常，手动和联动启泵功能正常，手动停泵功能正常，为控制柜功能的保养要求。接线处

无打火、击穿和烧蚀为控制柜电气部件保养要求。

6.【答案】D

【解析】选项 D 为控制柜外观的保养要求。

7.【答案】C

【解析】选项 C 为稳压泵组保养项目的保养要求。

8.【答案】D

【解析】选项 D 为气压罐及供水附件保养项目的保养要求。

二、多项选择题

1.【答案】ABCD

【解析】湿式、干式自动喷水灭火系统组件包含以下保养项目：阀门保养、管道保养、报警阀组保养、水流指示器保养、试验装置保养。控制柜工作环境是消防泵组及电气控制柜的保养项目。

2.【答案】ABCD

【解析】消防增压稳压设施泵组包含以下保养项目：机房环境检查、消防水箱保养、电气控制柜保养、稳压泵组保养、气压罐及供水附件保养。

控制柜工作环境是消防泵组及电气控制柜的保养项目。

3.【答案】ABCD

【解析】消防设施维护保养人员应根据维护保养计划在规定的周期内对所要求项目分别实施保养。保养应结合外观检查和功能测试进行，通常采用清洁、紧固、调整、润滑的方法。

三、判断题

1.【答案】正确

【解析】消防设施维护保养人员应根据维护保养计划，在规定的周期内对所要求项目分别实施保养。保养应结合外观检查和功能测试进行，通常采用清洁、紧固、调整、润滑的方法。对电气元器件的清洁应使用吸尘器或软毛刷等工具，其他组件可使用不太湿的布进行擦拭。对损坏件应及时维修或更换。

2.【答案】正确

【解析】报警阀组的保养方法如下：

1）检查报警阀组的标识是否完好、清晰，报警阀组组件是否齐全，表面有无裂纹、损伤等现象。检查各阀门启闭状态、启闭标识、锁具设置和信号阀信号反馈情况是否正常，报警阀组设置场所的排水设施有无排水不畅或积水等情况。

2）检查阀瓣上的橡胶密封垫，表面应清洁无损伤，否则应清洗或更换。检查阀座的环形槽和小孔，发现积存泥沙和污物时应进行清洗。阀座密封面应平整，无碰伤和压痕，否则应修理或更换。

3）检查湿式自动喷水灭火系统延迟器的漏水接头，必要时应进行清洗，防止异物堵塞，保证其畅通。

4）检查水力警铃铃声是否响亮，清洗报警管路上的过滤器。拆下铃壳，彻底清除脏物和泥沙并重新安装。拆下水轮上的漏水接头，清洁其中集聚的污物。

3.【答案】正确

【解析】检查水流指示器，发现有异物、杂质等卡阻桨片的，应及时清除。开启末端试水装置或者试水阀，检查水流指示器的报警情况，发现存在断路、接线不实等情况的，重新接线至正常。发现调整螺母与触头未到位的，重新调试到位。

4.【答案】正确

【解析】检查系统（区域）末端试水装置、楼层试水阀的设置位置是否便于操作和观察，有无排水设施。检查末端试水装置压力表能否准确监测系统、保护区域最不利点静压值。通过放水试验，检查系统启动、报警功能以及出水情况是否正常。

5.【答案】正确

【解析】消防设施维护保养人员应根据维护保养计划，在规定的周期内对所要求项目分别实施保养。保养应结合外观检查和功能测试进行，通常采用清洁、紧固、调整、润滑的方法。对电气元器件的清洁应使用吸尘器或软毛刷等工具，其他组件可使用不太湿的布进行擦拭。对损坏件应及时维修或更换。

6.【答案】正确

【解析】消防设施维护保养人员应根据维护保养计划在规定的周期内对所要求项目分别实施保养。保养应结合外观检查和功能测试进行，通常采用清洁、紧固、调整、润滑的方法。对电气元器件的清洁应使用吸尘器或软毛刷等工具，其他组件可使用不太湿的布进行擦拭。损坏件应及时维修或更换。

培训项目3　其他消防设施保养

培训单元　保养其他消防设施

一、单项选择题

1.【答案】D

【解析】无接线检查相关内容。

2.【答案】D

【解析】无功能检查相关内容。

3.【答案】D

【解析】无操作按钮保养相关内容。

4.【答案】D

【解析】无切换开关保养相关内容。

5.【答案】D

【解析】无卷帘门保养相关内容。

6.【答案】D

【解析】无仪表、指示灯、开关和控制按钮状态均正常保养要求。

7.【答案】D

【解析】无运行平稳无卡滞、无阻碍垂壁动作的障碍物保养要求。

二、多项选择题

1.【答案】ABCD

【解析】消防设备末端配电装置的保养项目如下：

1）指示灯保养。

2）操作按钮保养。

3）切换开关保养。

4）自动空气开关保养。

5）母线保养。

6）熔断器保养。

7）断路器保养。

8）柜体保养。

外观检查是消防电话系统的保养项目。

2.【答案】ABC

【解析】消防应急广播设备的保养项目如下：

1）外观检查。

2）接线检查。

3）功能检查。

外观检查是消防电话系统的保养项目。

三、判断题

1.【答案】正确

【解析】消防设备末端配电装置的清扫和检修一般每年至少一次，其内容除清扫和摇测绝缘外，还应检查各部连接点和接地处的紧固状况。

2. 【答案】正确

【解析】消防电梯的井底应设置排水设施，排水井的容量不应小于 $2m^3$，排水泵的排水量不应小于 10L/s。

3. 【答案】正确

【解析】在手动状态和自动状态下启动消防应急广播，监听扬声器应有声音输出，语音清晰不失真。距扬声器正前方 3m 处，用数字声级计测量消防应急广播声压级（A 权计）不应小于 65dB，且不应大于 115dB。

4. 【答案】正确

【解析】保养工作完成后，保养人员需要仔细检查并确保没有异物落入且遗留在机柜（壳）内及电器元件及线路中，检查完成后方可通电。

5. 【答案】正确

【解析】消防电话系统保养时的注意事项是接线检查应在消防电话总机断电状态下进行。

培训模块四　设施维修

培训项目1　火灾自动报警系统维修

培训单元　更换火灾自动报警系统组件

一、单项选择题

1. 【答案】D

【解析】总线式电源线发生故障是控制器显示"模块故障"的原因分析。

2. 【答案】D

【解析】重新安装火灾警报装置，拧紧底座接线端子是控制器显示"火灾警报装置"的修复方法。

3. 【答案】D

【解析】重新编码是控制器显示"器件故障"的修复方法。

4. 【答案】A

【解析】重新编码是控制器显示"器件故障"的修复方法。

5. 【答案】D

【解析】编码错误是火灾警报装置控制器显示"模块故障"的原因分析。

6. 【答案】D

【解析】模块自身损坏是控制器显示"模块故障"、模块"巡检灯"不闪亮的原因分析。

二、多项选择题

1. 【答案】AB

【解析】线型感烟火灾探测器故障灯常亮的修复方法有：

1）更换探测器。

2）重新调整探测器发射端和接收端的安装角度，至其正常修复方法。

调整探测器发射端和接收端的安装位置，避开障碍物，清洁探测器后，重新调试到位，是火警灯常亮的修复方法。

修复供电线路至电压正常是工作灯不亮的修复方法。

2. 【答案】AB

【解析】点型火灾探测器故障的修复方法有：

1）用无水酒精擦拭或吸尘器除尘。

2）更换探测器修复方法。

调整探测器发射端和接收端的安装位置，避开障碍物，清洁探测器后，重新调试到位，是线型火灾探测器火警灯常亮修复方法。

修复供电线路至电压正常是线型火灾探测器工作灯不亮的修复方法。

三、判断题

1. 【答案】正确

【解析】火灾自动报警系统组件操作的准备：螺丝刀（螺钉旋具）等通用维修工具、火灾自动报警系统组件专用拆卸工具；火灾自动报警系统的消防系统图、平面布置图、产品使用说明书、"建筑消防设施故障维修记录表"。

2. 【答案】正确

【解析】更换前需记录故障点的设备编码，查明故障原因，有针对性地进行维修。所更换的产品在规格、型号、功能上应满足原设计要求。设备更换后需进行测试，验证其功能是否满足设计要求。由于火灾警报装置、模块等为有源器件，对其更换维修时要格外小心，非专业人员不要随意拆卸火灾警报装置。不同生产厂家的火灾自动报警系统组件拆装方法有差异，本书仅以某种产品为例，实际拆装请参照各生产厂家产品安装使用说明书进行。总线设备地址更换后，应在火灾报警控制器上对其重新进行注册。

3.【答案】正确

【解析】更换火灾自动报警系统组件的操作程序中第一步是接通电源，使火灾自动报警系统中组件处于故障状态（采用损坏的组件）。

4.【答案】正确

【解析】更换火灾自动报警系统组件的操作程序中第六步是填写"建筑消防设施故障维修记录表"。

培训项目2　自动灭火设施维修

培训单元　更换湿式、干式自动喷水灭火系统组件

一、单项选择题

1.【答案】D

【解析】关紧排水阀门是湿式报警阀组漏水的维修方法。

2.【答案】D

【解析】阀座环形槽和小孔堵塞属于湿式报警阀开启后报警管路不排水的原因分析。

3.【答案】D

【解析】压力表损坏或压力表进水管路堵塞是湿式报警阀阀前压力表显示正常，但阀后压力表显示无压力或水压不足的原因分析。

4.【答案】D

【解析】报警阀渗漏严重通过报警管路流出是报警管路误报警的原因分析。

5.【答案】D

【解析】编码错误是火灾警报装置控制器显示"模块故障"的原因分析。

6.【答案】C

【解析】与总线无关，应为多线控制盘配用的切换模块线路发生故障或模块损坏。

二、多项选择题

1.【答案】ABC

【解析】湿式报警阀阀后压力表显示正常，但阀前压力表显示无压力或水压不足的维修方法有：

1）更换压力表或对进水管路进行冲洗、维修。

2）排查并打开被误关的阀门。

3）进行水箱补水作业维修方法。

开启报警管路控制阀，卸下限流装置，冲洗干净后重新安装回原位是湿式报警阀开启后报警管路不排水的维修方法。

2.【答案】ABC

【解析】稳压泵漏水的维修方法有：

1）更换密封圈。

2）检查设施—管道接口渗漏点，管道接口锈蚀、磨损严重的，更换管道接口相关部件。

3）维修或更换控制阀的维修方法，打开就近的泄水通道，完全排除管道空气。检查管道渗漏点并进行补漏是稳压泵在规定时间内不能恢复压力的维修方法。

三、判断题

1.【答案】正确

【解析】稳压泵启动频繁的原因分析有：

1）管网有泄漏，不能正常保压。

2）稳压泵启停压力设定不正确或电接点压力表（压力开关）损坏。

2.【答案】正确

【解析】消防水泵接合器漏水的原因分析有：

1）止回阀安装方向错误。

2）止回阀损坏。

3）止回阀被砂石等异物卡住。

3.【答案】正确

【解析】热敏喷头的公称动作温度与色标，红色为68℃。

4.【答案】正确

【解析】通用型喷头既可直立安装也可下垂安装，在一定的保护面积内，将水呈球状分布向下、向上喷洒。

培训项目3　其他消防设施维修

培训单元1　更换消防电话系统、消防应急广播系统组件

一、单项选择题

1.【答案】D

【解析】分机或插孔自身损坏是分机或插孔"巡检灯"不闪亮的原因分析。

2.【答案】D

【解析】广播模块损坏或广播线路发生故障的原因分析是消防应急广播启动后现场音箱无音源输出。

3.【答案】D

【解析】将分机挂回分机底座是分机不断呼叫电话主机的修复方法。

4.【答案】D

【解析】更换广播模块或修复广播线路故障至正常是消防应急广播启动后现场音箱无音源输出的修复方法。

5.【答案】D

【解析】无进行编码步骤选项D不属于。正确步骤如下：

1）确定故障点位置。

2）查找故障原因。

3）更换组件。

4）功能检查。

5）维修记录。

二、多项选择题

1.【答案】ABC

【解析】消防电话系统分机不断呼叫电话主机的处理方式如下：

1）将分机挂回分机底座。

2）修复外挂线路故障至正常。

3）找出重码设备重新拨码。

更换分机或插孔，修复电话总线故障至电压正常是分机或插孔"巡检灯"不闪亮的维修方法。

2.【答案】ABC

【解析】消防应急广播系统消防应急广播无法应急启动的处理方式如下：

1）修复通信线路或更换广播控制器。

2）重新导入应急广播的音源文件。

3）查找功率放大器线路故障并修复或更换功率放大器。

更换广播模块或修复广播线路故障至正常、更换扬声器或修复扬声器线路故障至正常是消防应急广播启动后现场音箱无音源输出的维修方法。

三、判断题

1.【答案】正确

【解析】消防电话系统常见故障中分机不断呼叫电话主机原因分析有以下几方面：

1）分机与底座意外脱落。

2）分机外挂线路发生故障。

3）分机或插孔间重码。

2. 【答案】正确

【解析】消防电话系统常见故障中分机或插孔"巡检灯"不闪亮的原因分析有以下几方面：

1）分机或插孔自身损坏。

2）电话总线断路。

3）分机或插孔安装不牢靠，底座接线松动。

3. 【答案】正确

【解析】消防应急广播系统常见故障中消防应急广播无法应急启动原因分析有以下几方面：

1）广播控制器发生通信故障或损坏。

2）广播控制器音源文件丢失。

3）功率放大器发生线路故障导致过载或损坏。

培训单元2　更换消防应急灯具

一、单项选择题

1. 【答案】A

【解析】系统应急启动后，蓄电池电源供电时持续工作时间应满足以下几点要求：

1）建筑高度大于100m的民用建筑，不应少于1.5h。

2）医疗建筑、老年人照料设施、总建筑面积大于100000m² 的公共建筑和总建筑面积大于20000m² 的地下、半地下建筑，不应少于1.0h。

3）其他建筑，不应少于0.5h。

2. 【答案】B

【解析】主电源工作指示灯熄灭，系统故障工作灯点亮，应急照明控制器主机报出主电源故障。

3. 【答案】A

【解析】备用电源工作指示灯熄灭，系统故障工作灯点亮，应急照明控制器主机报出备用电源故障。

4. 【答案】A

【解析】利用万用表检查消防应急灯具的供电线路是否存在断路或者供电电压过低等问题，若线路供电正常，则应更换同一规格型号的新消防应急灯具。

5. 【答案】D

【解析】更换消防应急灯具之前，应关闭应急照明控制器和消防集中应急电源，切断消防应急灯具供电，保证灯具更换工作的整个过程都是在断电的环境下进行的。

二、多项选择题

1. 【答案】ABCE

【解析】更换消防应急灯具的操作准备工作有以下几方面：

1）消防应急照明和疏散指示系统。

2）常用工具为剥线钳、绝缘胶带、万用表、灯具编码器等。

3）消防应急照明和疏散指示系统的系统图及平面布置图。

4）建筑消防设施故障维修记录表。

2. 【答案】BCD

【解析】检查蓄电池是否有损坏，若已损坏，则更换符合要求的蓄电池；检查蓄电池端子是否接触良好，若接线端子松动，应使用螺丝刀（螺钉旋具）将其重新紧固；检查蓄电池端子接线是否正确（黑色端子应接负极，红色端子应接正极），若接线错误，应按产品安装说明书要求重新接线；检查备用电源熔丝是否损坏，若已损坏，应更换新的满足要求的熔丝。

三、判断题

1. 【答案】正确

【解析】光源故障包括消防应急照明灯应急时不亮、消防应急标志灯不亮、照明灯光源不亮、标志灯光源损坏等。

2. 【答案】错误

【解析】消防应急照明灯系统应急启动后，医疗建筑、老年人照料设施、总建筑面积大于 100000m² 的公共建筑和总建筑面积大于 20000m² 的地下、半地下建筑，不应少于 1.0h。

培训单元 3　更换防火卷帘和防火门组件

一、单项选择题

1. 【答案】C

【解析】防火卷帘升降不到位的主要原因有行程开关调节不准确和异物卡住。

2. 【答案】B

【解析】防火卷帘控制器扬声器"嘟嘟"循环鸣叫，面板电源灯闪烁，故障灯常亮的原因是缺相、断电。

3. 【答案】C

【解析】常开式防火门无法正常关闭的主要原因有以下几方面：

1）电磁释放器无法消磁。

2）电动闭门器滑槽内锁舌过紧或位置不当致防火门开启角度过大。

3）闭门器损坏。

4）模块损坏或无联动公式。

5）防火门监控器发生故障。

6）闭门器、连杆安装角度不正确。

4. 【答案】D

【解析】防火门关闭后挡烟性能差的原因有以下几方面：

1）防火门与建筑框架间存在缝隙。

2）防火门密封条安装不到位。

3）防火门密封条膨胀系数不符合要求。

5. 【答案】C

【解析】防火门监控器不报警的原因主要有以下几方面：

1）电源发生故障。

2）线路发生故障。

3）控制板损坏或声响部件损坏。

二、多项选择题

1. 【答案】BCD

【解析】常开式防火门无法锁定在开启状态的主要原因有以下几方面：

1）无 DC24V 电压或电压过低。

2）防火门监控模块损坏。

3）电动闭门器滑槽内锁舌损坏。

2. 【答案】ABCD

【解析】防火卷帘手动按钮盒不能启动防火卷帘的主要原因有以下几方面：

1）电源发生故障。

2）卷门机发生故障。

3）手动按钮开关断路。

4）行程开关断开。

5）卷门机过热保护。

6）卷帘被卡住。

三、判断题

1.【答案】正确

【解析】更换防火卷帘手动按钮盒前应关闭防火卷帘控制器电源。

2.【答案】正确

【解析】不同厂家和型号的产品安装方法存在差异，安装前应详细阅读产品安装使用说明书。

3.【答案】正确

【解析】检修完成后应记录维修情况，清理作业现场。

培训单元4　维修消火栓箱组件

一、单项选择题

1.【答案】A

【解析】室内消火栓箱主要由箱体、室内消火栓、消防水枪、消防水带和消火栓按钮组成。

2.【答案】A

【解析】绑扎消防水带时，应使用16号铁丝。

3.【答案】B

【解析】更换消火栓按钮时，应检查新按钮无损伤、松动，核对新按钮规格型号与原按钮一致。

4.【答案】C

【解析】可通过查阅资料、查询火灾自动报警系统、读取旧按钮编码等方式获取该按钮编码，并对新按钮进行编码写入。

5.【答案】A

【解析】依次完成其他箍槽缠绕绑扎后，进行收尾紧固并剪断多余铁丝。完成收尾后，将铁丝向回折，敲压使之尽量贴合水带表面，防止使用时划破水带或划伤人员。

6.【答案】B

【解析】消火栓绑扎完成后，连接室内消火栓、水带、水枪进行出水试验，测试绑扎质量。

7.【答案】 B

【解析】 更换室内消火栓时应关闭更换消火栓的供水阀门。若消火栓附近设置有检修蝶阀，关闭该蝶阀即可。若未设置检修蝶阀，则关闭该消火栓所在的竖管与供水横干管相接处的供水控制阀。

二、多项选择题

1.【答案】 ABCD

【解析】 消火栓出水压力不足的原因主要有以下几方面：

1）管网渗漏严重。

2）临时高压系统消防水泵未启动。

3）消防水泵出水管路阀门未完全开启。

4）消防水泵试水管路阀门被误开启。

5）出水管路泄压阀起跳泄水。

6）设有稳压设施的，压力设定不正确或稳压设施损坏。

2.【答案】 ABCD

【解析】 稳压装置不能稳压的原因主要有以下几方面：

1）缺电或消防泵组电气控制柜、稳压泵损坏。

2）消防水箱无水或稳压泵进水管阀门被误关闭。

3）压力开关损坏或设定不正确。

4）气压罐漏气严重。

三、判断题

1.【答案】 错误

【解析】 室外消火栓系统按用途不同，可分为独立管网的消火栓系统和合用管网的消火栓系统，按管网布置形式不同，可分为环状管网消火栓系统和枝状管网消火栓系统，按供水压力不同，可分为高压消火栓系统、临时高压消火栓系统和低压消火栓系统。

2.【答案】 错误

【解析】 临时高压室内消火栓系统按稳压设施的设置情况不同，可分为无稳压设施、上置式稳压和下置式稳压三种形式。

3.【答案】 错误

【解析】 更换室内消火栓时，清理管道丝扣处的杂物，用麻丝缠绕丝扣并用液体生料带（或铅油）涂覆。

4.【答案】 正确

【解析】维修消火栓箱注意事项如下：

（1）不同厂家和型号的消火栓按钮端子设置和线路连接存在一定的差异，作业前应详细阅读产品资料，作业过程中要注意做好核查和确认工作。

（2）在水带绑扎的整个过程中，铁丝要一直处于受力状态，确保水带与接口之间的贴合度。

（3）使用管钳安装消火栓时，可在管牙处垫覆软物以防消火栓作业面产生损伤。如产生漆面损伤，应及时进行补漆。

5.【答案】正确

【解析】维修消火栓箱注意事项如下：

（1）不同厂家和型号的消火栓按钮端子设置和线路连接存在一定的差异，作业前应详细阅读产品资料，作业过程中要注意做好核查和确认工作。

（2）在水带绑扎的整个过程中，铁丝要一直处于受力状态，确保水带与接口之间的贴合度。

（3）使用管钳安装消火栓时，可在管牙处垫覆软物以防消火栓作业面产生损伤。如产生漆面损伤，应及时进行补漆。

培训单元5　维修水基型灭火器和干粉灭火器

一、单项选择题

1.【答案】A

【解析】水基型灭火器超过出厂期满3年或首次维修以后每满1年的维修期限应做维修。

2.【答案】B

【解析】干粉型灭火器超过出厂期满5年或首次维修以后每满2年的维修期限应进行维修。

3.【答案】D

【解析】干粉型灭火器超过出厂时间10年需作报废。

4.【答案】D

【解析】灭火器维修时必须更换的零部件有灭火器上的密封片、圈、垫等密封零件和水基型灭火剂。

5.【答案】B

【解析】水压试验机的额定工作压力不小于3MPa。

6.【答案】C

【解析】维修灭火器需具备基本的保障条件包括维修场所、维修设备、维修人员和维修质量管理制度。

7.【答案】A

【解析】灭火器维修用房应满足我国现行标准《灭火器维修》GA 95 的要求，建筑面积不应少于100m²。

二、多项选择题

1.【答案】ABD

【解析】对外观目测判断，有下列情况之一者，应作报废处理：

1）铭牌标识脱落，或虽有铭牌标识，但标识上生产商名称无法识别、灭火剂名称和充装量模糊不清，以及永久性标识内容无法辨认。

2）瓶体被火烧过。

3）瓶体有严重变形。

4）瓶体外部涂层脱落面积大于气瓶总面积的1/3。

5）瓶体外表面、连接部位、底座等有腐蚀的凹坑。

6）由不合法的维修机构维修过。

2.【答案】ACD

【解析】维修记录包括维修前的原始信息记录、维修过程中的记录和灭火器报废记录。

三、判断题

1.【答案】正确

【解析】灭火器维修是指对每个灭火器进行全面彻底的检查及重新组装再利用的过程。

2.【答案】错误

【解析】维修灭火器前，首先要对送修的灭火器逐具做好原始信息登记。

3.【答案】错误

【解析】为防止维修中清除的灭火剂对环境造成污染，应对清除的灭火剂按其特性要求和环保要求进行分类回收处理：一是回收用于再充装或用作生产灭火剂的副料利用；二是进行废弃处理。

4.【答案】错误

【解析】一般对于水基型灭火器，不论其是否使用过，清除的灭火剂不再回收利用，但废弃处理一定要符合环保要求。

5.【答案】正确

【解析】从开启或使用过的干粉灭火器内清除出的剩余灭火剂，不能用于再充装。

培训单元6 更换防烟排烟系统组件

一、单项选择题

1.【答案】D

【解析】任一常闭风口开启时，风机不能自动启动的原因主要有以下几方面：

1）未按要求设置联锁控制线路或控制线路发生故障。

2）风机控制柜处于"手动"状态。

3）风机及控制柜发生故障。

2.【答案】A

【解析】风机运行振动剧烈的原因有以下几方面：

1）叶轮变形或不平衡。

2）轴承磨损或松动。

3）风机轴与电动机轴不同心。

4）叶轮定位螺栓或夹轮螺栓松动。

5）叶片质量不对称或部分叶片磨损、腐蚀。

6）叶片上有不均匀的附着物。

7）基础螺栓松动，引起共振。

3.【答案】C

【解析】风机运行噪声过大的原因有以下几方面：

1）叶轮与机壳摩擦。

2）轴承部件磨损，间隙过大。

3）转速过高。

4.【答案】D

【解析】活动挡烟垂壁升降不顺畅、升降不到位的原因有以下几方面：

1）导轨卡阻。

2）上、下限位的调试不规范。

5.【答案】D

【解析】风阀不能自动启动的原因有以下几方面：

1）未满足与逻辑。

2）控制模块或线路发生故障。

3）未编写联动公式或联动公式错误。

4）风阀发生故障。

6.【答案】B

【解析】风机运行温度异常的原因有以下几方面：

1）管网阻力过大。

2）流量超过额定值。

3）输入电压过高或过低。

4）供电线路电线截面过小。

5）润滑油脂不够。

6）润滑油脂质量不良。

7）风机轴与电动机轴不同心。

8）轴承损坏。

9）风机内部、叶轮积灰。

二、多项选择题

1.【答案】ABCD

【解析】消防控制室不能远程手动启停风机的原因主要有以下几方面：

1）专用线路发生故障。

2）多线控制盘按钮接触不良或多线控制盘损坏。

3）与多线控制盘配套用的切换模块线路发生故障或模块损坏。

4）多线控制盘未解锁处于"手动禁止"状态，或风机控制柜处于"手动"状态。

5）风机及控制柜发生故障。

2.【答案】ABCD

【解析】风机不能自动启动的原因主要有以下几方面：

1）消防联动控制器处于"自动禁止"状态。

2）联动控制线路发生故障或控制模块损坏。

3）联动公式错误。

4）风机控制柜处于"手动"状态。

5）风机及控制柜发生故障。

三、判断题

1.【答案】错误

【解析】不同厂家和型号的产品，其安装和接线方式存在差异，更换前应详细阅读产品说明书。

2.【答案】正确

【解析】检查信号反馈功能时，宜将消防联动控制设置为"自动禁止"，风机控制柜设置为"手动"工作状态，测试完成后恢复。

3. 【答案】正确

【解析】现场启动风机需将风机的控制柜处于"手动"状态。

培训模块五　设施检测

培训项目1　火灾自动报警系统检测

培训单元1　检查火灾自动报警系统组件

一、单项选择题

1. 【答案】C

【解析】火灾报警控制器、火灾显示器、消防联动控制器等控制器类设备在墙上安装时，其主显示屏高度宜为1.5～1.8m。

2. 【答案】D

【解析】点型火灾探测器在宽度小于3m的内走道顶棚上宜居中布置，感温火灾探测器的安装间距不应超过10m，感烟火灾探测器的安装间距不应超过15m。

3. 【答案】C

【解析】从一个防火分区内的任何位置到最邻近的手动火灾报警按钮的步行距离不应大于30m。

4. 【答案】B

【解析】每个报警区域内应均匀设置火灾警报器，其声压级不应小于60dB；在环境噪声大于60dB的场所，其声压级应高于背景噪声15dB。

5. 【答案】B

【解析】严禁将模块设置在配电（控制）柜（箱）内。

6. 【答案】B

【解析】线型红外光束感烟火灾探测器发射器和接收器之间的探测区域长度不宜超过100m。

二、多项选择题

1. 【答案】ABC

【解析】按照我国现行标准《建筑消防设施的维护管理》GB 25201 的规定，投入运行的火灾自动报警系统各组件的检测内容主要有以下几方面：

（1）火灾报警控制器。试验火警报警、故障报警、火警优先、打印机打印、自检、消声等功能。

（2）火灾探测器、手动火灾报警按钮。试验报警功能。

（3）火灾警报器。试验警报功能。

2.【答案】ACD

【解析】火灾警报器应设置在每个楼层的楼梯口、消防电梯前室、建筑内部拐角等处的明显部位，且不宜与安全出口指示标志灯具设置在同一面墙上。

三、判断题

1.【答案】错误

【解析】控制器的主电源应有明显的永久性标识，并应直接与消防电源连接，严禁使用电源插头。

2.【答案】错误

【解析】点型火灾探测器距墙壁、梁边及遮挡物不应小于 0.5m，距空调送风口最近边的水平距离不应小于 1.5m，距多孔送风顶棚孔口的水平距离不应小于 0.5m。

3.【答案】正确

【解析】点型火灾探测器的确认灯应面向便于人员核查的主要入口方向。

4.【答案】错误

【解析】火灾探测器宜水平安装，当确需倾斜安装时，倾斜角不应大于 45°。

培训单元 2 测试火灾自动报警系统组件功能

一、单项选择题

1.【答案】A

【解析】火灾警报装置启动后，使用声级计测量其声信号至少在一个方向上 3m 处的声压级应不小于 75dB（A 计权），具有光警报功能的，光信号在 100 ~ 500lx 环境光线下，25m 处应清晰可见。

2.【答案】C

【解析】检测完毕后，应将各火灾自动报警系统组件恢复至原状并填写"建筑消防设施检测记录表"。

3.【答案】A

【解析】消除探测器内及周围烟雾，复位火灾报警控制器，通过报警确认灯显示探测器其他工作状态时，被显示状态应与火灾报警状态有明显区别。

4.【答案】B

【解析】点型感烟火灾探测器的测试方法如下：

（1）采用点型感烟火灾探测器试验装置，向探测器释放烟气，核查探测器报警确认灯以及火灾报警控制器的火警信号显示。

（2）消除探测器内及周围烟雾，手动复位火灾报警控制器，核查探测器报警确认灯在复位前后的变化情况。

5.【答案】D

【解析】测试火灾自动报警系统组件时，应确认火灾自动报警系统组件与火灾报警控制器连接正确并接通电源，处于正常监视状态。

二、多项选择题

1.【答案】BCE

【解析】试验烟可由蚊香、棉绳、香烟等材料阴燃产生。

2.【答案】ACE

【解析】点型感烟火灾探测器输出火灾报警信号，火灾报警控制器应接收火灾报警信号并发出火灾报警声、光信号，显示发出火灾报警信号探测器的地址注释信息。

三、判断题

1.【答案】错误

【解析】用感温探测器功能试验器（或热风机）给点型感温火灾探测器的感温元件加热，火灾探测器的报警确认灯应点亮，并保持至被复位。

2.【答案】正确

【解析】按下手动火灾报警按钮的启动零件，红色报警确认灯应点亮，并保持至被复位。

3.【答案】正确

【解析】更换或复位手动火灾报警按钮的启动零件，复位火灾报警控制器，手动火灾报警按钮的报警确认灯应与火灾报警状态时有明显区别。

培训单元3　测试火灾自动报警系统联动功能

一、单项选择题

1.【答案】B

【解析】火灾报警控制器和消防联动控制器安装在墙上时，其主显示屏高度宜为 1.5～1.8m，其靠近门轴的侧面距墙不应小于 0.5m，正面操作距离不应小于 1.2m。

2.【答案】D

【解析】集中报警系统和控制中心报警系统中的区域火灾报警控制器在满足下列条件时，可设置在无人值班的场所：

1）本区域内无需要手动控制的消防联动设备。

2）火灾报警控制器的所有信息在集中火灾报警控制器上均有显示，且能接收起集中控制功能的火灾报警控制器的联动控制信号，并自动启动相应的消防设备。

3）设置的场所只有值班人员可以进入。

3.【答案】C

【解析】排烟风机入口处的总管上设置的 280℃排烟防火阀在关闭后应直接联动控制风机停止。

4.【答案】C

【解析】消防联动控制器控制疏散通道上设置的防火卷帘下降至距楼板面 1.8m 处，非疏散通道上设置的防火卷帘下降到楼板面。

5.【答案】C

【解析】当确认火灾后，由发生火灾的报警区域开始，顺序启动全楼疏散通道的消防应急照明和疏散指示系统，系统全部投入应急状态的启动时间不应大于 5s。

二、多项选择题

1.【答案】ABC

【解析】火灾自动报警系统消防联动控制要求如下：

1）消防联动控制器应具有启动消火栓泵的功能。选项 A 正确。

2）消防联动控制器应具有切断火灾区域及相关区域的非消防电源的功能。选项 B 正确。

3）消防联动控制器应具有自动打开涉及疏散的电动栅栏等的功能。选项 C 正确，选项 E 错误。

4）消防联动控制器应具有打开疏散通道上由门禁系统控制的门和庭院电动大门的功能，并应具有打开停车场出入口挡杆的功能。选项 D 错误。

2.【答案】ABDE

【解析】测试火灾自动报警系统联动功能的操作准备工作中，有关于文件的准备包括火灾自动报警系统图、设置火灾自动报警系统的建筑平面图、消防设备联动逻辑说明或设计要求、设备的使用说明书、"建筑消防设施检测记录表"。

三、判断题

1.【答案】正确

【解析】火灾报警控制器和消防联动控制器的设置要求：火灾报警控制器和消防联动控制器，应设置在消防控制室内或有人值班的房间和场所。

2.【答案】错误

【解析】需要火灾自动报警系统联动控制的消防设备，其联动触发信号应采用两个独立的报警触发装置报警信号的"与"逻辑组合。

3.【答案】正确

【解析】火灾自动报警系统消防联动控制要求中，消防联动控制器应能按设定的控制逻辑向各相关受控设备发出联动控制信号，并接收相关设备的联动反馈信号。

培训单元4　测试火灾自动报警系统接地电阻

一、单项选择题

1.【答案】A

【解析】火灾自动报警系统接地装置的接地电阻值应符合下列规定：采用共用接地装置时，接地电阻值不应大于1Ω。

2.【答案】D

【解析】常用的接地电阻测量仪器主要有手摇式接地电阻测试仪和钳形接地电阻测试仪两种。

3.【答案】A

【解析】手摇式接地电阻测试仪测量电阻时，将两根接地棒分别插入地面400mm深，一根距接地体40m远，另一根距接地体20m远。

4.【答案】A

【解析】使用手摇式接地电阻测试仪测试火灾自动报警系统接地电阻时，应将手摇式接地电阻测试仪放置在距测试点1～3m处，放置应平稳，以便于操作。

二、判断题

1.【答案】正确

【解析】常用的手摇式接地电阻测试仪（或称接地电阻摇表）为ZC型接地电阻摇表，其外形结构随型号的不同稍有变化，但使用方法基本相同。摇表附带两根接地棒和三根纯铜导线（一根40m接地线，一根20m接地线，一根5m连接线）。

2. 【答案】正确

【解析】没有接地棒，无需中断待测设备接地是钳形接地电阻测试仪的特点。

培训项目2　自动灭火系统检测

培训单元1　检查湿式、干式自动喷水灭火系统组件的安装情况

一、单项选择题

1. 【答案】A

【解析】吊顶下布置的洒水喷头，应采用下垂型洒水喷头或吊顶型洒水喷头。

2. 【答案】B

【解析】湿式自动喷水灭火系统和干式自动喷水灭火系统洒水喷头的公称动作温度宜高于环境最高温度30℃，则38℃＋30℃＝68℃。

3. 【答案】C

【解析】报警阀组宜设在安全且易于操作的地点，报警阀距地面的高度宜为1.2m。两侧与墙的距离不应小于0.5m，正面与墙的距离不应小于1.2m，报警阀组凸出部位之间的距离不应小于0.5m。

4. 【答案】C

【解析】湿式自动喷水灭火系统一个报警阀组控制的洒水喷头数不宜超过800只。

5. 【答案】C

【解析】末端试水装置和试水阀应有标识，其安装位置应便于检查、试验，距地面的高度宜为1.5m，并应采取不被他用的措施。

6. 【答案】B

【解析】水流指示器应使电器元件部位竖直安装在水平管道上侧，其动作方向应和水流方向一致；安装后的水流指示器桨片、膜片应动作灵活，不应与管壁发生碰擦。

7. 【答案】D

【解析】当水流指示器入口前设置控制阀时，应采用信号阀，且两者之间的距离不应小于300mm。

二、多项选择题

1. 【答案】ABD

【解析】顶板为水平面的轻危险级、中危险级Ⅰ级的住宅建筑、宿舍、旅馆建筑客房、医疗建筑病房和办公室，可采用边墙型洒水喷头。

2. 【答案】ABCE

【解析】水力警铃是一种全天候的水压驱动机械式警铃，能在喷淋系统动作时发出持续警报，这是水力警铃的定义，选项 E 正确。水力警铃的工作压力不应小于 0.05MPa（选项 A 正确），并应符合下列规定。

1）应设在有人值班的地点附近或公共通道的外墙上，且应安装检修、测试用的阀门。选项 B 正确。

2）与报警阀连接的管道，其管径应为 20mm，总长不宜大于 20m。选项 C 正确。

3）安装后的水力警铃启动时，警铃声压级应不小于 70dB。选项 D 错误。

三、判断题

1. 【答案】错误

【解析】报警阀后的管道上不应安装其他用途的支管、水龙头。如不同系统合用消防水泵时，应在报警阀前分开设置。

2. 【答案】正确

【解析】变形缝是为防止建筑物结构内部产生附加变形和应力，导致建筑物开裂、碰撞甚至破坏而预留的构造缝，自动喷水灭火系统管道，穿过建筑物的变形缝时，应采取抗变形措施。

3. 【答案】错误

【解析】自动喷水灭火系统同一隔间内应采用相同热敏性能的洒水喷头。

4. 【答案】错误

【解析】自动喷水灭火系统应有备用洒水喷头，其数量不应少于总数的 1%，且每种型号均不得少于 10 只。

5. 【答案】自动喷水灭火系统安装在易受机械损伤处的喷头，应加设喷头防护罩。

培训单元2　测试湿式、干式自动喷水灭火系统组件功能

一、单项选择题

1. 【答案】C

【解析】测试湿式报警阀组报警功能，当打开警铃试验阀，同时按下秒表开始计时，待警铃响起时，停止秒表，通过秒表显示核查延迟时间。水力警铃应在 5～

90s 内发出报警铃声。

2.【答案】B

【解析】对于干式报警阀组，在开启警铃试验阀前，应首先关闭报警管路控制阀。测试完成后，关闭警铃试验阀并打开报警管路排水阀，余水排出后关闭排水阀，打开报警管路控制阀。干式报警阀组水力警铃应在 15s 内发出报警铃声。

3.【答案】B

【解析】测试末端试水装置时，末端试水装置处的出水压力不应低于 0.05MPa。

4.【答案】D

【解析】开启末端试水装置，出水压力不应低于 0.05MPa，水流指示器、报警阀、压力开关应动作。开启末端试水装置后 5min 内，自动启动消防水泵。

5.【答案】B

【解析】干式自动喷水灭火系统测试时，应测试配水管道充水时间，应不大于 1min。

6.【答案】B

【解析】为减少系统恢复时间，干式报警阀组报警功能建议利用警铃试验阀进行测试。

7.【答案】B

【解析】测试报警阀组报警功能时，距水力警铃 3m 远处警铃声压级不应小于 70dB。

二、多项选择题

1.【答案】BCD

【解析】湿式报警阀组利用警铃试验阀测试时，水力警铃动作，压力开关动作，消防水泵应启动。

2.【答案】ABC

【解析】末端试水装置由试水阀、压力表、试水接头等组成。

三、判断题

1.【答案】正确

【解析】湿式报警阀组报警功能可通过末端试水装置、专用测试管路、报警阀泄水阀、警铃试验阀等途径进行测试。不同测试途径，受影响的组件也不同。

2.【答案】错误

【解析】为减少系统恢复时间，干式报警阀组报警功能建议利用警铃试验阀进行测试。

3. 【答案】正确

【解析】利用末端试水装置测试时，水流指示器动作，报警阀阀瓣打开，水力警铃动作，压力开关动作，消防水泵启动。

4. 【答案】正确

【解析】消防水泵启动后，要密切注意消防泵组控制柜、消防水泵、报警阀、管网等设备运行情况，观察消防泵组控制柜面板指示信息、电动机运转情况、各处压力表显示是否正常，电动机和管网是否有异常振动和声响，管路及附件是否存在严重渗漏等。

5. 【答案】正确

【解析】末端试水装置由试水阀、压力表、试水接头等组成，其作用是检验自动喷水灭火系统的可靠性，测试系统能否在开放一只喷头的最不利条件下可靠报警并正常启动，测试水流指示器、报警阀、压力开关、水力警铃的动作是否正常，配水管道是否畅通，以及系统最不利点处的工作压力等，也可以用于检测干式系统和预作用系统的充水时间。

培训单元3 测试湿式、干式自动喷水灭火系统的工作压力和流量

一、单项选择题

1. 【答案】A

【解析】采用专用测试管路对湿式自动喷水灭火系统进行测试时，消防泵组电气控制柜应处于自动运行状态。

2. 【答案】C

【解析】末端试水装置开启后，水流指示器、报警阀、压力开关、水力警铃应动作，消防水泵应能启动。

3. 【答案】D

【解析】常见的仪表有表盘指针式和数字式两种。数字式仪表显示直观，读取较为方便。

4. 【答案】B

【解析】当采用便携式超声波流量计测量供水干管时，应清洁测点处管道，探头处涂抹凡士林后，按选择的安装方式安装探头，并根据流量计主机显示的安装间距调整好探头位置后捆扎牢固。

5. 【答案】A

【解析】在测量湿式系统的工作流量和压力时如遇异常情况，应紧急停车，并

在记录表上记下相关情况，需要维修的应尽快报修。

6.【答案】B

【解析】设有专用测试管路的湿式自动喷水灭火系统，其系统工作压力和流量测试操作如下：

1）检查确认消防泵组电气控制柜处于"自动"运行状态。选项 A 正确。

2）关闭系统侧管网控制阀。选项 B 错误。

3）打开测试管路控制阀，按下秒表或计时器开始计时。选项 C 正确。

4）观察水力警铃报警、消防水泵启动、测试管路压力表和流量计读数变化情况，分别记录水力警铃报警和消防水泵启动时间。

5）读取测试管路压力表和流量计稳定读数。选项 D 正确。

6）手动停止消防水泵，关闭测试管路控制阀，在水力警铃铃声停止后，复位火灾自动报警系统和消防泵组电气控制柜，使系统恢复到工作状态。

7）结合系统设计文件进行校核，记录系统检查测试情况。

二、多项选择题

1.【答案】ABCD

【解析】专用测试管路设置在报警阀组系统侧，由控制阀、检测供水压力和流量的仪表、排水管道组成，其过水能力与系统启动后的过水能力一致。

2.【答案】AC

【解析】对于未设专用测试管路的系统，根据原有设计和施工安装情况，可通过消防水泵压力和流量检测装置进行或通过末端试水装置进行，开展压力、流量全部或其中一项的功能测试。

三、判断题

1.【答案】正确

【解析】报警阀组的测试管路，可以在不开启报警阀组的情况下，测试报警阀处的工作压力和流量。

2.【答案】错误

【解析】末端试水装置压力表读取系统最不利点处的工作压力。当采用具有流量监测功能的自动末端试水装置时，可同时测量末端试水管路的出水流量。

3.【答案】错误

【解析】测试前应事先通知消防控制室拟测项目，测试过程中通过通信工具由值班人员配合完成相关信息核查和系统复位工作。

4.【答案】正确

【解析】如果系统未设固定的流量测量装置，则可通过在供水干管上使用便携式超声波流量计配合进行相关测试工作。

培训单元 4　测试自动喷水灭火系统的联锁控制和联动控制功能

一、单项选择题

1.【答案】A

【解析】湿式、干式自动喷水灭火系统应由消防水泵出水干管上设置的压力开关、高位消防水箱出水管上的流量开关和报警阀组压力开关直接自动启动消防水泵，该种控制方式不受消防联动控制器处于自动或手动状态影响。

2.【答案】C

【解析】湿式自动喷水灭火系统，在测试其联锁控制与联动控制的功能时，消防泵组电气控制柜应处于"自动"运行状态，火灾自动报警系统联动控制为"自动允许"状态。

3.【答案】B

【解析】当断开压力开关至水泵控制柜的连线之后，该湿式系统不能被联锁启动，故只能受联动启动的控制，该种启动方式受消防联动控制器处于自动或手动状态影响。

4.【答案】D

【解析】湿式自动喷水灭火系统，在测试其联锁控制与联动控制的功能时，关闭警铃试验阀后，复位手动火灾报警按钮，复位火灾自动报警系统。

5.【答案】C

【解析】干式自动喷水灭火系统，在测试其联锁控制与联动控制的功能时，对于干式报警阀，在开启警铃试验阀前，应首先关闭报警管路控制阀。测试完成后，关闭警铃试验阀并打开报警管路排水阀，余水排出后关闭排水阀，打开报警管路控制阀。

6.【答案】C

【解析】消防水泵可通过压力开关和手动火灾报警按钮的联动信号启动表明，压力开关和消防水泵是可用的，同时如果消防联动控制器处于"手动"状态，消防水泵也不可能启动，所以这次故障可能的最大原因就是压力开关与水泵控制柜之间发生了断路。

二、多项选择题

1.【答案】ABD

【解析】湿式、干式自动喷水灭火系统应由消防水泵出水干管上设置的压力开关、高位消防水箱出水管上的流量开关和报警阀组压力开关直接自动启动消防水泵，该种控制方式不受消防联动控制器处于自动或手动状态影响。

2. 【答案】ABCD

【解析】湿式自动喷水灭火系统，在测试其连锁控制与联动控制的功能时，当消防水泵启动后，要密切注意消防泵组电气控制柜、消防水泵、报警阀、管网等设备运行情况，观察消防泵组电气控制柜面板指示信息、电动机运转情况、各处压力表显示是否正常，电动机和管网是否有异常振动和声响，管路及附件是否存在严重渗漏等现象。如遇异常情况，应紧急停车，并在记录表上记下相关情况，需要维修的应尽快报修。

三、判断题

1. 【答案】错误

【解析】湿式自动喷水灭火系统，为其做联锁控制与联动控制的功能测试时，应缓慢打开末端试水装置至全开，观察压力开关连锁启动消防水泵情况和消防控制室相关指（显）示信息。

2. 【答案】正确

【解析】联锁启动的控制方式，启动信号是直接发给水泵控制柜的，所以不受消防联动控制器处于自动或手动状态影响。

3. 【答案】正确

【解析】湿式系统的联锁启动可以通过开启末端试水装置、报警阀泄水阀或专用测试管路等方式模拟喷头动作，使报警阀在压差作用下开启，压力水流入报警管路，压力开关动作后直接启动消防水泵。

4. 【答案】错误

【解析】湿式自动喷水灭火系统，其联锁控制与联动控制的功能在测试过程中，应通知消防控制室值班人员配合实施。

培训项目3　其他消防设施检测

培训单元1　检查、测试消防设备末端配电装置

一、单项选择题

1. 【答案】B

【解析】消防设备末端配电装置在墙上安装时，其底边距地（楼）面高度宜为

1. 3 ~ 1. 5m。

2. 【答案】C

【解析】消防设备末端配电装置有两路电源为该装置供电，当其中一路断电后另一路可以自动投入使用，故末端配电装置应设置双电源开关用于切换。

3. 【答案】C

【解析】在消防设备末端配电装置外壳上的明显位置应设置产品铭牌。产品铭牌内容应至少包括产品名称、规格型号、产品编号、额定电压、额定电流、防护等级、执行标准、制造日期、生产单位名称或商标等。

4. 【答案】A

【解析】消防设备末端配电装置落地安装时，其底边宜高出地（楼）面0. 1 ~ 0. 2m。

二、判断题

1. 【答案】错误

【解析】消防设备末端配电装置宜靠近用电设备安装。

2. 【答案】正确

【解析】控制器应安装牢固，不应倾斜。安装在轻质墙上时，应采取加固措施。

培训单元2 检查、测试消防应急广播系统

一、单项选择题

1. 【答案】B

【解析】消防应急广播的单次语音播放时间宜为 10 ~ 30s。

2. 【答案】A

【解析】消防应急广播扬声器当安装在环境噪声大于 60dB 的场所设置的扬声器，在其播放范围内最远点的播放声压级应高于背景噪声 15dB。

3. 【答案】C

【解析】消防应急广播的扬声器采用壁挂方式安装时，其底边距地高度应大于 2. 2m。

4. 【答案】A

【解析】民用建筑内扬声器应设置在走道和大厅等公共场所。每个扬声器的额定功率不应小于 3W，其数量应能保证从一个防火分区内的任何部位到最近一个扬声器的直线距离不大于 25m，走道末端距最近的扬声器距离不应大于 12. 5m。

5. 【答案】D

【解析】在自动控制方式下，分别触发两个相关的火灾探测器或触发手动火灾报警按钮后，系统应能按设定的控制程序自动启动火灾应急广播。

二、多项选择题

1. 【答案】AC

【解析】消防应急广播系统应与火灾声警报器分时交替工作，可采取1次火灾声警报器播放、1次或2次消防应急广播播放的交替工作方式循环播放。

2. 【答案】ABD

【解析】消防应急广播与其他广播系统合用时的设置要求如下：

1）火灾发生时应能在消防控制室将火灾疏散层的扬声器和公共广播扩音机强制转入消防应急广播状态。选项A正确。

2）消防控制室应能监控用于火灾应急广播的扩音机的工作状态，并应具有遥控开启扩音机和采用传声器播音的功能。选项B正确。

3）客房床头控制柜内设有服务性的音乐广播扬声器时，应有消防应急广播功能。选项D正确。

4）应设置消防应急广播备用扩音机，其容量不小于火灾时需同时广播的范围内消防应急广播扬声器最大容量总和的1.5倍，且应在消防应急广播时能够强行切入，并同时中断其他声源的传输。选项C错误。

5）对接入联动控制系统的消防应急广播设备系统，使其处于"自动"工作状态，然后按设计的逻辑关系检查应急广播的工作情况，系统应按设计的逻辑广播。选项E错误。

6）每一回路抽查一个扬声器。使任意一个扬声器断路，其他扬声器的工作状态不应受影响。

三、判断题

1. 【答案】错误

【解析】集中报警系统和控制中心报警系统应设置消防应急广播。

2. 【答案】正确

【解析】消防控制室是设有火灾自动报警控制设备和消防控制设备，用于接收、显示、处理火灾报警信号，控制相关消防设施的专门处所。消防控制室应能显示消防应急广播的广播分区的工作状态。

3. 【答案】错误

【解析】消防应急广播系统的联动控制信号由消防联动控制器发出，当确认火灾后，应同时向全楼进行广播。

培训单元3　检查、测试消防电话系统

一、单项选择题

1.【答案】C

【解析】消防电话、电话插孔、带电话插孔的手动火灾报警按钮宜安装在明显、便于操作的位置；当在墙面上安装时，其底边距地（楼）面高度宜为 1.3~1.5m。

2.【答案】D

【解析】各避难层应每隔20m设置一个消防电话分机或电话插孔。

3.【答案】B

【解析】测试消防电话总机自检功能时，按下面板测试按钮，消防电话总机自动对消防电话分机、消防电话插孔等各组件进行检查。

4.【答案】B

【解析】测试消防电话总机消声功能时，使两个消防电话分机呼叫消防电话总机，消防电话总机分别显示呼叫消防电话分机位置和呼叫时间，并发出报警声信号，报警指示灯点亮。

5.【答案】D

【解析】测试消防电话总机故障报警功能时，使消防电话总机与一个消防电话分机或消防电话插孔间连接线断线，消防电话总机显示屏显示故障消防电话分机位置和故障发生时间，故障指示灯点亮。

6.【答案】B

【解析】测试消防电话总机群呼功能时，将消防电话总机与至少两部消防电话分机或消防电话插孔连接，使消防电话总机与所连的消防电话分机或消防电话插孔处于正常监视状态。

二、多项选择题

1.【答案】ABCD

【解析】按照我国现行标准《建筑消防设施的维护管理》GB 25201 的要求，消防电话系统的检测内容主要是测试消防电话主机与电话分机、插孔电话之间的通话质量，电话主机的录音功能，拨打"119"电话功能。

2.【答案】ABE

【解析】消防电话系统的检测方法有用消防电话通话，检查通话效果；用插孔电话呼叫消防控制室，检查通话效果；查看消防控制室、消防值班室、企业消防站等处的外线电话。

3. 【答案】BCDE

【解析】测试消防电话总机群呼功能时，将消防电话总机与至少两部消防电话分机或消防电话插孔连接，使消防电话总机与所连的消防电话分机或消防电话插孔处于正常监视状态。将一部消防电话分机摘机，使消防电话总机与消防电话分机处于通话状态，消防电话总机自动录音，显示呼叫消防电话分机位置和通话时间。

三、判断题

1. 【答案】正确

【解析】消防电话和电话插孔应有明显的永久性标识。

2. 【答案】错误

【解析】消防专用电话网络应为独立的消防通信系统。

3. 【答案】错误

【解析】多线制消防电话系统中每个电话分机应与总机单独连接。

4. 【答案】错误

【解析】测试消防电话总机消声功能时，使两个消防电话分机呼叫消防电话总机，消防电话总机分别显示呼叫消防电话分机位置和呼叫时间，并发出报警声信号，报警指示灯点亮。

培训单元4 检查、测试消防电梯

一、单项选择题

1. 【答案】B

【解析】消防电梯的轿厢内部应设置专用消防对讲电话。

2. 【答案】C

【解析】建筑高度大于32m的二类高层建筑需要设置消防电梯。

3. 【答案】C

【解析】建筑层数为5层及以上且总建筑面积 > 3000m² 的老年人照料设施需要设置消防电梯。

4. 【答案】D

【解析】消防电梯的电源应采用消防电源，并应在其配电线路的最末一级配电箱处设置自动切换装置。电梯的动力与控制电缆、电线、控制面板应采用防水措施。

5. 【答案】B

【解析】除设置在仓库连廊、冷库穿堂或谷物筒仓工作塔内的消防电梯外，消防电梯应设置前室，前室或合用前室的门应采用乙级防火门。

6.【答案】B

【解析】消防员入口层可通过复位紧急迫降按钮，并在 5s 内再次按下按钮，使消防电梯返回到消防员入口层。

二、多项选择题

1.【答案】ABE

【解析】除设置在仓库连廊、冷库穿堂或谷物筒仓工作塔内的消防电梯外，消防电梯应设置前室。前室或合用前室的门应采用乙级防火门，不应设置卷帘。

2.【答案】ACE

【解析】消防电梯应能每层停靠，电梯的载重量不应小于 800kg，电梯从首层至顶层的运行时间不宜大于 60s（运行时间从消防电梯轿门关闭时开始算起），在首层的消防电梯入口处应设置供消防员专用的操作按钮，电梯轿厢的内部装修应采用不燃材料，电梯轿厢内部应设置专用消防对讲电话。

三、判断题

1.【答案】错误

【解析】建筑高度大于 32m 的二类高层建筑需要设置消防电梯。

2.【答案】错误

【解析】建筑高度 >32m 且设置电梯，任一层工作平台上的人数不大于 2 人的高层塔架，可不设置消防电梯。

3.【答案】正确

【解析】消防电梯应分别设置在不同防火分区内，且每个防火分区不应少于 1 台。符合消防电梯要求的客梯或货梯可兼作消防电梯。

培训单元 5　检查、测试消防应急照明和疏散指示系统

1.【答案】D

【解析】应急照明控制器、集中电源、应急照明配电箱应安装牢固，不得倾斜。在轻质墙上采用壁挂方式安装时，应采取加固措施；落地安装时，其底边宜高出地（楼）面 100 ~ 200mm。

2.【答案】C

【解析】检测电源切换功能：切断集中电源、应急照明配电箱的主电源，集中电源转入蓄电池电源输出，应急照明配电箱切断主电源输出。消防应急灯具应在主电源切断后 5s 内转入应急状态，集中电源、应急照明配电箱配接的非持续型照明灯的光源应急点亮，持续型灯具的光源由节电点亮模式转入应急点亮模式。

3. 【答案】B

【解析】放电试验检测时，使充电24h后的消防应急灯具由主电源供电状态转入应急工作状态，并持续至放电终止，用直流电压表测量在过放电保护启动瞬间电池（组）两端电压，与额定电压比较，电池放电终止电压应不小于额定电压的80%。

4. 【答案】C

【解析】充电试验将放电终止的消防应急灯具接通主电源，检查充电指示灯的状态，24h后测量其充电电流。对使用免维护铅酸蓄电池的应急照明集中电源型灯具，应在充电期间测量电池的充电电流。重新安装电池后，应急照明集中电源应能正常工作。

5. 【答案】D

【解析】通过报警联动，测试联动功能不属于消防应急照明和疏散指示系统的电源检测。

6. 【答案】C

【解析】测试应急照明灯具应急转换功能如下：

1）手动操作应急照明控制器的强启按钮后，应急照明控制器应发出手动应急启动信号，显示启动时间。

2）系统内所有的非持续型灯具的光源应应急点亮，持续型灯具的光源应由节电点亮模式转入应急点亮模式。

3）灯具采用集中电源供电时，应能手动控制集中电源转入蓄电池电源输出；灯具采用自带蓄电池供电时，应能手动控制应急照明配电箱切断电源输出，并控制其所配接的非持续型灯具的光源应急点亮，持续型灯具的光源由节电点亮模式转入应急点亮模式。

二、多项选择题

1. 【答案】ABDE

【解析】按照我国现行标准《建筑消防设施的维护管理》GB 25201 的规定，消防应急照明和疏散指示系统的检测内容主要是切断正常供电，测量消防应急灯具照度，测试电源切换、充电、放电功能，测试应急电源的供电时间；通过报警联动，检查消防应急灯具自动投入功能。

2. 【答案】ABCD

【解析】操作准备如下：

1）消防应急照明和疏散指示系统，火灾报警控制器，消防联动控制器。

2）照度计、直流电压表、钢卷尺、激光测距仪和秒表等检测器具。

3）消防应急照明和疏散指示系统的系统图及平面布置图，"建筑消防设施检测记录表"。

三、判断题

1.【答案】错误

【解析】应急照明控制器主电源应设置明显的永久性标识，并应直接与消防电源连接，严禁使用电源插头；应急照明控制器与其外接备用电源之间应直接连接。

2.【答案】错误

【解析】系统功能检查前，应确保集中电源的蓄电池组、灯具自带的蓄电池连续充电 24h。

3.【答案】正确

【解析】系统内所有的非持续型灯具的光源应应急点亮，持续型灯具的光源应由节电点亮模式转入应急点亮模式。高危险场所灯具光源应急点亮的响应时间不应大于 0.25s。

培训单元 6　检查、测试防火卷帘和防火门

一、单项选择题

1.【答案】C

【解析】选项 C 属于防火卷帘导轨的安装质量要求和检查。

2.【答案】B

【解析】选项 B 属于防火卷帘帘板（面）的安装质量要求和检查。

3.【答案】A

【解析】选项 A 属于火灾自动报警系统的安装质量要求和检查。

4.【答案】B

【解析】门楣内的防烟装置与卷帘帘板或帘面表面应均匀紧密贴合，其贴合面长度不应小于门楣长度的 80%，非贴合部位的缝隙不应大于 2mm。

5.【答案】D

【解析】选项 D 属于门扇与门框的搭接量与配合活动间隙安装质量要求和检查。

6.【答案】A

【解析】电动开门器的手动控制按钮应设置在防火门内侧墙面上，距门不宜超过 0.5m，底边距地面高度宜为 0.9 ~ 1.3m。

二、多项选择题

1.【答案】ADE

【解析】选项 B、选项 C 属于防火卷帘帘板（面）的安装质量要求和检查。

2.【答案】ABE

【解析】选项 C、选项 D 属于防火卷帘传动装置的安装质量要求和检查。

三、判断题

1.【答案】错误

【解析】触发防火分区内 2 只独立火灾探测器或 1 只火灾探测器和 1 只手动火灾报警按钮，观察常开式防火门关闭情况、防火门监控器有关信息指示变化情况、消防控制室相关控制和信号反馈情况等。

2.【答案】正确

【解析】检查、测试防火卷帘操作过程中，应注意观察防火卷帘运行的平稳性以及与地面的接触情况。运行过程中不应出现卡滞、振动和异常声响，不允许有脱轨和明显的倾斜现象。一旦出现上述情况，应立即停止卷帘并切断电源，排除故障后再行操作。

3.【答案】错误

【解析】分别采用加烟、加温的方式提供联动触发信号，观察防火卷帘启动和运行情况、防火卷帘控制器有关信息指示变化情况、消防控制室相关控制和信号反馈情况等。设在疏散通道处的防火卷帘，还应对其"两步降"情况进行测试。

培训单元 7 检查、测试消防供水设施

一、单项选择题

1.【答案】D

【解析】控制装置不属于消防水箱的组成部分。

2.【答案】C

【解析】水位信号装置不属于下方增压稳压设备的组成部分。

3.【答案】C

【解析】消防水箱用水主要依靠重力自流至消防给水管网。

4.【答案】D

【解析】消防水泵重量大于 3t 时，应设置电动起重设备。

5.【答案】B

【解析】火灾的蔓延速度快、闭式喷头的开放不能及时使喷水有效覆盖着火区

域的场所应采用的自动喷水灭火系统是雨淋系统。

6. 【答案】C

【解析】水位信号装置不属于消防增压稳压设备的组成部分。

7. 【答案】B

【解析】消防水泵接合器上不包括减压阀。

8. 【答案】A

【解析】消防水泵的出水管上除设有控制阀门、压力表、可曲挠接头外，还应设置缓闭式止回阀。

9. 【答案】B

【解析】每台消防水泵出水管上应设置 DN65 的试验管，并应采取排水设施。

10. 【答案】D

【解析】消防控制室可以通过预设控制逻辑自动控制消防水泵的启动，并显示其动作反馈信号。

11. 【答案】D

【解析】水喷雾灭火系统由水源、供水设备、管道、雨淋阀组、过滤器、水雾喷头和火灾自动探测控制设备等组成。

二、多项选择题

1. 【答案】CDE

【解析】自动喷水灭火系统喷头的最小静压要求为 0.1MPa。

2. 【答案】BCE

【解析】高位消防水箱出水管的管径至少应为 DN100，选项 A 正确。高位消防水箱进水管的管径至少应为 DN32，选项 B 错误。消防水池的进水管的管径至少应为 DN100，选项 C 错误。消防水池（水箱）应设置就地显示装置，选项 D 正确。消防水池（水箱）的溢流管不应与生活用水的排水系统直接连接，应采用间接排水形式，选项 E 错误。

三、判断题

1. 【答案】错误

【解析】当消防水池两根补水管的补水流量不一致时，补水能力测试应选择流量较小的补水管进行。

2. 【答案】正确

【解析】当市政给水管网不能保证室外消防用水设计流量时，消防水池的有效供水时间核算还应考虑室外消防用水不足部分。

3. 【答案】错误

【解析】测试稳压泵的工作情况时，观察稳压泵供电应正常，自动、手动启停应正常；关掉主电源，主、备用电源源能正常切换；测试稳压泵的控制符合设计要求，启停次数 1h 内应不大于 15 次，且交替运行功能正常。

培训单元 8　检查、测试消火栓系统

一、单项选择题

1. 【答案】C

【解析】在对室内消火栓栓口压力测试时，消防水泵控制柜应处于自动状态。

2. 【答案】D

【解析】消防水池进水管应根据其有效容积和补水时间确定，补水时间不宜超过 48h。

3. 【答案】D

【解析】室内消火栓栓口动压力不应大于 0.5MPa。

4. 【答案】B

【解析】PS60 固定式消防水炮规定工作压力是 1.2MPa。

5. 【答案】B

【解析】当建筑高度不超过 100m 时，高层建筑最不利点消火栓静水压力不应低于 0.07MPa。

6. 【答案】C

【解析】消防控制室可以通过直接手动控制盘控制消火栓系统的消防水泵启、停，并反馈其动作反馈信号。

7. 【答案】B

【解析】PS 系列固定式消防水炮仰角是 70°。

8. 【答案】D

【解析】PS 系列固定式消防水炮水平转角是 360°。

二、多项选择题

1. 【答案】AB

【解析】检查确认消防泵组电气控制柜处于自动运行模式，选择最不利点室内消火栓测试压力。选项 A 错误。

打开消火栓箱门并取出水带，一头与消火栓栓口连接后，沿地面拉直水带，另一头与消火栓试水接头连接。连接时注意保持试水接头压力表正面朝上。选项 B

错误。

开启消火栓，小幅度开启试水接头，观察有水流出后，关闭试水接头，观察并记录接头压力表指示读数。选项 C 正确。

缓慢开启试水接头至全开，消防水泵启动并正常运转后，记录接头压力表稳定读数。选项 D 正确。

测试完毕后，停止水泵，关闭消火栓，卸下试水接头，排除余水后卸下水带。选项 E 正确。

2.【答案】DE

【解析】测试室内消火栓系统联动功能步骤如下：

1）检查确认消防泵组电气控制柜处于手动运行模式，消防联动控制处于自动允许状态。

2）按下任一消火栓按钮，观察火灾自动报警系统相关指（显）示信息。

3）触发该消火栓按钮所在报警区域内任一只火灾探测器或手动火灾报警按钮，观察火灾自动报警及联动控制系统相关指（显）示信息，核查消防水泵启动信号发出情况。

4）复位消火栓按钮、手动火灾报警按钮，复位火灾自动报警系统。

5）将消防泵组电气控制柜恢复为自动运行模式。

6）记录检查测试情况。

三、判断题

1.【答案】正确

【解析】测试消火栓时，特别是在测量栓口静压时，开启阀门应缓慢，避免压力冲击造成检测装置损坏；放水时不应压折水带。

2.【答案】错误

【解析】消火栓栓口的静压不应大于 1.0MPa，超过则应采取分区供水措施。

3.【答案】错误

【解析】测试室内消火栓系统联动功能时，检查确认消防泵组电气控制柜处于手动运行模式，消防联动控制处于自动允许状态。

培训单元9　检查、测试防烟排烟系统

一、单项选择题

1.【答案】A

【解析】机械排烟系统主要是由挡烟构件、排烟口、防火排烟阀门、排烟道、排烟风机、排烟出口及防排烟控制器等组成。

2.【答案】C

【解析】在消防控制室应能控制正压送风系统的电动送风口、送风机等设备动作，并显示其反馈信号。

3.【答案】A

【解析】消防控制室可以通过直接手动控制盘控制排烟系统的排烟风机启、停，并显示其动作反馈信号。

4.【答案】D

【解析】火灾时排烟系统启动后，排烟风机入口处的排烟防火阀在280℃关闭后直接联动排烟风机停止。

5.【答案】A

【解析】消防控制室应能关闭防火卷帘和常开防火门，并显示其动作反馈信号。

6.【答案】B

【解析】消防控制室可以通过总线制手动控制盘控制防烟系统的送风机启、停，并反馈其动作反馈信号。

二、多项选择题

1.【答案】ABCD

【解析】选项E属于阀门的安装质量要求和检查方法。

2.【答案】CDE

【解析】CDE属于对排烟阀、排烟口的安装质量要求和检查方法，所以选择CDE选项。

3.【答案】BCDE

【解析】风机外壳至墙壁或其他设备的距离不应小于600mm。

三、判断题

1.【答案】错误

【解析】活动挡烟垂壁与建筑结构（柱或墙）面的缝隙不应大于60mm，由两块或两块以上的挡烟垂帘组成的连续性挡烟垂壁各块之间不应有缝隙，搭接宽度不应小于100mm。

2.【答案】正确

【解析】送风口、排烟阀或排烟口的安装位置应符合国家标准和设计要求，并应固定牢靠，表面平整、不变形，调节灵活；排烟口距可燃物或可燃构件的距离不应小于1.5m。

3. 【答案】错误

【解析】排烟防火阀门应顺气流方向关闭，防火分区隔墙两侧的排烟防火阀距墙端面不应大于200mm。

4. 【答案】正确

【解析】测量风口风速时，系统务必处于火灾发生时的全部工作状态，如应当在防烟分区内的排烟口全开的情况下测量，而非仅打开一个排烟口进行测量。